中公文庫

すごい宇宙講義

多田　将

中央公論新社

はじめに

僕は宇宙の専門家ではありません。

専門は素粒子物理学で、ニュートリノという素粒子の研究を行っています。本書は、そんな、専門家ではない人間が書いた「宇宙の本」なのです。

これまで刊行されている宇宙に関する本は大抵、宇宙論(理論家)の先生が執筆されています。僕のような素粒子物理学の人間——しかも「理論」ではなく「実験」に携わっている人間が書くことは珍しいと言えるでしょう。

ではなぜ、そんな人間が宇宙の本を書くのでしょうか?

また、「宇宙」と言うと、巷間《こうかん》ではよく、「きれいだな」とか「ロマンティック」とか、「小さいことでクヨクヨ悩んでいるのを一時《いっとき》忘れる」とか、そういった心や感情に訴える魅力について語られることが多いと思います。

ところが僕自身は、そういったロマンティシズムを一切感じたことがないのです。そんな人間が本当に「宇宙の本」を書いていいものなのでしょうか?

じつは、僕は本書の中で、宇宙そのものの魅力ではなく、宇宙について人間がいかに考えてきたか、ということをお伝えしたいと思っているのです。

宇宙はどんな姿をしているのか？　どのように始まったのか？　どうやって現在のような姿にまで進化したのか？　我々は今、どういう時間軸にいるのか？　そもそもなぜ今こうして存在しているのか……。

そういった根源的な問いに対して、人間は科学という手段で答えを出してきたわけですが、それは具体的にどういうことなのでしょうか。

「宇宙に関してここまでわかりました！」といった結果の部分は、よく紹介されると思います。でもその結果を得るために、人類が何をどう調べてきたのか？という部分は、あまり紹介されることはないでしょう。

宇宙の姿について、人類がどのように考え、また、その考えを確かめるためにどのような観測や研究を行い、その結果を基にしてさらにまたどのように考え、その新たな考えを確かめるためにどのような観測や研究を行い……という理論（考え方）と実験（観測）の両輪を使って、先人たちが、自分たちが行ったこともないこの広大なる宇宙を、これほどまでに克明に解明してきたこと。

本書でお伝えしたいのは、まさにそのこと自体の魅力なのです。
「そんな考え方ができるのか⁉」「そんな観測が可能なのか⁉」というふうに、先人たちが成し遂げてきた偉大な業績の凄さに、素直に驚き、感動していただくのが、本書の目指すところなのです。

宇宙の専門家でもなく、宇宙にロマンも感じていない僕が「宇宙の本」を書く理由——それは、僕自身が、宇宙をめぐるそのような理論と実験の凄さについて、素人目線で見ることができるからです。

そして、「結果（情報や知識）」だけではなく、その結果が「どのように考えることで導き出されたのか」を説明することによって、「科学の考え方」そのものを実感していただければと思っているのです。

そういうわけで本書は、厳密には「宇宙の本」ではなく、「人類がいかに宇宙を知ろうとしてきたか、その科学的な考え方を描いた本」と言えます。

科学の特徴は、「書き換えられる」ということです。

例えば文学作品は、完成した後に世に出るため、書き換えられることがありません。

しかし、現在も進みつつあるこの世界に生きている我々は、すべての物語が終わった後に歴史を見ているわけではありません。今この瞬間も、科学の歴史は作られているのです。科学においては、これまで正しいとされていたことが、どんどん書き換わっていくことが、むしろ自然なのです（実際、常に書き換えられていることが、本書をお読みいただければおわかりになるはずです）。

ですから、この科学の世界では、本当に価値のあることは、知識なり情報なりの「結果」ではなく、それらをいかにして得たのかという「過程」のほうなのです。結果は書き換わってしまえばおしまいですが、過程はそうではありません。そこで得られた「考え方」「やり方」は、無駄になることなく、それらを踏まえて再び考えることで、新たな「考え方」や「やり方」に発展させることができます。科学においては、結果よりも過程のほうが魅力的で貴重なのです。

そして、そのような過程（考え方）は、宇宙のことに限らず、様々なことを考えるときにも活用できるのではないでしょうか。これまで受け身になってただ知識を入れていただけの状態から、「自分なら……」と考え始めるだけで、世の中の様々なことが、ずっと色鮮やかに、活き活きとして目に映し出されてくるはずです。

そしてもちろん、皆さんがこれから宇宙について思いをめぐらすときも、より深く考えることができるはずです。

歴史は、他ならぬ皆さん自身が当事者となって紡ぎ出していることを忘れないで下さい。もしかしたら、次にこの宇宙の謎を解明するのは、皆さん自身かもしれません。

そう思って夜空を眺めると、単に「きれいだな」以上の感情が湧き上がってくるかもしれません。

本書がその一助になれたら、それこそがロマンティックなことだと思いませんか。

この本は、全部で四章から成り立っています。各章の間には、コラムが挟まっています。コラムは、本文を離れ、より細かく解説したものであるため、本文を全部読み終えてから読んでいただいても結構です。

それではさっそく始めましょう。

目次　すごい宇宙講義

イラスト　上路ナオ子

すごい宇宙講義

第一章

ブラックホール
空間と時間の混ざり合う場所

皆さん、はじめまして。多田です。よろしくお願いします。

今日初めての方もいらっしゃると思いますので、まず僕が何者か、というところからお話ししますと、茨城県に高エネルギー加速器研究機構（ＫＥＫ）という物理学の研究所があるんですが、そこで素粒子物理学の研究をしています。素粒子というのは、世の中の物質を構成している粒子――これ以上は砕くことができない究極の粒子、です。そういう粒子が何種類かあるんですが、僕はニュートリノという素粒子について研究しています。

少し前（２０１２年夏）に「ヒッグス粒子が見つかったかもしれない」と大きなニュースになりましたけれど、あの実験を行っている「アトラス」というグループにも、我々の研究所から大勢参加しているんです。

あと、有名なところでは、ワールド・ワイド・ウェブ（ｗｗｗ）を日本で最初に導入したのも僕の働いている研究所なんです。皆さんが日々ネットを見ることができるのも、我々の研究所のおかげですからね。でもあれは、もともとは物理学者同士が実験データなどを情報交換するために開発されたんです。１９９１年にＣＥＲＮという、まさに今言ったヒッグス粒子の実験を行っている研究所が開発しました。まさかそれが数年のうちにエロサイトを見るために使われるとは……（笑）。

さて、今日から4回にわたって宇宙の話をしていこうと思いますが、本当は僕みたいに素粒子の実験をやっている人間より宇宙物理学者の方のほうがふさわしい気がしますけれども、でも実は、僕はKEKに来る前は京都大学で講師をやっていまして、そこで暗黒物質の検出という、一般の皆さんにしてみれば聞くからに怪しい実験をしていたんです。大学院生時代も合わせると、今の職場よりもその期間のほうが長かった。一応宇宙関連のこともやっていたんですね。暗黒物質のことは第三章でお話ししたいと思います。

反物質とは何か？

今日はこれからブラックホールの話をしていこうと思いますが、その前にひとつだけ、皆さんの頭に入れておいてもらいたい知識があります。

「反物質」というものです。これがわかると、今日の途中で出てくるホーキング博士の話がわかりやすくなりますので、ちょっとだけ、宇宙と関係ない素粒子の話になりますが、してみたいと思います。

「反物質」——「反粒子」と言っても構いません——とは「質量やスピンが同じで、電荷

図１－１　物質と反物質

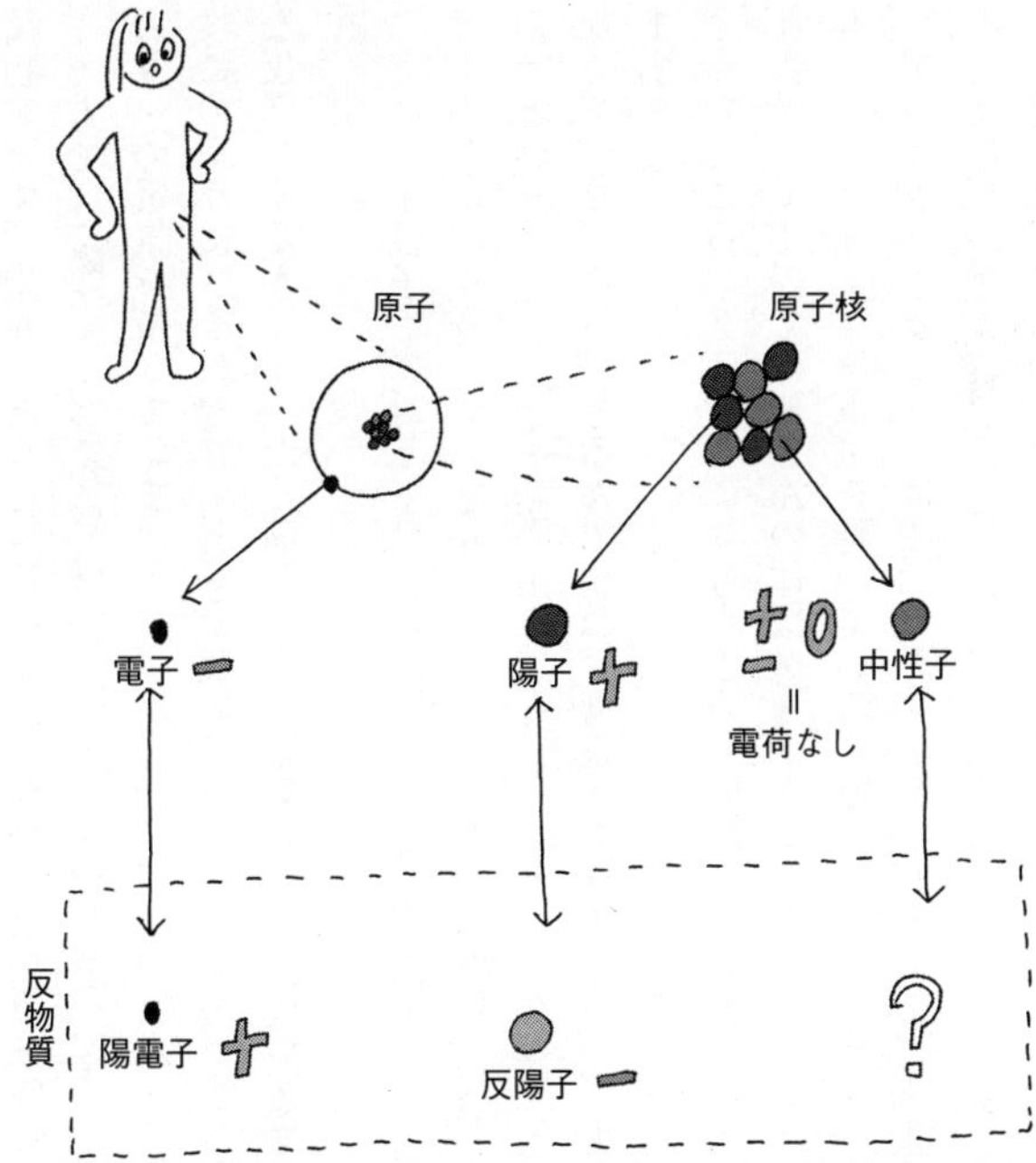

が逆の粒子」です。これだけ聞いても何のことかわかりませんよね？

たとえばですね、皆さんの体は原子で出来ています（図１－１）。原子は、電子と原子核（陽子《ようし》と中《ちゅう》性子《せいし》）で出来ています。皆さんの体をバラバラにすると、電子と陽子と中性子になるわけですが、まず「電子」に対して「陽電子」というものがあります。電子は－《マイナス》の電気を帯びていますが、陽電子は＋《プラス》の電気を帯びています。これが電子の反物質です。定義にあった「電荷が逆の粒子」という意味です。

一方で、「陽子」の反物質は「反陽子」というものです。陽子は「陽」という名前のとおり＋の電気を帯びていますので、反陽子は、その反対－の電気を帯びた粒子です。

このように、それぞれ＋と－で反対になっているんです。それ以外——重さとか、どんな反応をするかはまったく同じです。電気（電荷）だけが違う。

では「中性子」に対しては、「反中性子」はあるのか？　中性子は名前のとおり「中性」ですから電荷を持っていません。「＋も－もないのに、反対の電荷って意味がわかりません」ということなんですが、中性子は（陽子もそうなのですが）究極の粒子＝素粒子ではなくて、まだ中身があるんですね。構造があります。クォークというものが中に入っています。

今のところ、クォークよりも小さいものは見つかっていません。クォークは究極の粒子＝素粒子ですので、皆さんの体はクォークで出来ていると言っても構わないんですけれども、そのクォークは電気を持っているんです（図1‐2）。

アップクォーク（u）は$+\frac{2}{3}$、ダウンクォーク（d）は$-\frac{1}{3}$。何に対して$+\frac{2}{3}$、$-\frac{1}{3}$かと言えば、「電子の持ってる電荷の量」を「-1」としているんですね。

中性子は、３つのクォークの電荷を足すとゼロ。これで中性子自体は、電気を帯びてな

図1－2　クォークの電荷

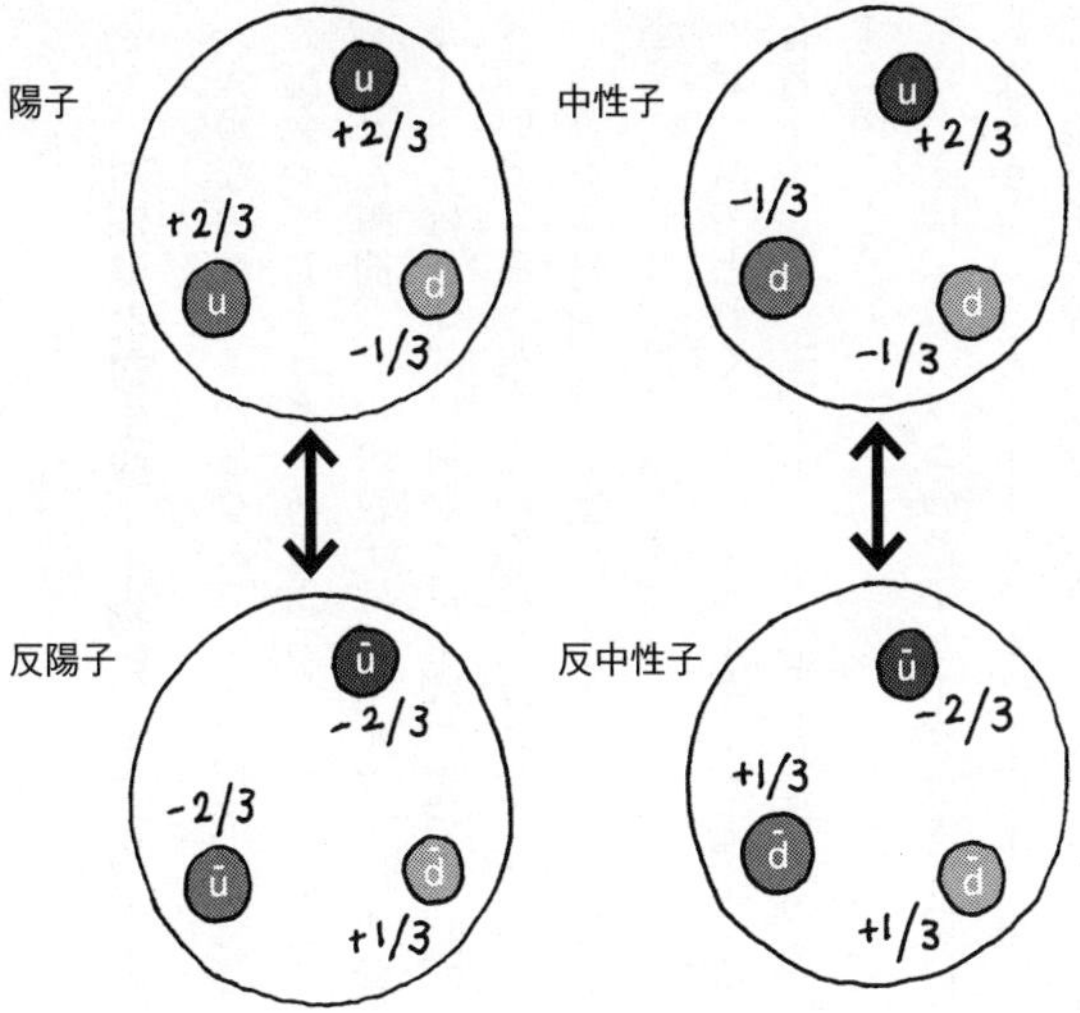

い状態「中性」になるわけですが、実は「反中性子」というのは、この中のクォークの電荷が全部逆になっているんです。足したらこっちもゼロ。

ですから反中性子も、＋も－もない「中性」なので、一見中性子と同じに見えますけれど、「電荷が逆の粒子」という定義に合っているんです。中性子にも反物質があるんですね。ちなみに、陽子の反粒子である「反陽子」も、詳しく言えば、中のクォークの電荷が逆になっている、というわけです。

反粒子というのは、あくまで素粒子（クォーク）の段階で「反」なんです。「反クォーク」を集めて、「反陽子」になって、さらに「反水素」になって、反机とか反人間とかになるわけです。

対消滅と対生成——物質とエネルギーは姿を変え合う

大事なのはここからなんですが、粒子と反粒子は、単に電荷が逆なだけじゃなくて、もし出会ってしまうと、ある恐ろしいことが起こるんですね。

触れた瞬間、2つの粒子はエネルギーに変わってしまいます。爆発するみたいに。エネルギーとは具体的に何かと言えば、光です。ガンマ線という放射線の一種ですが、そういう強い光（エネルギー）に変わってしまう。

これを「対消滅《ついしょうめつ》」と言います。必ず、粒子と反粒子——物質と反物質がペアになって消え去るので、対消滅です。

対消滅でどれくらいのエネルギーが発生するかというと、相対性理論のなかに出てくる有名な式、$E = mc^2$——エネルギーと質量の変換の式ですね——これによって計算できます（図1-3）。

たとえば、1グラムの粒子と1グラムの反粒子をぶつけたら、どれくらいのエネルギーになるかというと——1グラムは1円玉の重さです（電子の個数で言うと10^{27}個）——なんと、広島型原子爆弾3発分という、とんでもない大きさのエネルギーになるんですね。

これはまさに爆弾ですよね？　ですから、これを使って法王庁を爆破しようと考えた人

図1－3　対消滅と対生成

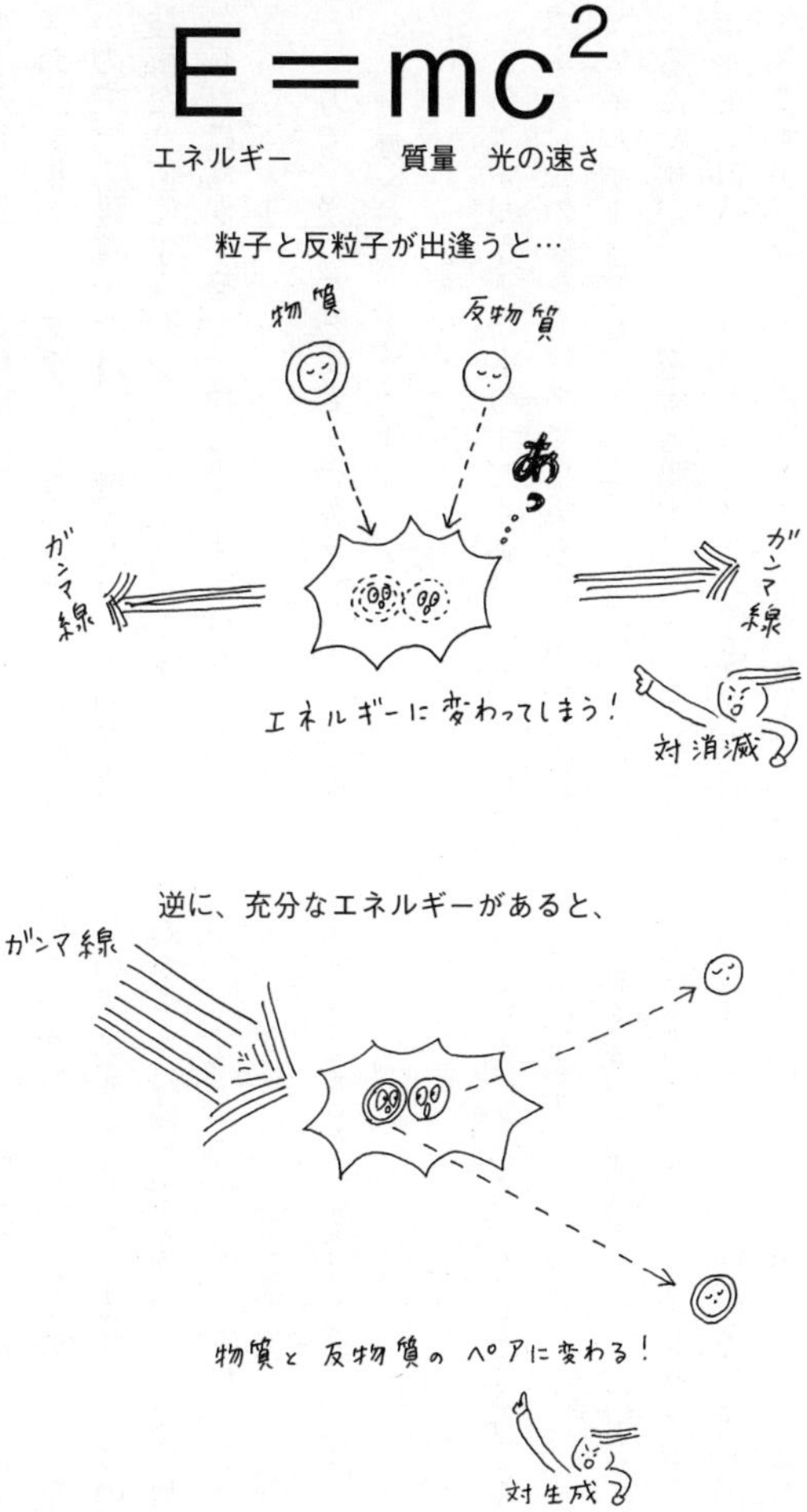
$E=mc^2$
エネルギー
質量
光の速さ
粒子と反粒子が出逢うと…
物質
反物質
あっ
ガンマ線
ガンマ線
エネルギーに変わってしまう！
対消滅
逆に、充分なエネルギーがあると、
ガンマ線
物質と反物質のペアに変わる！
対生成

もいるみたいです……『天使と悪魔』という小説（映画にもなりましたが）の話ですけど、要するに少量ですごい威力だから、これをテロに利用しようという話なんですが、ただですね、反物質を1グラム分作ろうと思ったら、まず反原子のかたちにしないと集められないので——陽電子だけ、反陽子だけだと同じ電荷同士なので反発してしまいます——今の技術だと何億年もかかってしまうんです。それだったらふつうに核兵器を作ってテロを起こしたほうが手軽だと僕は思いますけれども。

一方で、逆のことを考えてみましょう。今度は、エネルギーを持ってきました（図1-3ト)。ガンマ線（光）です。

このエネルギーがものすごく強ければ、それが粒子と反粒子に変わることもあり得るんですよ。この場合もペアで出来るので、「対生成《ついせいせい》」と呼んでいます。

エネルギーはどれくらい強ければいいかと言えば、これも先ほどの式$E=mc^2$で計算できるんですが、仮に電子と陽電子のペアをひと組作ろうとしたら、1メガ・エレクトロンボルト（MeV）と呼ばれるエネルギーが必要になってきます。後ほど（第四章で）また出てきますが、今のところは、こういう対生成や対消滅という現象があるんだ、ということだけ覚えておいてください。

図1－4　β^{+}（ベータ）崩壊

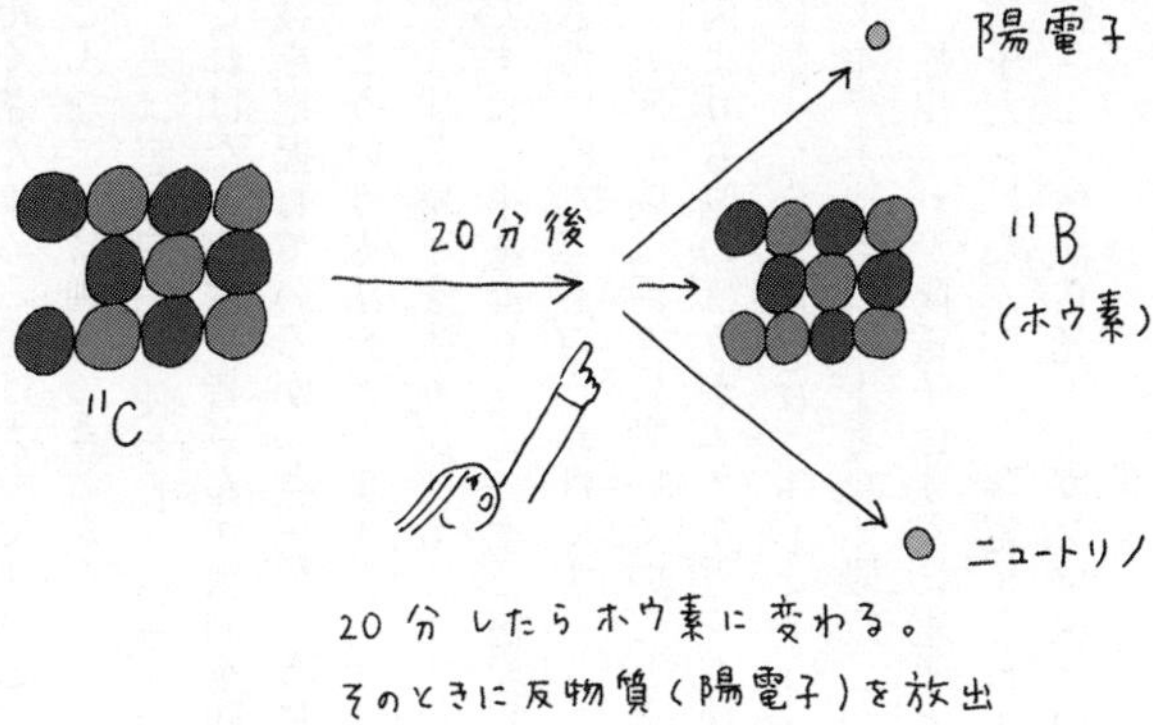

反物質は医療現場で使われている

せっかくなのでもう少しだけ反物質の話をしておきましょう。

皆さん、反物質なんてSFに出てくるような、ほとんどあり得ないものだと思っているかもしれませんが、実はすでに産業利用されているんですよ。

たとえば^{11}Cという炭素の放射性同位体がありまして、これは原子炉で作ることができるんですが、この^{11}Cは、20分くらいするとホウ素（^{11}B）に変わります（図1－4）。そのとき、反物質である「陽電子」を放り出すんです。けっこう簡単に反物質を作ることができるんですね。原子炉を使うので、簡単かどうかわかりませんけど、ぜんぜんSFの世界というわけではない。先ほどの爆弾みたいにたくさん集めるのは大変ですけど、少量なら簡単に作れます。そして利用方法もあります。どんなことに利用できるか？

実は医療現場で使われています。PETと呼ばれる装置、聞いたことありませんか？これはたとえば、皆さんが映画を観ているときに、脳のどの部分がその画像を処理して内容を把握しているか（どこが活発に働いているか）を調べたいときに使うんです。

こういう方法をとります。

まず陽電子を生み出すもの――放射性同位元素と言いますが、先ほどの^{11}Cみたいなものですね――を混ぜ込んだ薬（医学用語で「トレイサー」）を作ります。そのトレイサーを皆さんに飲んでもらうわけです。

人間の脳は活発に動いているときは酸素や糖をめちゃくちゃ消費していますから――筋肉よりも脳のほうがエネルギーを使うんです――仮に糖でトレイサーを作れば、脳の活発に動いている部分に、トレイサーが集まっていきます。するとそこで（先ほど^{11}Cが短時間でホウ素に変わったように）陽電子が放出されます。

放出された陽電子はすぐに電子と出会います。皆さんの体は原子で出来ていますから、電子だらけなんです。陽電子と電子が出会って対消滅が起こってエネルギーに変わると、皆さんの体から光――ガンマ線という放射線が出るわけです。

運動量保存の法則——光は真逆に飛ぶ

ここで大事なのは、運動量保存則という物理学の基本法則がありまして、それに従うと、出てくるガンマ線は必ず、正反対の方向に同じエネルギーできれいに出るんですよ。なので、測定対象である脳の周りに、ガンマ線の検出器を並べておけば、反応した検出器と検出器の対角線上に、トレイサーが集まっている場所がある、活発に働いている場所はここだ、と特定できる。

もしガン細胞を見つけたい場合なら、ガン細胞に集まりやすい薬剤に放射性同位元素を混ぜて体に吸収させ、ガンマ線がバンバン出ている場所が検出できれば、「あ、ここにガンがあるな」とわかるわけですね。

放射性物質を飲み込むわけですから、もちろん有害ですよ。ただ量が少ないからいいんです。もともと、我々の体にはある程度の放射性物質が含まれていますから、それと大差ない量であれば問題ありません。たくさん飲んだら危険ですけどね。

南極のBESS実験――宇宙から飛来する反物質を集める

反物質はそのように人工的に作れますが、では自然界に存在しますか？　たとえば、反物質だけで出来た星、反物質星はあるんですか？　という話なんですが、もし反物質星や、反物質銀河みたいな、反物質だけで出来た塊が宇宙のどこかにあったとしましょう。それが、普通の星（物質）とちょっとでも触れ合ったとしましょう。するとその瞬間、とんでもない爆発が起こるんですよ。先ほど言ったように1グラム同士で広島型原子爆弾3個ですから、星1個がぶつかったとしたら、ものすごい爆発が起こります。

実際にそんな爆発が起こったら、人間は何十年間も夜空を精密に観測してますから、絶対にわかるはずです。でも今のところ見つかってないので、おそらく反物質星はないと思われています。

ではもっと小さな状態――塊ではなく粒子の状態で宇宙を飛んでいるんじゃないか？　小さかったら反応も小さいですから、よく調べないとわかりません。

実は、反物質を集める実験はかなり昔からやってまして、たとえばアポロ計画でも行っていました。アポロ計画って、月に行って、足跡付けて石を持って帰ってきただけじゃないんですよ。あそこではいろんな実験をしていたんです。

図1－5　BESSの実験装置

©KEK

反物質を集めるのもそのひとつです。柔らかいアルミフォイルみたいなものを月の表面に敷いて、しばらく時間が経ってからそれを回収します。それでそこに付着しているものを調べたり、反応の跡（反物質は当たった瞬間に反応しますので）を見たりすれば、宇宙空間にどんな粒子が飛んでいるかがわかるわけです。地球上だと大気にぶつかって地表まで届かないんですが、月には大気がないので、宇宙に飛んでいる粒子を直接捕まえることができるんですね。

　でもその観測からは、あまりいい結果が得られなかったので、もっと時間をかけて精密にやってみましょうということになりました。その観測のためにいちいち月に行っていたら、めちゃくちゃお金がかかりますから、地球近辺でやることになります。そのひとつとして、「BESS《べす》の実験」というものを行っています。

　図1－5のような実験装置を、南極上空に気球で打

ち上げて、宇宙から飛んでくる粒子を集めるんです。高いところだったら空気が少ないので、地表と比べて相当な数の粒子を集めることができる。それで、主にヘリウムと、その反物質である反ヘリウムを集めようとしたんですが、ヘリウムが４８００万個あったなかで、反ヘリウムはゼロだったんです。

この実験からも、「反粒子って宇宙にはあんまりないんじゃないか……少なくとも地球の近辺にはないだろう」という結論になっています。

長くなってしまいましたが、以上が反物質についてのお話でした。反物質のことは、今日の後半でお話ししますが、むしろ第四章の、宇宙が始まったとき、そこで何が起こっていたかという話の中で大きく取り上げる予定ですので覚えておいてください。

ではここから、今日の本題、ブラックホールについてお話ししていきましょう。

地球を半径8.9㎜に圧縮したら、ブラックホールになる

皆さん、「ブラックホール」と聞いてどんなイメージを持ちますか？　BLACK HOLEですから「黒い穴」の中にいろんなものが吸い込まれていく……そんなイメージですよね？　そこでまずこんなことを考えてみましょう。

図1－6　地球を飛び出すのに必要な速度

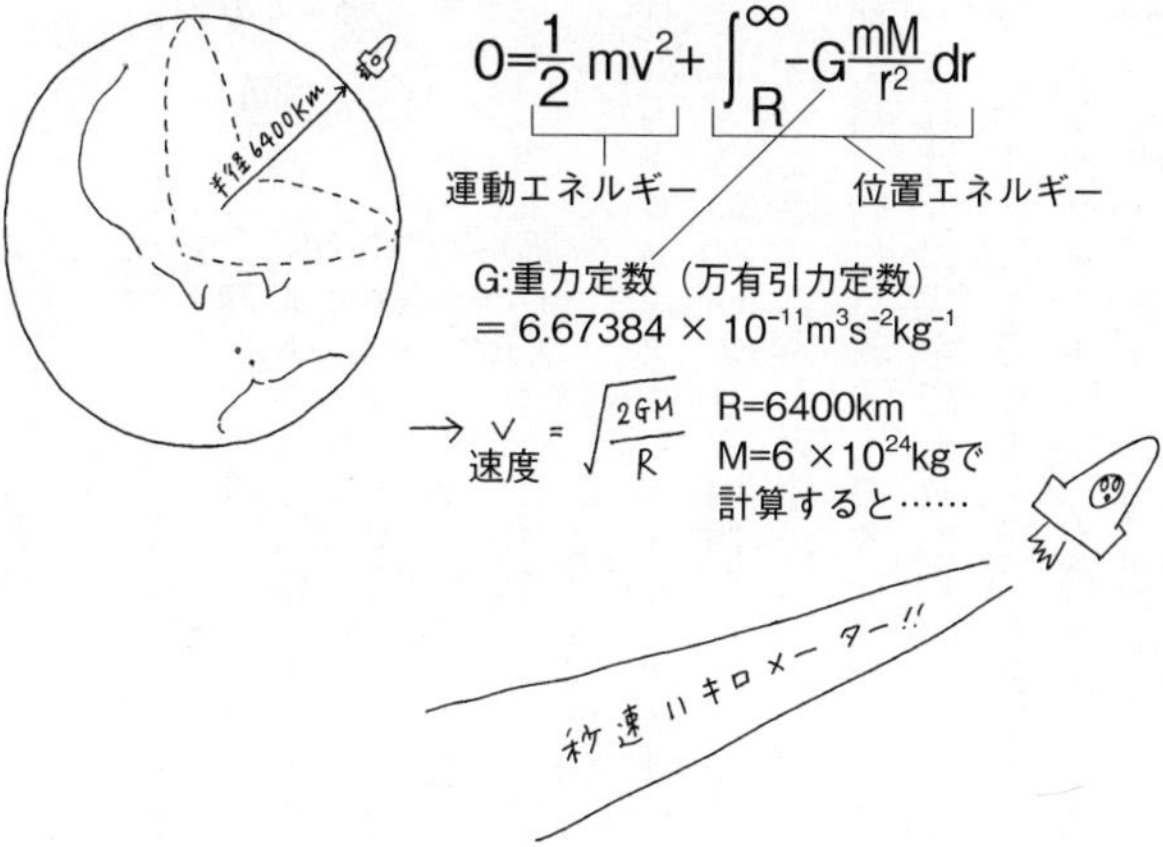

ここに地球があります。ロケットが、地表を飛び立つことを考えましょう。ロケットは地球の重力で引っ張られているので、けっこうな速さで打ち上げないと飛び出せません。いったいどれくらいの速さが必要でしょうか？

宇宙船の「運動エネルギー」と、地球の「重力（位置エネルギー）」の和がゼロになる、という式を解けば速度が出てきます。皆さんがもし高校で物理を選択していれば解ける式です（図1-6）。

この式に、「地球の質量」や「重力定数」や「地球の半径」とか全部代入して計算するとですね、だいたい11km／sec。1秒間に11キロメーターという……相当な速さですよね。マッハ1が0.3km／secですから、マッハ30くらい。これくらいの速さで打ち上げれば、地球の重力を振り切って飛び出すことができるわけです。

　ここであることを考えてみましょう。地球がもし、重さはそのままで、ものすごく小さかったら？

　たとえば、地球と同じ重さの半径8.9mmの粒があるとしましょう。その上にロケットがあったとしましょう——半径8.9mmって作為的な数字ですけどね、あとで説明します（図1-7）。

ブラックホールの半径

$$r=\frac{2GM}{c^2}$$

図1-7の式のvに
c（光の速さ＝30万km/sec）を
入れて変形したもの

　先ほどは中心から6400km離れたところから脱出開始でしたけれど、今回は8.9mmのところからです。計算すると、脱出速度は、秒速30万キロメーター。つまり、光の速度と同じじゃないと脱出できないんです。ということは、この8.9mmよりも内側からは、光ですら脱出できないってことなんです。

　もし実際にこんな天体があったら、光が脱出できないわけですから、光輝いていない状態、真っ暗に見えるんじゃないか？　つまりこれが、ブラックホールなんです。

　これは今の式を変形したものです。ある質量（M）のものを、どれくらい縮めたらブラックホールになるか？　その半径（r）が求められます。

　ブラックホールって、ものすごく巨大で正体不明なものだと思っているかもしれませんが、地球だって半径を8.9mmより小さく圧縮できたら、ブラックホールになるんですね。

図1－7　地球が半径8.9mmだったら？

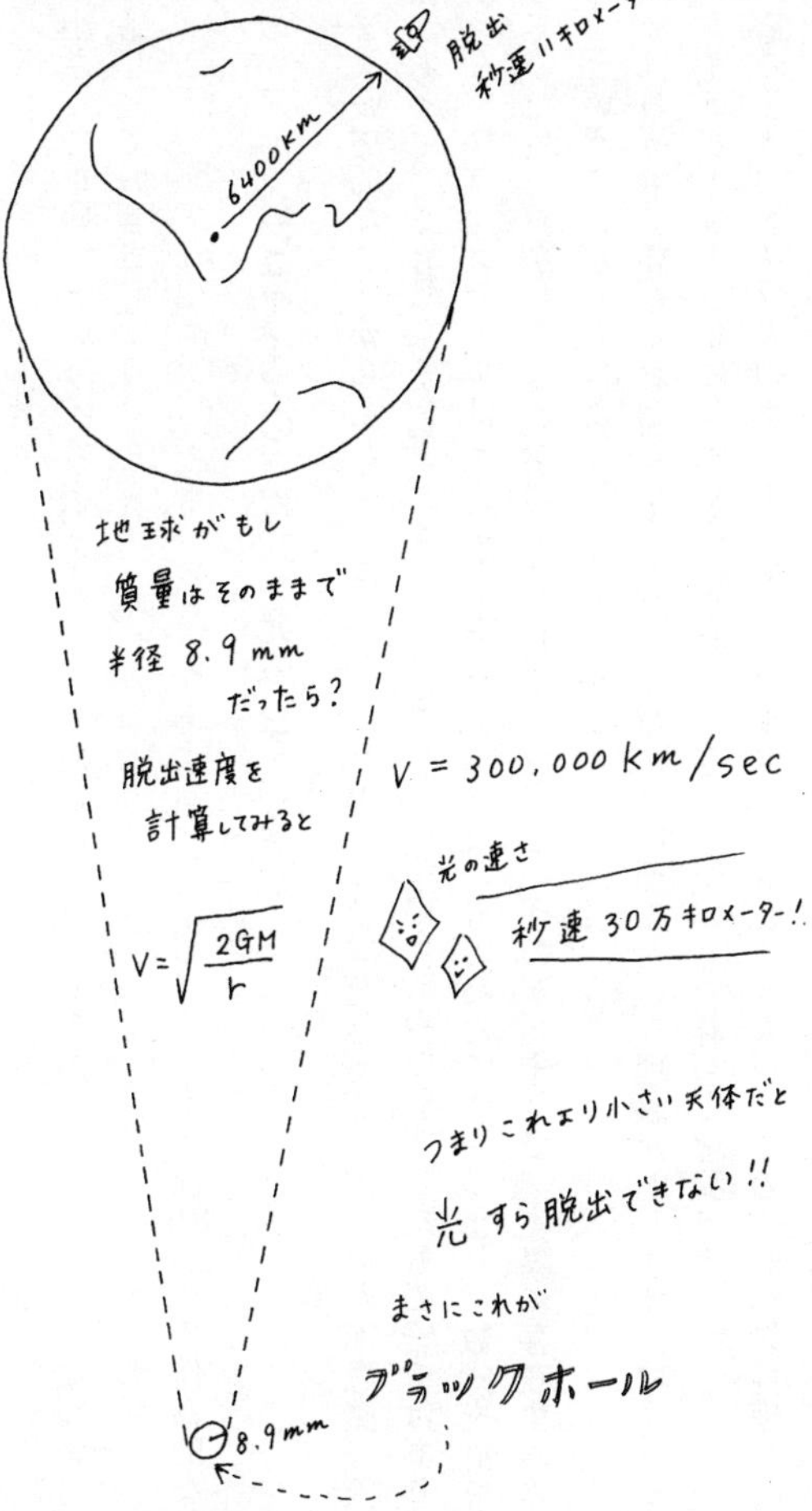
脱出
秒速11キロメーター！
6400KM
地球がもし
質量はそのままで
半径 8.9 mm
だったら？
脱出速度を
計算してみると
$V=\sqrt{\frac{2GM}{r}}$
V = 300,000 km/sec
光の速さ
秒速 30万キロメーター！
つまりこれより小さい天体だと
光 すら脱出できない!!
まさにこれが
ブラックホール
8.9mm

「小さい」というのがポイントです。皆さんの体だって、原子よりももっと小さく圧縮すればブラックホールにすることができるんです。

「小さくて重い」というイメージをお伝えしたところで、実際のブラックホールについてお話ししていきましょう。

アインシュタインの方程式が発散している

まず歴史的なことから話しますと、ブラックホールは、たとえば宇宙に何か不思議な天体があって、「これ、なんやろな?」ってみんなが知恵を絞って解明したもの、ではありません。ブラックホールはまず紙の上で考え出されたものなんです。つまり、数式を計算していたら、おかしなものが出てきてしまった、というのが始まりで、実際に存在するらしいということがわかったのは、ずっと後なんですね。

今日の後半で詳しくお話ししますが、一般相対性理論という理論があります。アインシュタインが1916年に発表した「空間の歪み」についての有名な理論です。

そのとき、ドイツ人のカール・シュヴァルツシルトという人が、この一般相対性理論の方程式を解いてみたんですね。第一次大戦中に塹壕の中で計算したらしいんですが、するとその数式が、あるところで発散していたんです。無限大になって式が成り立たないことを「発散する」と言うんですが、天体の半径（r）が0のところと、半径が$\frac{2GM}{c^2}$のところ、この2つの値のときには、その天体に何かおかしなことが起こっている。その方程式は空間の歪みを計算するものなんですが、天体がこの2つの半径を持つとき、空間が歪みすぎて破けてしまう。

$\frac{2GM}{c^2}$って、まさに先ほどのブラックホールの半径ですよね？　ある質量のものをどれくらい小さくしたらブラックホールになるか、そのときの半径でした。

先ほどの地球を圧縮する説明は、古典物理学の運動方程式から導き出した概念的なものと考えてください。皆さんが高校のときにやる物理（古典物理学＝ニュートン物理学）では、物体の「大きさ」はないものとして計算しますよね？　たとえば、「ボールを投げる」ときの運動を計算するのに、ボールの大きさは考えません。古典物理学では大きさをゼロとして扱いますし、まして空間の歪みなんて一切考えないんです。

ところがシュヴァルツシルトは、重力場についてのちゃんとした理論（相対性理論）を使って、大きさのない状態の星（半径ゼロの大きな質量を持つ星）を置いたら、空間はどうなるか、やってみたんです。すると空間が破けてしまった。

ではさらにどれくらいの小ささと質量の天体までなら空間を破くことができるか？　それが半径$\frac{2GM}{c^2}$というわけです。いきなり古典物理学とか相対性理論とか数式が出てきて混乱すると思いますが、気にしないでください。詳しくは今日の後半、一般相対性理論のところでお話しします。

数学が生んだブラックホール

シュヴァルツシルトは「これ、おかしいよ」と発表したんですが、ただ残念なことに、その直後に戦争で死んでしまったので続きがありません。後にこの、空間におかしなことが起こる半径（$\frac{2GM}{c^2}$）を、彼の名前を採って「シュヴァルツシルト半径」と呼ぶようになりました。

そして、その半径で覆われた面の内側からは、光ですら脱出できない、中は何がどうなっているかさっぱりわからない。ということで、後の人はこれを「事象の地平面」と名付けました（図1-8下）。この中はもうわかりませんよ、我々が知っている世界との境界線ですよと。一方で質量が点（＝ゼロ）になっているところ、これも数式上発散してしまうので、これを「特異点」と呼びましょうと。特異点とは、無限大になって物理法則が成り立たない点のことです。

「事象の地平面」も「特異点」も、あくまで数学的に出てきた謎なんです。世の中には質量を持った点なんて存在しないですからね。必ずどんなものでも大きさがありますし、地

図1－8　シュヴァルツシルトの特異解

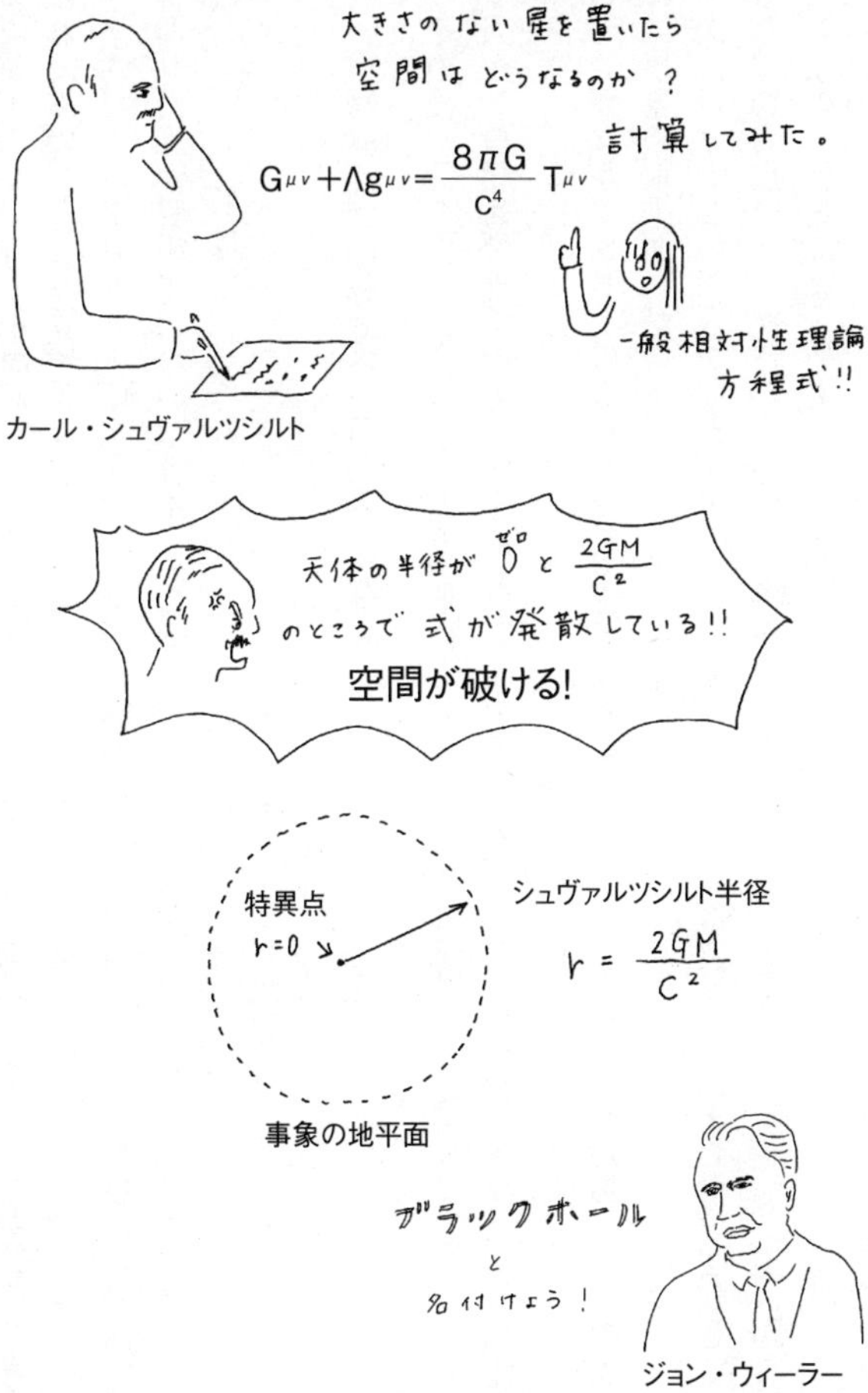
大きさのない星を置いたら
空間はどうなるのか ？
計算してみた。
$G_{\mu\nu}+\Lambda g_{\mu\nu}=\frac{8\pi G}{c^4}T_{\mu\nu}$
一般相対性理論の
方程式!!
カール・シュヴァルツシルト
天体の半径が0《ゼロ》と$\frac{2GM}{c^2}$
のところで式が発散している!!
空間が破ける!
特異点
$r=0$
シュヴァルツシルト半径
$r=\frac{2GM}{c^2}$
事象の地平面
ブラックホール
と
名付けよう！
ジョン・ウィーラー

球と同じ質量で半径8.9mmの小さな星（粒）なんてあるはずがない。あくまで数式上で考えられたもの、とされていました。

シュヴァルツシルトが亡くなって半世紀が経った1967年、この「事象の地平面」で覆われた光が脱出できない部分を、ジョン・ウィーラーという学者が、「ブラックホール（黒い穴）」と名付けました。

特異点が回転するとリングになる

その後、「シュヴァルツシルト解の他にも、おかしな解はないだろうか？」と、いろんな人が一般相対性理論の方程式を計算してみたところ、もう3種類出てきました（図1-9）。

シュヴァルツシルトのものが一番単純なかたちで——真ん中に特異点があり、その周りに「事象の地平面」がある、というものです。

次に、カーという人が、真ん中の特異点が回転している場合を考えました。回転していると、特異点はリング状になって、「事象の地平面」も同じように、ちょっと横に膨らんだようなかたちになります。

それから、ライスナーとノルドシュトレームという二人が、特異点が電気を帯びていた

図1－9　さまざまな特異解

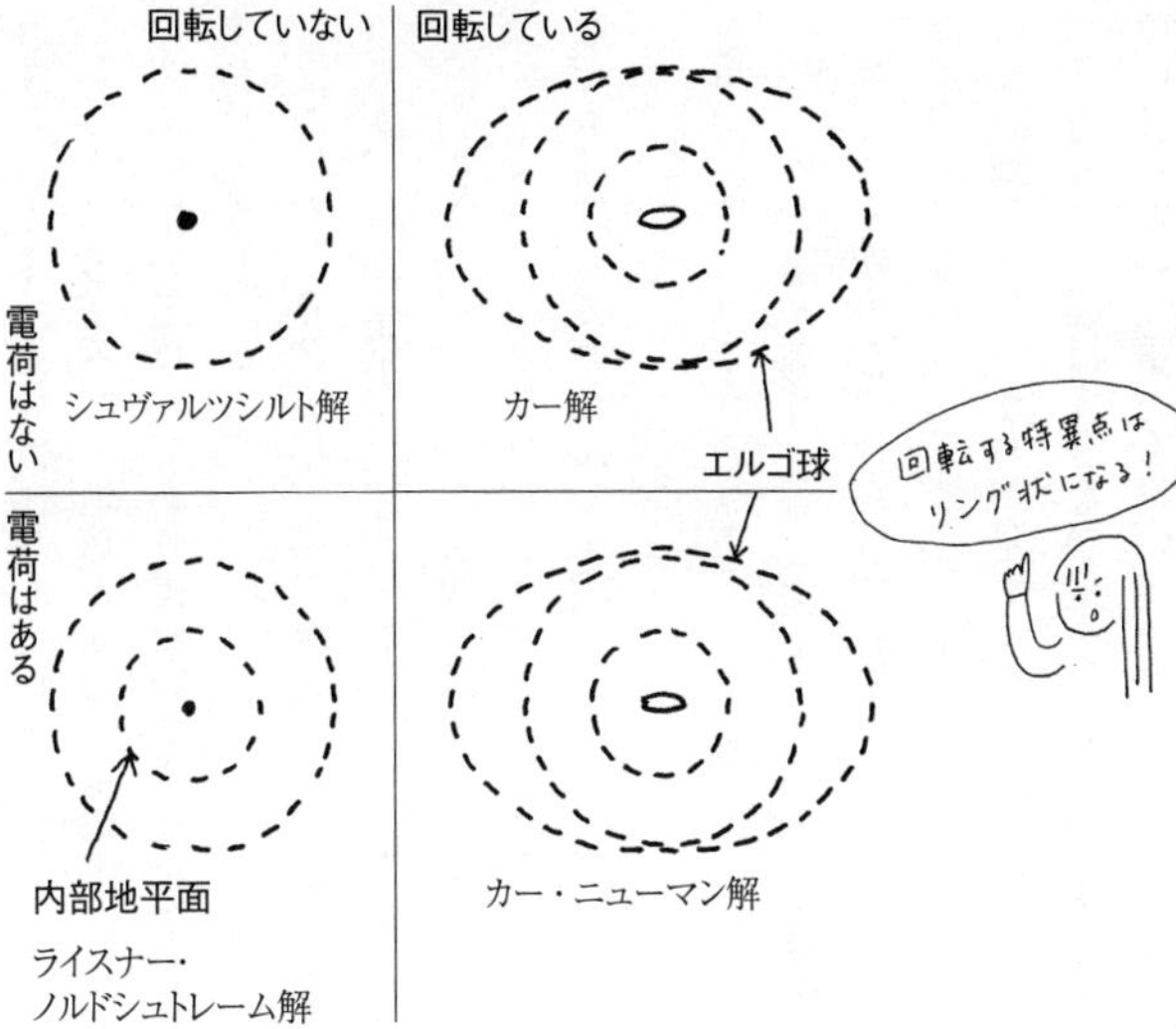

場合を考えました。さらにカーとニューマンの二人が、その電気を帯びている特異点が回転している場合を考えました。

難しい話になるので詳しいことは飛ばしますが、ひとつ覚えておいてほしいのは、回転する特異点はリング状になる、ということです。後でまた出てきますので。

重力崩壊という星の死

さて、ここまでずっと数学の話であんまり面白くなかったですよね。皆さんすごい静かでしたけれど（笑）。というわけで、数学の話はここまでにして、実際にブラックホールは実在するのか？という話をしていきたいと思います。

ふつうに考えると、地球と同じ質量で半径8.9mmの星――そこまで物質がみっちり詰まった究極に重い星なんてあり得ないですよね？　あくまで空想のものだと思われていたんですね。

ところが1939年、第二次大戦が始まる年ですが、ロベルト・オッペンハイマーという人が、「星が重力崩壊することによって誕生するはずだ」という理論を発表するんです。オッペンハイマーって原爆を作った人ですね。アメリカのロスアラモス国立研究所の所長で、マンハッタンプロジェクトの責任者です。理論物理学者なので、こういう星の一生なども研究していたんです。

重力崩壊とはこういうことです。

ここに太陽があります（図1-10）。太陽は核融合によって燃えています。ものすごいエネルギーが内部で作られています（そのエネルギーで皆さんはこうして暮らしているわけですね）。ものすごいエネルギーが作られるため、こういう太陽みたいな恒星は、外に広がろう広がろうという力が発生するんですね。

一方で、太陽は大きな質量を持っていますから、その重さで、中心に落ちていこう落ちていこうという重力も働いています。

図１－10　星の重力崩壊とは？

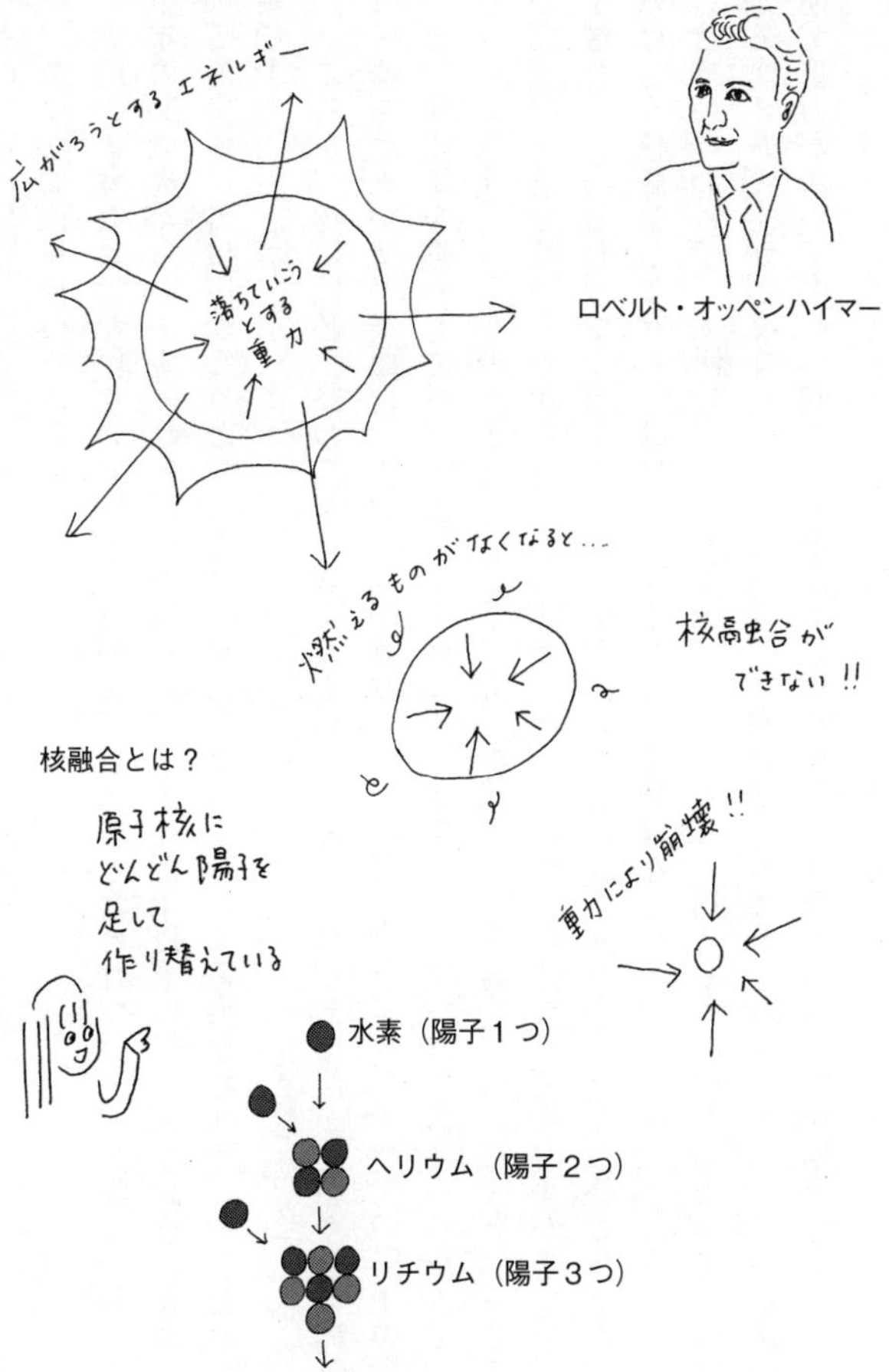

広がろうとするエネルギー
落ちていこうとする重力
ロベルト・オッペンハイマー
燃えるものがなくなると…
核融合ができない!!
核融合とは？
原子核にどんどん陽子を足して作り替えている
重力により崩壊!!
水素（陽子１つ）
ヘリウム（陽子２つ）
リチウム（陽子３つ）

その、「外に広がろうという力（エネルギー）」と「内側に落ちていこうという力（重力）」が、ふつうは釣り合っているんです。

太陽のような星はだいたい100億歳くらいまで生きると言われていて、太陽は今ちょうど中年の50億歳くらいですけれど、そのほとんど――90億年以上は、こんなふうに安定しているんです。外に広がろうとする力と、重力で落ちようとする力がちょうど釣り合った状態です。

ところが、物には必ず終わりがあるんですね。太陽の終わりとは何かというと、燃料がなくなることです。太陽は、水素（原子番号1）――原子番号とは原子核中の陽子の数のことです――を燃やしてヘリウム（2）にしています。さらにヘリウムとヘリウムで、ベリリウム（4）に、水素（1）とヘリウム（2）だったらリチウム（3）に、というように、周期表の原子を軽いものから重いものへと、どんどん作り替えているんですが――原子核を融合しているわけですが――この核融合は、最後に鉄（26）が出来たら終わりなんです。鉄はもう核融合しません。鉄は一番安定している物質なんです。

そういうわけで、太陽はだんだん年をとってくると、燃えるものがなくなって、外に広がるエネルギーが弱くなって……ある瞬間、重力が勝ってしまうんですね。これが星の最期、重力が勝って中心へ向かって縮んでしまう現象、すなわち「重力崩壊」です。

あらゆる物質は10万分の1サイズにできる

星が自分の重力でつぶれる姿を想像できますか？　そもそも「物がつぶれる」とはどういうことでしょうか？

たとえば、ここに消しゴムがあります。握りつぶそうとしてもつぶれないですよね。みっちり詰まっているからです。星だって中身は相当みっちり詰まっています。つぶれ代《しろ》はどこにあるのかという話なんですが、実はあるんですよ、これが。

原子は、原子核の周りを電子が回っている構造をしています。

中心の原子核はものすごく小さくて、原子全体の大きさの10万分の1くらい。仮に原子がこの会場くらいの大きさ（数十メートル）なら、原子核はシャーペンの芯の直径くらいしかありません。原子は実は中身がスカスカなんですよ。

この消しゴムだって、みっちり詰まっているように一見思えるんですが、原子で出来ていますので実は中身はスカスカです。つぶれ代《しろ》は、めちゃくちゃあるんです。10万分の1にまで縮まるスペースが実はある。

ではなぜ握りつぶすことができないかというと、僕の力が弱いからです。でも恒星ほどの重力なら力は大きいですから、つぶすことも可能なんですね。

つぶれるとはどういうことかというと、電子は本来決まった軌道上にあるんですが、これが原子核に落ちることを意味します（図1－11）。電子が原子核（の陽子）とくっつくと、中性子になります。

たとえば太陽の場合だと、水素やヘリウムなど、いろんな原子で構成されているわけですが、それぞれの電子が、全部原子核に落ちてしまえば、いろんな原子はすべて中性子になってしまうんです。その星は中性子だけの塊――中性子星と呼ばれるものになります。

これなら、大きさはものすごく小さい――10万分の1のサイズなのに、質量はそのまま巨大な、そういう星も誕生し得るのではないか？　オッペンハイマーはそう考えたわけです。

図1－11　原子をつぶす

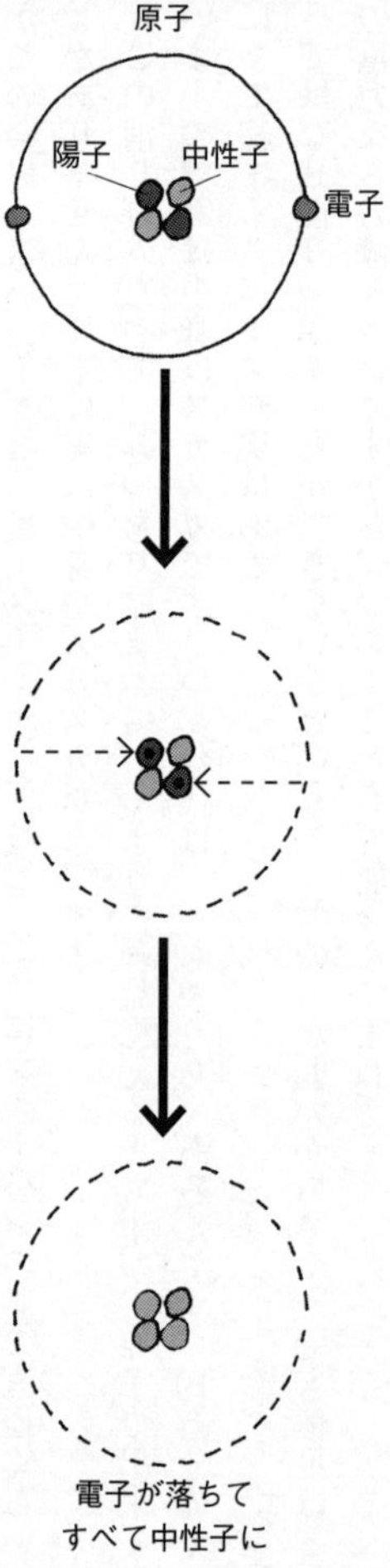

体重が死に様を決める

皆さん、星にも寿命があるって知ってましたか？　星も寿命がくると死ぬんですよ。先ほどの話のとおり核融合が終わった瞬間、これが星の死です。

反対に「星が生まれる」というのは、核融合が始まったときを言います。ガス（粒子）が重力によって集まって、核融合が始まった瞬間――ピカッと光り出す瞬間、これが星の誕生です。地球のように核融合が起こってない星は、最初から死んでるわけですけどね。

そして星も、人間のように死に様があるんですよ。人間にもいろんな死に様がありますけれど、星の死に様はもっぱら体重で決まっています。つまり、重いか軽いかで、死に様が違う。デブだと死に際がきれいじゃないんですね。反対に痩せているときれいなんです。

超新星爆発！

ここにある「赤色巨星」というのは、死にかけのおじいさんの星です（図1‐12）。燃やすものがなくなりつつあります。

星の大きさは「太陽の何倍」という言い方をよくしまして、太陽の8倍までは「痩せている」と言えるんですが、このおじいさんの星がそういう痩せている星だった場合、先ほどの重力崩壊は途中で止まります。完全につぶれて中性子の塊にならず、水素やヘリウムなど「燃えるもの」がまだ残った状態で重力崩壊が止まる。核融合がまだ続いているので微かに光っているという、これがきれいな死に方です。こうやって死んだ星は「白色矮星《はくしょくわいせい》」と言います（図1-12右）。

ところが、太陽の10倍以上あるデブな星はどうなるかというと、重力があまりにも大きいために、ものすごい勢いでつぶれるんです。燃えるものがなくなった途端、急速に縮まって、あまりに勢いがつきすぎるために、物質が激しくぶつかり合って、爆発のようになります。

その爆発のことを、「超新星（super nova）」と言います。聞いたことありますか？「爆発」を付けて「超新星爆発」と言っても構いません。「超」までいかないサイズの爆発は、単に「新星（nova）」と呼びます。

ちなみに、なんで「死ぬ」のに「新星」なのかと言えば、昔はそれが星の死だとわからなかったからなんですね。それまで恒星として光っていたんですが遠すぎて見えなかった星が、死ぬ瞬間は、この爆発でめちゃくちゃ明るくなるので、昔の人は、「あそこに新しく星が出来た！　新星だ！」と名付けたんですね。実は生まれたんじゃなく死んだんですが、昔はわからなかったんです。そういう歴史的な理由からです。

図1－12　星の最期

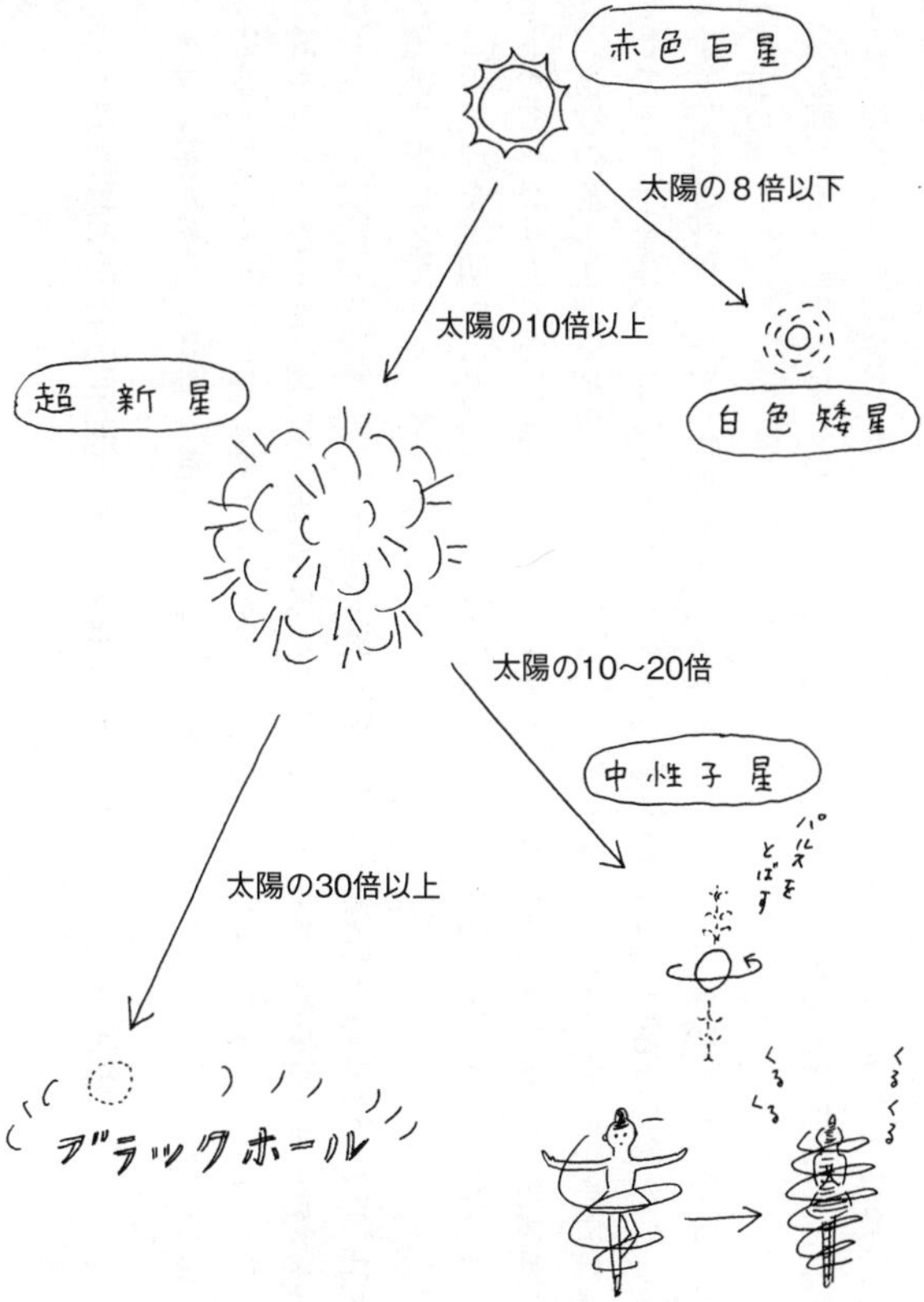

太陽は宇宙でもっとも平均的なサイズの星なので、
「太陽の何倍」という言い方をよくします。

角運動量保存の法則――フィギュアスケートと中性子星

デブな星が超新星爆発を起こして死んだあと、どうなるかと言えば、固まります。固まり方にもまた2通りありまして、太陽の10～20倍くらいの、メタボはメタボでもまだ許されるかなーという星の場合は、先ほど言ったような中性子星になります（図1-12右下）。核融合していないので中性子星は輝いてはいないんですが、その代わりパルス状の電波を飛ばしているんですね。

この原理を説明するために、フィギュアスケートの例を出しましょう。フィギュアスケートって、なぜあんなに速くスピンできるかわかりますか？　あれは角運動量保存則という、物理の基本法則を利用しているんです。最初回り始めのときは手を広げるんですよね。そしてその手を体のほうへと縮めるんです。縮めるだけ。すると回転がいっきに速くなります。「角運動量」という物理量が保存されるために、半径が縮まった分、速度が上がるんですね。

星も同じで、赤色巨星という大きな星が、重力崩壊によって中性子星という小さな星になる（縮まる）。星はもともとゆっくり自転していますから、それが急激に小さくなれば回転速度はものすごく上がるんです。

そして、星というものは必ず磁場を持っています。地球だって磁石を置いたら、北と南にちゃんと向きますから。磁場を持ったものがものすごい速度で回転すると、パルス状の電波を飛ばすんです。規則正しく電波を飛ばすため、中性子星はパルサー（パルスを出すもの）とも呼ばれているんですね。

わき道に逸れて、ブラックホールとぜんぜん違う話をしてますけれども……すいません。そういう中性子星になるのが、太陽の10～20倍くらいの星が死んだとき、というわけです。

中性子がつぶれ、ブラックホールが生まれる

では太陽の30倍以上ある非常に大きな星の場合、重力崩壊（超新星爆発）を起こしたあとどうなるかと言えば、重力の大きさがものすごいため、中性子星よりもさらにもっと小さく縮まります。つまりそれがブラックホールになるんですね。

中性子星がもっとつぶれるってどういうことか？　原子がつぶれて——原子の外側の電子が原子核に落ちて——中性子（中性子星）になるという話をしましたが、そこからさらにつぶれるとは？　中性子につぶれ代はあるのか？という話なんですが、あるんですね、これが。

今日の最初に言ったように、中性子や陽子の中には、クォークという素粒子が泳ぎ回っ

ています（図1-2／19ページ）。

つまり、中性子も実は中身がスカスカなんです。素粒子クォークが、エネルギーのスープのような状態のなかを動き回っているんです。そこに、さらに強力な力（重力）が加われば、このエネルギーのスープの部分はつぶれて、最後は中性子星よりももっと密度が高い──ものすごく小さい範囲に、みっちり詰まった究極に重いもの、すなわちブラックホールが出来上がるんですね。

ブラックホールを観る方法

さて、ブラックホールができる仕組みをご説明したところで、実際にブラックホールの観測についてお話ししてみたいと思います。いよいよ本題です。ブラックホールは本当にあるのか？　あるなら見てみたいですよね。

最初の話を思い出してほしいんですが、ブラックホールとは要するに光が脱出できない領域──「事象の地平面」のことでしたよね。そこから光は漏れてこないので、もし見つけたとしても、真っ黒なものが見えるはずです。かつ、その周りは──これは後でお話ししますけれども──重力によって空間が歪んでいるはずです。

これはコンピューターによるシミュレーションですけれども（図1-13）、もともとはきれいな星空だったところが、ブラックホールが目の前にあることによって、星の光が歪められています。

　ブラックホールも天体なので、あらゆる天体がそうであるように、常に動いています。だからもしブラックホールが目の前を通ったとしたら、こんな感じで夜空の星が歪んで見えるのではないでしょうか？

図1－13　もしブラックホールが近くにあったら

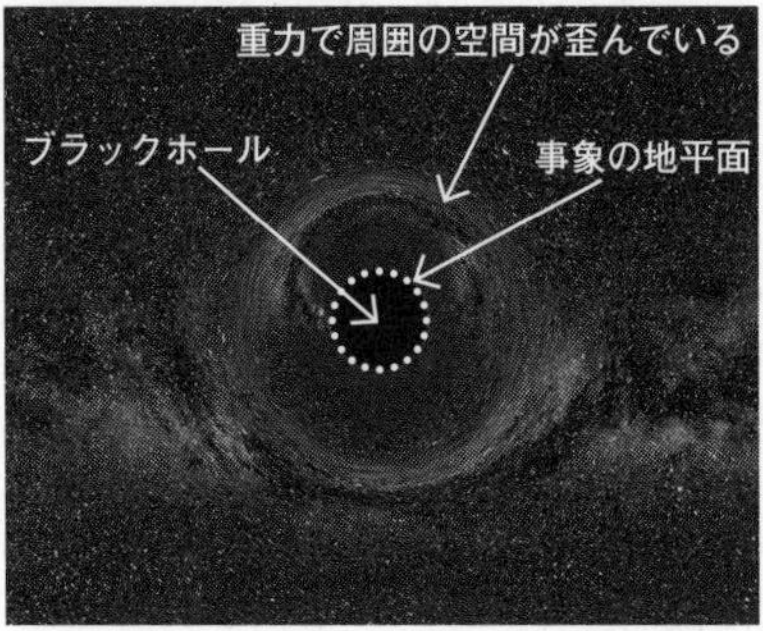

©Ute Kraus, Physics education group Kraus, Universität Hildesheim

　ちなみにこの絵は、もしブラックホールが皆さんのすぐ近くにあった場合でして、皆さん、こんな風景見たことないですよね？　ということは、地球の近くにはないんですよ。幸いと言えば幸いですけどね。遠いところにしかない、ということはわかっています。

　では遠いところのブラックホール《黒い穴》は、どうやったら見れるのか？

　ここにブラックホールがあるとしましょう（図1－14）。ブラックホールだけでしたら、黒いだけで

図1－14　もしブラックホールの近くに星があったら

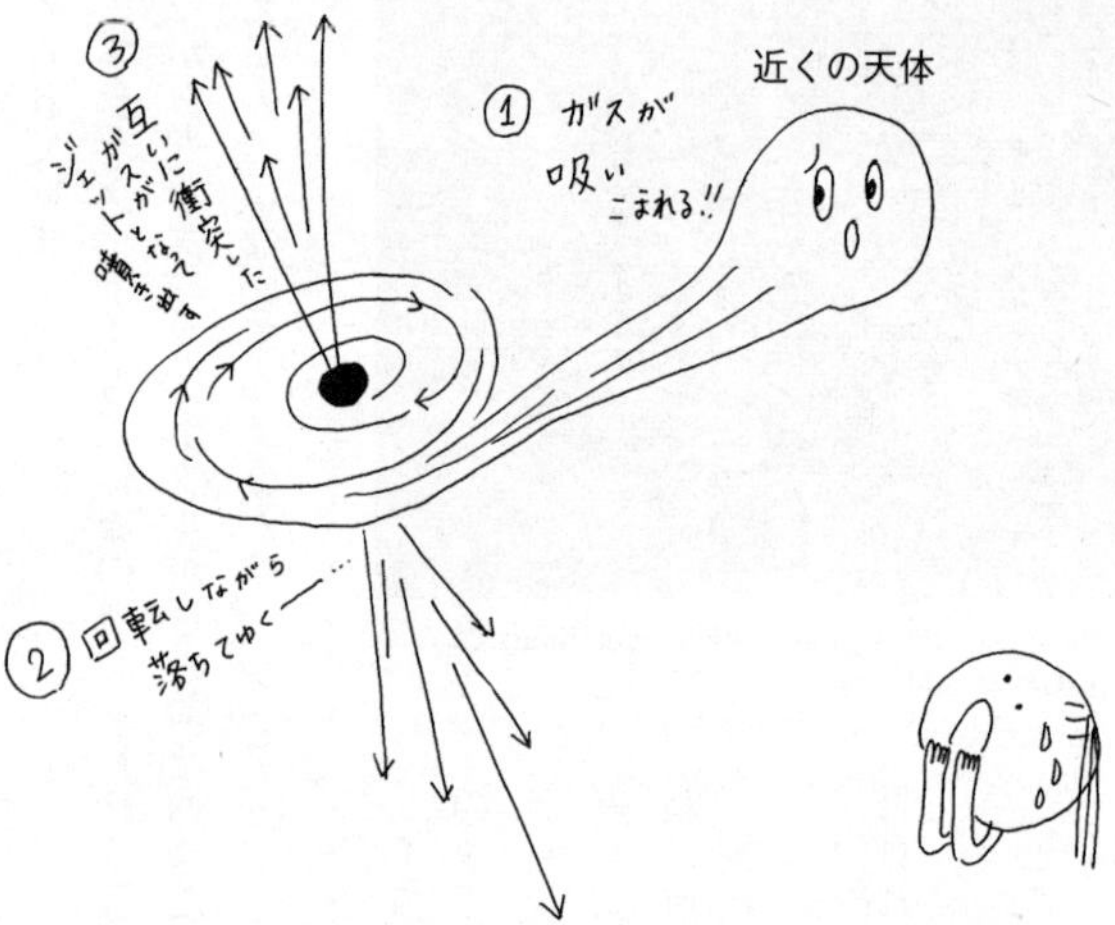

何も見えません。

ところがもし近くに星があった場合、ブラックホールの重力によって、その星の中身が引っ張られるんですね。星に詰まっているガスが吸い込まれてしまいます。太陽みたいな恒星だと、水素のような物質がいっぱい詰まっていますから。

このとき、まっすぐブラックホールの中心に向かって落ちていけばそれまでなんですけれど、ふつうはまあそんなにきれいに落ちずに、中心に対して角度がついて落ちていきます。すると、それらのガスがブラックホールの周りを回り始めるんですね。衛星みたいに。

円盤状に回転しながら中心に吸い込まれていくため、これを「降着円盤」と呼びます。ブラックホールの重力は非常に強いので、円盤もすごい勢いで回転していまして、事象の地平面付近ではほとんど光の速度になっています。すると、ガス（粒子）同士がガンガンぶつかって、ぶつかった粒子は上下、極の方向——北極と南極の方向——に飛び出していくんです。これをジェットと呼びます。ジェットはもっと四方八方に飛び散るのが自然な気もしますけど、シミュレーションを行うとこうなるらしいです。

そしてここが重要なんですが、そのジェットは放射光のはずなので（粒子同士が高速でぶつかると放射光——X線やガンマ線のような強い光がバンバン発生しますので）観測できるはずです。ブラックホール自体は真っ黒なので見えないけれども、ジェットなら観測できるはず。それがもし観測できれば、その中心にはブラックホールがある、とわかるわけです。

宇宙から届く光の波長

このジェットを見るためには条件が2つあります。

1つは、X線で見ることです。人間の目だとX線は見えません。ですから、X線の波長をキャッチできる望遠鏡で見る必要があります。

光の波長をキャッチするには、それぞれの波長を受信できる装置が必要なんですね（図

図1－15　光の波長

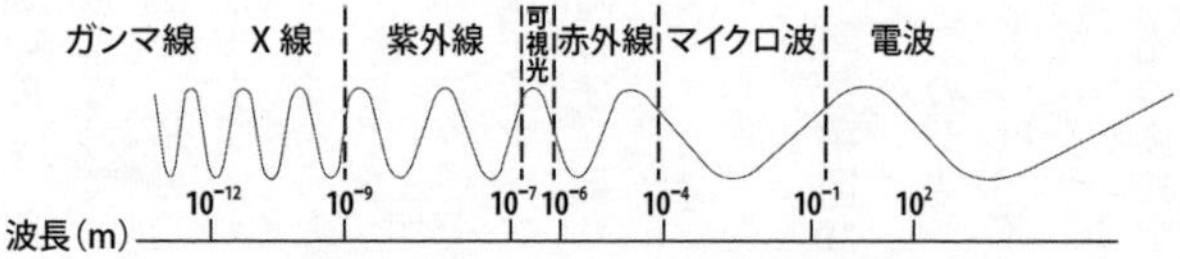

1－15）。たとえば暗視スコープってありますけれど、あれは赤外線をキャッチするための装置です。「見る」とは、特定の光の波長を捕らえる、という行為なんですね。

条件の2つめは、地球を覆う大気の外から見る、ということです。X線はすごくエネルギーが強い（波長が短い）ので、地球の大気にぶつかって地表まで届かないんです。波長が短いほど、空気中の粒子に妨害されやすい。

逆に電波みたいに波長が長い（エネルギーが弱い）場合はよく届くんです。建物の裏にいてもラジオが聴けるのは、電波が建物を回りこんでくるからです。

そういうわけで、X線やガンマ線といった、宇宙から飛んでくる強いエネルギーの光は、大気がどんどん吸収してしまうんです（もし大気を突き破って地表に届いていたら、観測はしやすくなりますけど、皆さんは宇宙からのX線を直接バリバリ浴びて、バタバタ倒れてますよ。大気が皆さんを守ってくれているわけです）。

X線で見ると……

そこで、人工衛星です。人工衛星に望遠鏡を乗せて打ち上げれば、大気に邪魔されずに、X線やガンマ線を直接捕らえることができるんです。１９９０年にハッブル宇宙望遠鏡が打ち上げられて以来、クリアな宇宙の姿を撮影できるようになって、皆さんもご覧になったことがあるかもしれません。地球の大きさからしたら、ほとんど地表と変わらないくらいの高さなんですけど、「大気の外」であることが大事なんですね。

これはNGC５１２８という、我々の銀河の外側にある銀河です。我々の目と同じ可視光の領域で見るとこんな感じに見えます（図1‐16上）。ここにですね、X線の波長で撮影した画像を重ねてみますと……本当にジェットが出ているんですよ（図1‐16下）。しかも、北極と南極の方向にきれいに出ているでしょ？　先ほどのシミュレーションの精度、高いですよね。

ジェットが出ているということは、つまり、この中心におそらくブラックホールがあるんじゃないかと考えられています。

ブラックホールは真っ暗で小さいので、直接見ることはできないんですが、こんなふうに間接的に見ることはできるんです。「ブラックホール、やっぱりあるんだ……」という

図1－16　NGC5128

NASA

NASA

ことになったんですね。今では、その存在を疑う人はいないです。まず間違いなくある。

超兵器「どこでもドア」

ブラックホールの研究が、僕らの生活に直接役立つかと言えば、あまり役には立たないでしょう。でもそう言ってしまうと面白くないので、後であっと驚くものの実用化の話をしましょう。何かというと「どこでもドア」です。

「どこでもドア」ができたら役に立ちますよね？ あれってすごい道具だと思いませんか？ ドラえもんの道具のなかでも、タケコプターなんていう、あんなぬるいものとはぜんぜん違いますよ。歩くくらいの速度でパタパタ飛ぶのと違って、どこでも行くことができるんですよ？

たとえば、アメリカ合衆国大統領暗殺だってできるんです（笑）。ホワイトハウスにも簡単に入り込めるんですから。僕に貸してくれたら1週間で世界を征服してみせますけど（笑）、ああいう超兵器が、ブラックホールによって実現できるかもしれない……という話を、後でしてみたいと思います。

ブラックホール3種

では、宇宙に存在すると思われるブラックホールをいくつか紹介しましょう。ブラックホールには、「一般的なブラックホール」「巨大ブラックホール」「小型ブラックホール」と3種類あるんです。

一般的なブラックホールは、先ほど言ったような、星の重力崩壊によって出来ます。超新星はこれまで何度も観測されていますから、その残骸のところにはたぶんあるはずですし、太陽の数十倍という、宇宙にいくらでもある恒星がつぶれて出来るので、成り立ちもよくわかっています。

一方で、巨大ブラックホールですが、先ほどご紹介した「NGC5128」もそうですが、ものすごく重いということは計算上わかっています。そして最近の研究によると、ほとんどの銀河の中心にはこの巨大ブラックホールがあるらしいこともわかっています。巨大な銀河ほど、巨大なブラックホールがある。我々の住んでいる銀河の中心にもどうやらあるらしい。

ただ、どうやって出来たのか、そのメカニズムが謎なんです。太陽の何百万倍とかめちゃくちゃ重いので、先ほどみたいに星がつぶれて出来ました、なんていう説明ができない。そんなでかい星はないですから。

ブラックホール同士がぶつかってだんだん大きくなっていったとか、いろいろ説があるんですが、ただブラックホール同士がぶつかるのは稀ですし、しかもそれが太陽の何百万倍分もくっつくには相当な年月が必要だし……結局よくわかっていないんですね。

これまで観測されているなかで一番巨大なブラックホールは、「ＯＪ２８７」というもので、大きさはなんと、太陽の180億倍。どう考えても星がつぶれて出来たんじゃないんですよ。どうやって出来たのか謎です。

小型ブラックホールをゴミ捨て場として使う？

最後に小型ブラックホールについて考えてみましょう。

ブラックホールとは要するに、物質が極端に狭い領域に縮められた状態——密度が極度に高い状態のことです。皆さんの体だって原子くらいに圧縮したらブラックホールになるんです。

次回「ビッグバン」で詳しくお話ししますが、宇宙の初期というのは、ものすごいたくさんの物質が狭い領域に密集していた時代なんですね。なので、ブラックホールが非常に作られやすい環境だったんです。実際、宇宙初期の状態を作り出すシミュレーションを行ったら、大量に作られることがわかります。ただしそれは、素粒子の大きさ程度であるだろうと。

僕の家はけっこう散らかっているので、小型ブラックホールが1個くらいあると掃除機代わりになって便利かもしれないです。でもこれは冗談ではなくて、実際、ブラックホールをゴミ捨て場として使おうとか、ブラックホールで発電しようとか——さっきのジェットのエネルギーをなんとかして吸収できたらなあ、というふうに利用法が真面目に考えられているんですよ。使い方の前に作り方を考えろよ、って思いますけどね。使い方を考えるって楽しいんですよね。

ところが、宇宙初期に作られた小型ブラックホールは、今はもう存在していません。今の宇宙で生き延びているのは、陽子よりも大きいブラックホールだと考えられています。なぜか？

ふつうに考えると、ブラックホールは何でもかんでも吸い込むんだから、どんどん大きくなっていって、なくなることはないはずですよね？　でも、なくなるんですよ。ふつうはエネルギーを捨てていくから「なくなる」のに、なぜ吸収するものがなくなるのか？

スティーブン・ホーキングのブラックホール蒸発理論

これを考え出したのが、スティーブン・ホーキングです。彼はこのブラックホールがなくなる＝蒸発する、という理論で一躍有名になったんですね。僕が子供の頃でしたけれど。

先ほどのブラックホールを持ってきましょう。真ん中に質量が一点に集まっているところ――特異点があります。その周りに事象の地平面があります（図1‐17上）。

ホーキングが考えたのは、こういうことなんです。「宇宙空間は何もない真空のように見えても、実はエネルギーが詰まっているんですよ」と。最新の量子論ではそうなっているんですね。これは「真空のエネルギー」と言うんですが――そんなの測定した人なんて誰もいませんけれども――真空は「まったく何もない状態」ではなく、「何らかのエネルギーが詰まっている状態」と考えたほうが、理論的に考えやすい、とされています（これがいわゆる「暗黒エネルギー」だと考えられています……詳しくは第三章でお話しします）。

そのエネルギーが、ちょうど「事象の地平面」付近で、「対生成」を起こすはずだと考えました。

「対生成」って覚えていますか？　今日の始めにお話ししましたが、あるエネルギーが粒子と反粒子を生み出す現象です。ブラックホールの「事象の地平面」付近にある真空エネルギーが粒子と反粒子を生み出します。

ふつうはまたすぐに粒子と反粒子がくっついてエネルギーに戻るはずですが、「事象の地平面」付近では、くっつく前に、片方が「事象の地平面」の内側に、片方が「事象の地平面」の外側に分かれてしまうんです（図1 - 17下）。

対生成で生み出された粒子は、正反対の方向に飛ぶわけなので――運動量保存則が成り立たないといけませんので……PETの原理と同じです――粒子か反粒子のどちらかが、出来た瞬間に吸い込まれれば、その反動でもう片方は外に出ていく。

このようにブラックホールは、「事象の地平面」付近の自分のエネルギーを、対生成によって粒子（と反粒子）に変えて、外に出しているんですよ。

ただこれは量子論の話で、量としてはものすごく少ない。いわゆる星がつぶれて出来たブラックホールを、このやり方でなくそうと思ったら、宇宙の年齢の何兆倍とかいう時間をかけないとなくならないんです。「エネルギーを出している」と言ってもほんとにわずかなんです。

ところがもともとのブラックホールが小さければ、こういうふうにエネルギーを放出して短時間で消えてしまう、蒸発してしまう。ブラックホールは小さければ小さいほど寿命

図1－17　ブラックホール蒸発理論

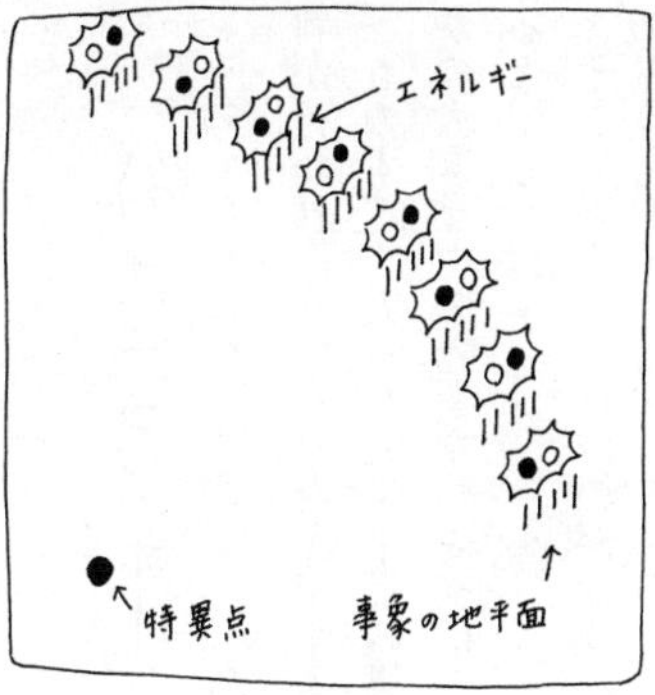

事象の地平面付近で、対生成が起こる

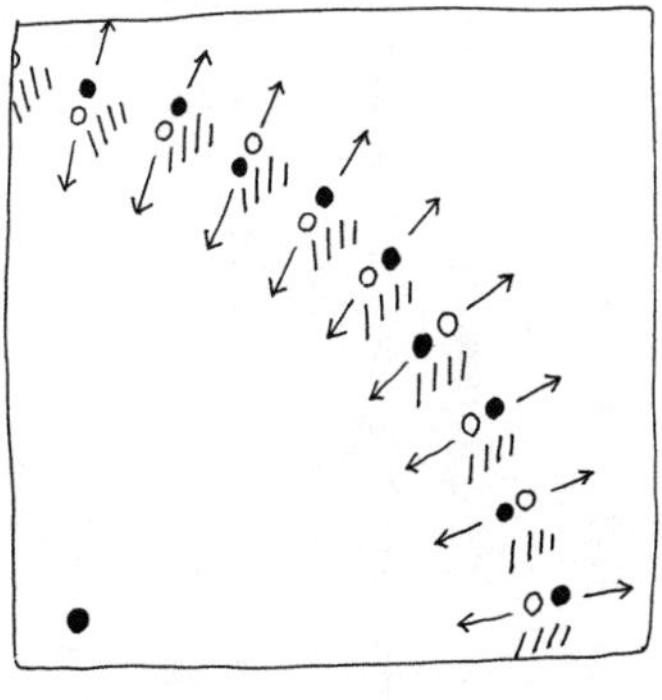

片方が内部に落下すると、もう片方は外に出ていく

スティーブン・ホーキング

特異点に向って落下が一.

ブラックホールは エネルギーを粒子に変えて捨ててゆく！

 小さくなって 蒸発 する

が短いんです。動物みたいなもんですね。なので、陽子以下のブラックホールは、おそらく現在まで生き延びていないだろう。これが、ホーキングが考えたブラックホール蒸発理論です。

ハワイのブラックホール裁判

小さいブラックホールについては、もうひとつ面白い話がありまして、2008年に裁判が行われそうになったんですよ。

ものすごく大きな力——星の場合は重力崩壊という重力の力を使いましたけど——何らかの大きな力で物質をつぶせば……狭い領域に物質を密集させれば、ブラックホールになるんでしたね？

そこで考え出されたのが加速器というものを使う方法です。粒子と粒子を加速させてものすごい勢いでぶつけてつぶせば、その瞬間、ブラックホールが作れるんじゃないか、というわけです。

これはLHCという、スイスとフランスの国境にまたがる、世界最大の加速器です（図1-18）。CERNによって作られた、1周27キロメーター、直径8.6キロメーターという、人類史上最も巨大な装置ですね。「ヒッグス粒子の兆しを見つけた」のもこれです。陽子

図1－18　CERNの地上の航空写真

©CERN

と陽子を反対向きに飛ばして、衝突点でぶつける。ぶつけた衝撃で、ヒッグス粒子を人工的に作ってやろう、という実験です。

このLHCが建設されて、「さあ、動き始めるぞ」というとき（2008年）、ある人が「あの加速器はブラックホールを作るぞ！　ブラックホールが出来たら大変なことになる、絶対にあれを運転させたらいかん！」という訴訟を起こしたんです。しかもなぜかハワイの裁判所に（笑）。

結局、アメリカ政府から「アメリカがCERNに実験停止を求める法的根拠はない」という抗弁書が出されて裁判は無効になったんですが、僕らの仲間うちでは、「あれはヤラセじゃないか」と言われています。つまり、単に「加速器を建設しました、今から実験します」と言ったって誰も注目しないわけです。「加速器ってなに？」みたいな感じですよね。

そこで「ブラックホール」という人気のある宇宙のキーワードを使うわけですよ。しかも裁判！　実際ものすごいニュースになって、これによってLHCのことを知った人は多いと思いますよ。うまいプロモーションですよね。今で言うステルスマーケット。さすがウェブを最初に作ったところです（笑）。

ちなみに訴えた人は引退した物理学者なんです。すごく黒いものがありますよね。まさにブラックホール……（笑）。

一応、結論だけ言っておくと、ブラックホールを作るのにLHCのエネルギーではちょっと足りません。

ですが、この「エネルギーが足りない」という計算が成り立つのは、宇宙が4次元だと考えた場合なんですね。我々の生きている世界は、空間（3次元）＋時間（1次元）で4次元なわけですが、もし4次元よりも上——宇宙が5次元以上だとすると、計算式がちょっと違ってきて、ブラックホールが作れるかもしれない。つまり、もしLHCでブラックホールを作ることができたなら、宇宙は4次元ではなくて、5次元以上だという証明にもなるんです。これを狙っている研究者もいます。どうやって見つけるかというと、先ほど言った、蒸発のときに出るエネルギーを観測しようとしているんですね。

宇宙が何次元なのかは非常に難しい問題で、理論の人は10次元だ、11次元だ、といろいろ考えているんですが、それが本当かどうか検証できるかもしれません。

ちなみにもしブラックホールが出来たとしても、じゃあスイスから順番に吸い込まれてなくなっていく、ということはなくて、小さいのですぐに消滅してしまいますので、ご安心ください。

ではここで一度休憩にしましょう。

後半は、相対性理論の話になります。

アインシュタインと英語力

さて、次はこの方、アルベルト・アインシュタインの話です。たぶん物理学者で最も有名な人でしょう。

確かに天才なんですが、いろんなエピソードがあって、たとえば大学入試で一回落ちてるんです。そのときに大学の先生から直々に手紙がきて、「君は数学と物理学は天才だ。ただ語学（英語）がどうしようもないからちょっと勉強しなさい」って書かれてあったらしいです。

第二次世界大戦のときにナチスが台頭してきたせいで、ユダヤ人の彼はドイツからアメリカに亡命するんですが、噂によると英単語200個くらいしか知らなかったらしいんですよ。200個の英単語でふつうにしゃべれるって、ある意味天才ですよね。

ちなみにぜんぜん関係ない話ですけれど、日本人はなんであんなに何年間も勉強しているのに英語がしゃべれないかわかりますか？　理由は簡単です。使う機会がないから。使わないものは身につかない。それだけなんです。英語を使う仕事に就いてたら、簡単にしゃべれるようになりますよ。僕も英語が苦手で、あんまりできなかったんですが、やっぱり物理の世界では論文を書くのも発表するのも英語なので、使わざるを得ない状況に追いこまれたんです。すると身につくんですよ、自然に。

アインシュタインは、プリンストン高等研究所に勤めていました。世界最高と言われている研究所です。プリンストン大学とは別なのですが、同じ市内にあるため、交流は盛んです。

ちなみにプリンストン大学も物理学（特に理論）や数学の世界では、世界最高なんです。日本人がことあるごとに持ち上げるハーバード大学は物理学では大したことない。先ほどのオッペンハイマーくらいが有名で、物理学史的にはそんなに大した成果を上げていないんですね。物理学の世界でアメリカ三大大学と言うと、プリンストン大学、カリフォルニア大学、ＭＩＴ（マサチューセッツ工科大学）なんですね。

アインシュタイン同様、イタリアからはエンリコ・フェルミという人が、ムッソリーニの独裁を逃れてやってきています。20世紀の物理学がアメリカでものすごく花開いたのは、ヨーロッパから亡命してきた人たちのおかげなんですね。他にもエドワード・テラーとかレオ・シラードとかジャック・シュタインバーガーとか（オッペンハイマーは亡命じゃないですが）。

相対性理論を作るときに用意した2つの柱

さて、いよいよここから相対性理論の話をしていきます。有名なわりに、どんなものかあまり知られていないかもしれません。

相対性理論を確立するときに、アインシュタインは、2つに分けて考えたんですね。いっきに考えるのは非常に難しいので、まずは特殊相対性理論——つまり、考えやすい「特殊な状況」を想定して考えました。

どう特殊かというと、「重力が働かない空間」です。平坦な空間——光がまっすぐ進むという状況です。後で言いますが、空間が歪んでいると光はまっすぐ進まないので、計算式が複雑になるんです。ということで、まずは歪みなしで考えました。

このときアインシュタインは、次の2つの原理を持ってきました。

相対性原理――力学法則はどの慣性系においても同じ形で成立する。

光速度不変の原理――真空中の光の速さは光源の運動状態に無関係に一定である。

特殊相対性理論とは、この2つの「原理」から導かれる「理論」なんですね。

「力学（相対性原理）」と「電磁気学（光速度不変の原理）」という別々の体系にあった「原理」を基に、新たな体系（理論）を作り上げたんです。2つの体系をひとつにした、というわけではなくて、どういうことかというと、「相対性理論」というものをまず最初に作ろうと思い立ったとき、「これまでの理論はぜんぶ間違っていた！」「ぜんぜんそれらと違うものをゼロから作ります！」と言ったら、白紙から好き勝手やれるようなものになってしまうわけです。発散してしまうんです。

そこでまず、基になる柱を立てようと思ったんです。これだけは絶対変えない基礎になる柱。それがこの2つの原理だったんです。これだけは正しいことが観測事実としてわかっている。この観測事実は、従来の理論（ニュートン力学）そのままだとうまく説明できなかった。だから、矛盾なく説明するための新しい理論を構築しよう、というわけです。

そして出来上がったその理論を見れば、「光の速度を超える物体はない」という有名な事実もうまく説明されるんです。

よく誤解されるんですけれども、たとえば「光の速度を超える現象があった」とニュースで報道されると、「アインシュタインは間違っていた！」とか言われたりしますよね。違うんです。「光の速度を超えるものはない」って、別にアインシュタインが発見したわけではなくて、アインシュタインが研究を始める前にわかっていた観測事実（光速度不変）を基に理論を作り上げたら、それをうまく説明できた、ということなんです。

「なぜ光の速度がどこで測っても一緒か」は誰も説明できません。でも明らかな事実なので、アインシュタインはその事実を柱（原理）にして建物（理論）を構築すると、「こういうふうになりますよ、他にもこういう現象が起こるはずですよ、光の速度を超えるものは存在しないことになりますよ」ときれいに説明してみせたんですね。

逆に言うと、「光速度不変」を柱にした理由は、それが説明できないから、とも言えます。説明できない（けれど事実）だから、それをまず柱に据えた。

超光速ニュートリノの犯人はイタリア人だった？

ちなみに、「ニュートリノが光よりも速いかもしれない」というニュース（2011年9月）は、結局誤りだったと判明したんですが、その原因は、GPS信号を受信して時間を精密に測るモジュールに差すファイバーを間違えていたらしいんですね。実験装置が設置されていたのがイタリアですからね。僕らのグループにも外国人が大勢いるんですが、「イタリア人にはGPS装置を触らせるな」って言うようにしました(笑)。

僕らも、ニュートリノを長距離飛ばすという同じような実験をやっているので、「あのニュース、本当なの?」と当時よく聞かれたんですけれど、そのたびに僕は「測定間違いじゃないの? イタリアの装置だから」と冗談で言っていたんです。ところがそうじゃなかったんです。原因は、イタリアの装置じゃなくて、イタリア人だったんですね(笑)。装置は悪くなかった。担当した人が問題だった。

マイケルソン・モーリーの実験

話を戻しまして、アインシュタインが考えた特殊相対性理論についてお話しします。基になった2つの柱の1つ「相対性原理」はひとまず置いておきます。2つめの「光速度不変の原理」の話からいきましょう。

「光速度不変」とは、光の速度がどこでどう測っても一緒、という意味です。後で思考実験をやってみますが、まずは歴史的な話からいきましょう。なぜそんなことがわかったのか?

「マイケルソン・モーリーの実験」という有名な実験があります。マイケルソンとモーリーの二人が19世紀の終わりに行いました。この後、マイケルソンだけがノーベル賞を取ってるんですよね。世の中、不思議なもので……。

当時、光が波だというのはわかっていました。光は波の性質をことごとく持っていました。19世紀の理論物理学者のマクスウェルは、光をすべて波として扱うことで電磁気学を確立したわけです。

ちなみに、光を粒子＝光子として考えるのが量子力学です。これもちょうど同じ頃（19世紀の終わり頃）に、「光を1個2個と数えたほうが考えやすい」とプランクという人が提案したんですね。そのほうが計算にはよく合う。光は、波であり、粒子でもある。どう扱うか（どのレベルで計算するか）によって使い分けています。素粒子について研究する素粒子物理学は、量子力学をツールのひとつとして使っています（他にも、数学や統計学などいろいろなツールを使っています）。

光を「波」と考えると、あることが問題になります。

つまり波というのは、「波」という実体があるわけではないんです。たとえば池や海に波が起こる場合、「波」という物質が移動するわけではなくて、池や海の「水」の変化が伝わっていく様子を「波」と呼んでいるわけですよね。だから変化する「元のもの（媒質）」があるはずです。池や海の「水」に相当するものが。

では、光の媒質とは何か？　光という波は何が変化しているのか？

これは結論としては、「電磁場」だったんですけれども——光は、電磁場の変化が時間と共に伝わっていく様子で、媒質はいわゆる物質ではなかったんです。それは後になってわかったことなんですが、今ここではわからなくて大丈夫です——当時はそれがよくわからずに、「エーテルなるものがある」と言われてたんですね。エーテルという媒質（止まっている何か）で宇宙は満たされていて、そこを伝っている波——それが光なんだ、と考えられていたわけです。

マイケルソンとモーリーもそう考えていまして、ではエーテルはどんな性質を持っているのか調べようと思い、こういう実験をやったんです。

これは地球が太陽の周りを公転している絵です（図1-19上）。上が夏で下が冬だとしておきましょう。夏と冬で、動いている向きが違いますよね。宇宙がエーテルというもので満たされているとすれば、ある星から地球に届く光の速度は、夏の場合は速く（光の速度《c》＋地球の公転速度《v》）、逆に冬は遅くなる（光の速度《c》－地球の公転速度《v》）はずだと。

マイケルソンとモーリーがやった実験は、実際に星の光の速度を夏と冬で測ったわけではなく、地球上で光を飛ばすやり方です。まず地球の移動方向と同じ向きに飛ばす。次に地球の移動方向と反対向きに飛ばす。すると、光の速さは違うはずですよね？

図1－19　マイケルソン・モーリーの実験

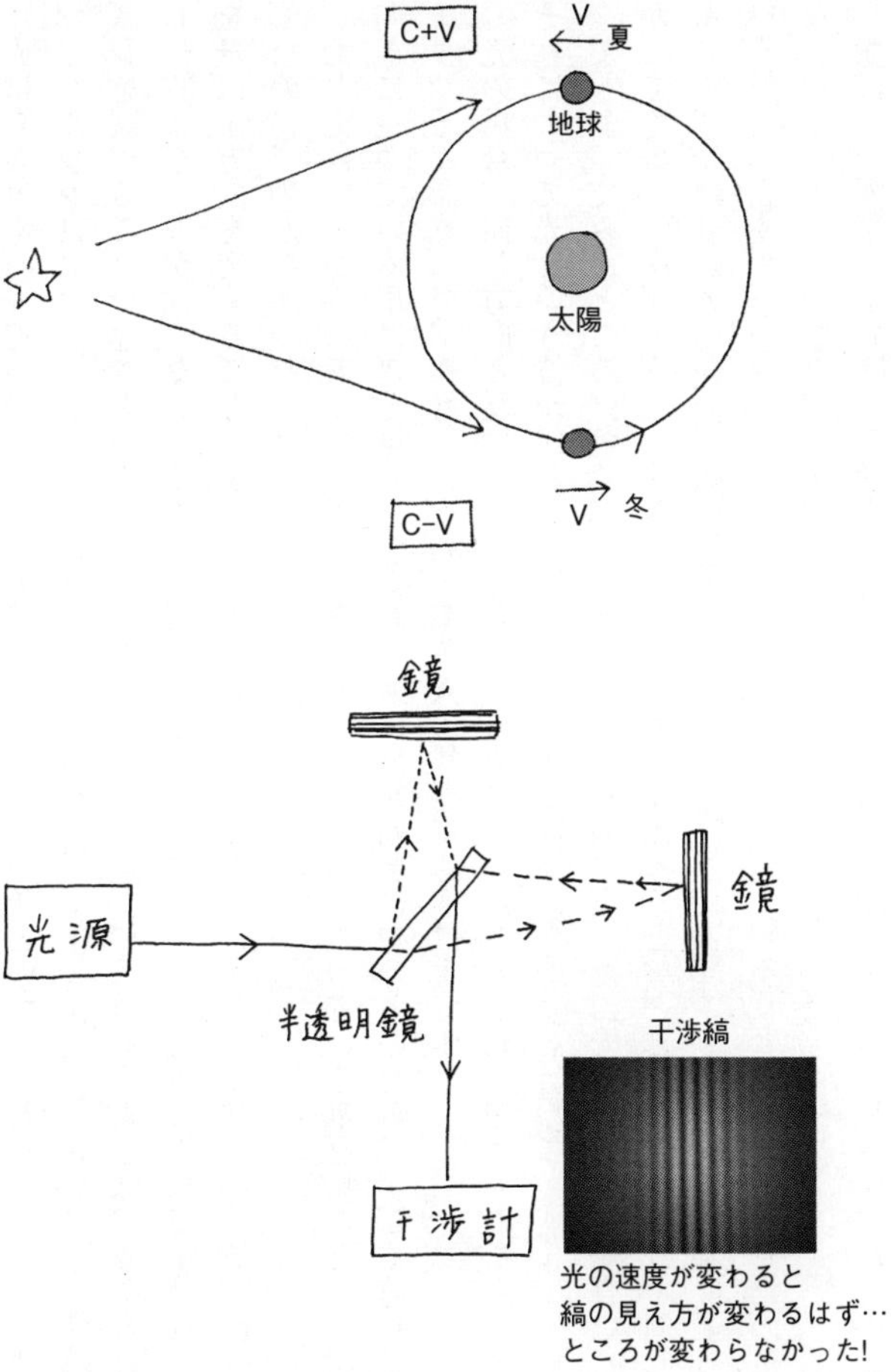

光はめちゃくちゃ速いですから、直接ストップウォッチとかでは測れなかったんですが、マイケルソンは光が波である性質を利用して「干渉計」というのを考え出し、干渉縞《かんしょうじま》のズレを調べることで速さを測ろうとしたんですね（図1-19下）。干渉縞とは、波を重ね合わせるとき、波が強くなるところと、弱くなるところによって生じる縞模様です。もし光を飛ばす方向を変えることによって光の速度が変わるならば、この干渉縞の位置が動くはずなのに、動かなかった。

たとえば、ふつうに考えて、電車に乗ってて、横の道を走っている車を見たとき、同じ向きに走っている車は遅く見えますよね。逆に反対向きに走っていたら、すごく速く見えます。そんな感じで、速度というのは測る人の状態で違うはずです。

光の場合、同じ方向と反対方向ではどれくらい違うのか？　それを測ってみたんです。それによって光という波が伝わる媒質（エーテル）の性質を知ろうと思って。

で、測ってみたところ、驚くべきことに、速度が同じだったんですね。光の場合は、向かってくるやつを測ろうと、遠ざかっていくやつを測ろうと、どこでどう測ろうと同じなんです。光は測る人の状態に関係なく常に速さが同じ。これはエーテル（媒質＝止まっている何か）を想定したら起こりえない。エーテルの性質を知ろうと思って測定したのに、ないやん、エーテルなんて……。

先ほどの電車と車の話から考えるとあり得ないことなんです。おかしいな、ということになったわけですね。

これが相対性理論の柱のひとつ、「光速度不変の原理」です。光の速度は確かに不変である。「速度」は、測る人の状態によって異なる相対的なものなのに、どうして光だけはどこからどう測っても一緒なのか？　それまでのニュートン力学の考え方では納得できない。

それを説明するためにアインシュタインは特殊相対性理論を作ったわけですが、ではその特殊相対性理論が本当に正しいのかどうか、それを確かめるために、特殊相対性理論から予測されたことについて考えてみます。「理論」というのは、「この理論が正しければ、こんな現象が観測されるだろう」という予測を立てるわけです。そして実際に実験物理学者がそれを観測することで、「あ、この理論ってやっぱり正しい」と証明するんです。理論の証明は必ずそういうかたちをとります。

特殊相対性理論が正しかったらどういうことが起こるのか？

特殊相対性理論から予測されたこと① 速度が増えると質量が増える

まずひとつめ、「速度が増えると、質量も増える」。

「質量保存の法則」は中学校の化学で出てきましたよね？　「化学反応させようがなんだろうが、質量は変わらない」って。ところが、速くなると質量が変わるんです。

たとえばこのコップを加速するとしましょう。止まっていると50グラムだとしますよね。でもどんどん速くしていくと、60、70、80グラムと重くなっていくんですよ。

これは、その変化の様子をグラフにしたものです（図1‐20）。横軸が物体の速さ（v）。グラフでは光の速さの倍数で書いてます。縦軸が、質量が何倍になったか、です。

止まっているときは1倍のままですが、加速していくと少しずつ質量が増えていき、光の速度の0.8倍くらいから急激に増えて、光の速さの0.9倍くらいになると、質量が2倍。そこからどんどん重くなって、「1」——つまり光の速さくらいになると、垂直に立ってますよね？　これはね、無限大に近づくことを意味しているんですよ。

数式をちょっと説明しますと、光の速度と同じということは、vがcになるわけですから、c分のcで1。ルートの中（分母）がゼロに。分母がゼロということは、すなわち無限大です。

図1－20　特殊相対性理論から予測されたこと①

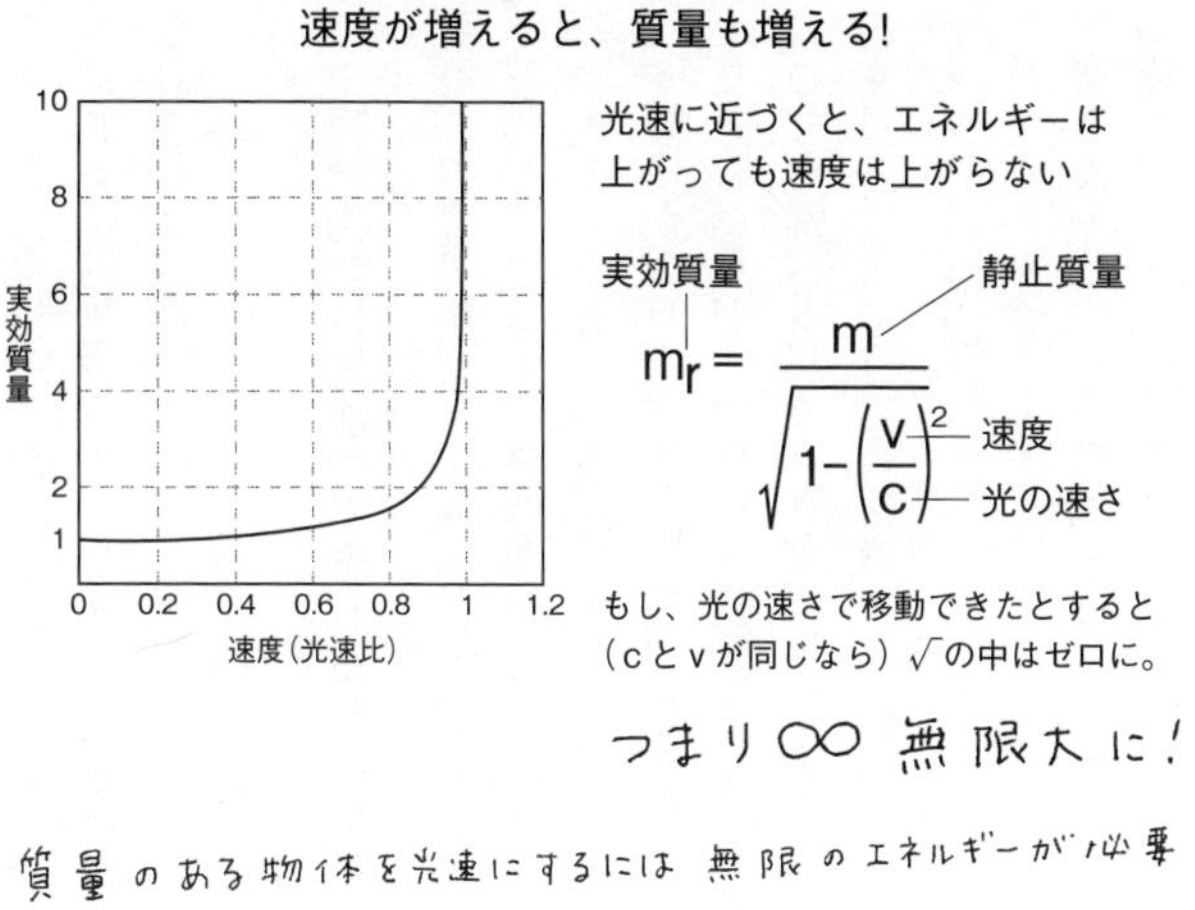
速度が増えると、質量も増える!
10
8
6
4
2
1
実効質量
0
0.2
0.4
0.6
0.8
1
1.2
速度（光速比）
光速に近づくと、エネルギーは上がっても速度は上がらない
実効質量
静止質量
$m_r = \frac{m}{\sqrt{1-\left(\frac{v}{c}\right)^2}}$
速度
光の速さ
もし、光の速さで移動できたとすると（cとvが同じなら）√の中はゼロに。
つまり∞無限大に!
質量のある物体を光速にするには無限のエネルギーが必要

光の速度に果てしなく近づくけれども、光の速度にはならない。なぜなら光の速度に到達するには、無限大のエネルギーが必要だから。速度が上がらない代わりに、質量（エネルギー）が上がっていく。

「これ、ほんまかいな？」と思いますよね。実際、物を光の速度まで加速してみないとわからないですよね？　僕が投げたくらいじゃ光の速度にはならないんですが、人間は光の速度近くまで加速する方法を考え出したんです。それが加速器です。

加速器では光の速度に果てしなく近い状態――光の速度の99・999％とか――で粒子を加速できます。すると、本当に重くなっているんですよ。

そこからどれだけエネルギーを追加しても、光の速度を超えられない。質量のあるものを光速にするには無限のエネルギーが必要になる、ということが実験によってはっきりと証明されてしまった。

特殊相対性理論から予測されたこと② 速度が増えると時間が遅れる

特殊相対性理論から予測されたもうひとつは、「速度が増えると時間が遅れる」。なんと、速く移動しているものは時間の流れが遅くなる、と言うんです。

この式を見るとわかるんですが（図1-21）、速度（v）が光速（c）になれば、1－1で、ルートの中がゼロ。つまり時間が止まってしまうんですよ。光の速さで移動する宇宙船があったとしたら、そのなかの時間は止まってしまう。どういうこと？って思いますよね。

ここでちょっと思考実験をしてみます。

「鏡を見る」という行為を考えます。「鏡を見る」って物理的にどういう現象が起きているかということですね、

①皆さんの体から出た光（ライトなどの光が皆さんの体に反射したもの）が、

②鏡まで到達して、鏡で反射されて、

図1－21　特殊相対性理論から予測されたこと②

速度が増えると、時間が遅れる!

$$t_r = \sqrt{1-\left(\frac{v}{c}\right)^2} \cdot t$$

動いている人の時間　　止まっている人の時間

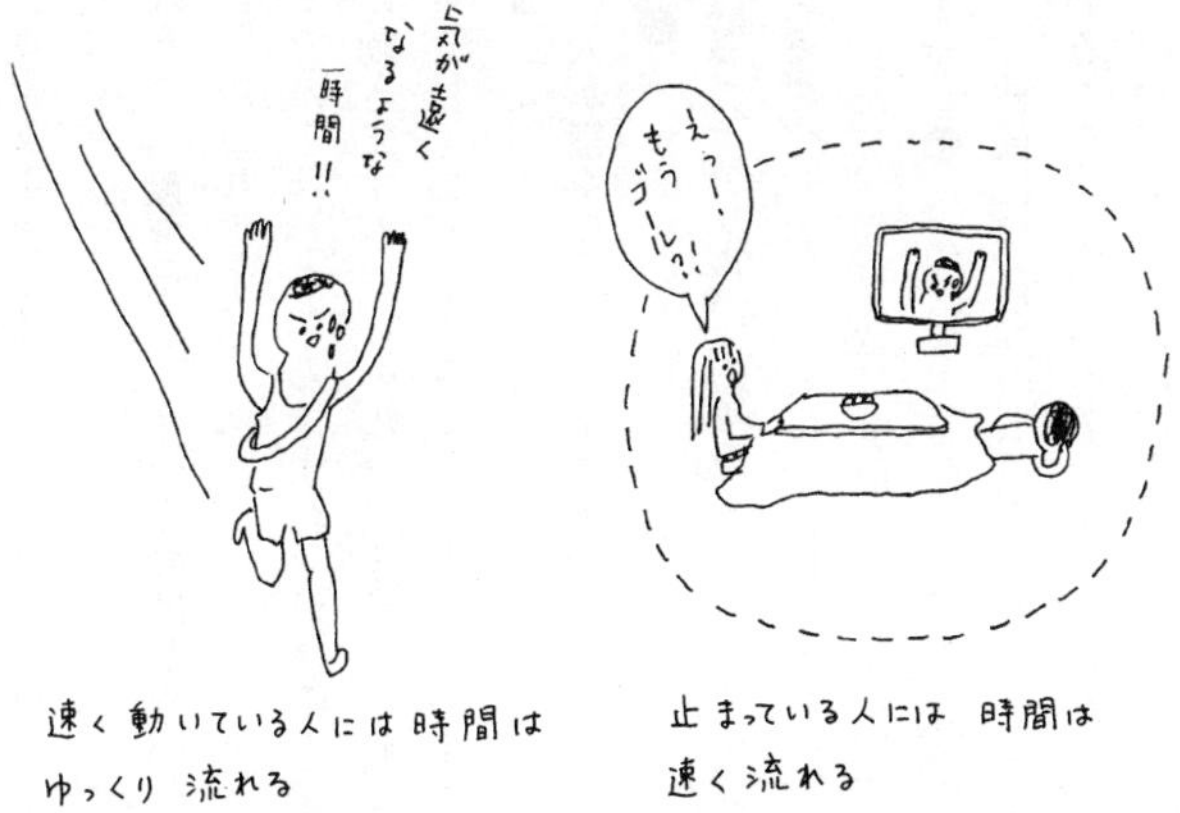
気が遠くなるような一時間!!
えっ、もうゴール?!
速く動いている人には時間はゆっくり流れる
止まっている人には時間は速く流れる

③皆さんの目に届く（戻ってくる）。

ということです。これが「自分の姿を鏡で見る」という現象です。

これを乗り物だと思ってください（図1－22）。そのなかに人がいます。その人が鏡を見ているとしましょう。一方で、外からも観測している人がいます。

ではここで、人と鏡の間の距離が、ちょうど光が0.5秒間に進むだけの距離だったとします——これを実際に作るとめちゃめちゃ長いですけどね……15万キロメーターくらいになりますけど、わかりやすくするためにそういう乗り物だとしましょう。

そのときに、先ほどの「鏡を見る」というのはどういうことになるかというと「図1-22①→②→③」のようになります。

自分の姿を見るまでに1秒かかるんですね。仮に手を振ったりすると、鏡の中の自分はふつうはほぼ同時に動きますが、この場合は1秒後に動くんです。面白いでしょ？

では次に、この乗り物を動かしてみましょう。ものすごく速く——光の速度の半分の速度で動かしてみます。

そのなかで、この人が鏡を見ます——まず光が体から出発します。同時にこの乗り物も動きます（図1-23❶）。

0.5秒後（❷）、先ほどは乗り物が止まっていたので、光は鏡に到達していましたけど、今回は鏡も動いているので、ちょうど半分だけ（光の半分の速度なので）移動してます（止まっている観測者から見たら、光は先ほどと同じ距離を動いてます）。

そして1秒経ちます（❸）。すると、光はようやく鏡のところにきました。先ほどの止まってる状態では、1秒後には自分のところに戻ってきてましたよね。でも今は、鏡がすごい勢いで逃げているから、追いつくのに時間がかかっているんですね。

そして、反射して戻ってくるときは、迎えに行くかたちなので速くなって、先ほどの式

図1－22　思考実験「鏡を見る」〈止まっている場合〉

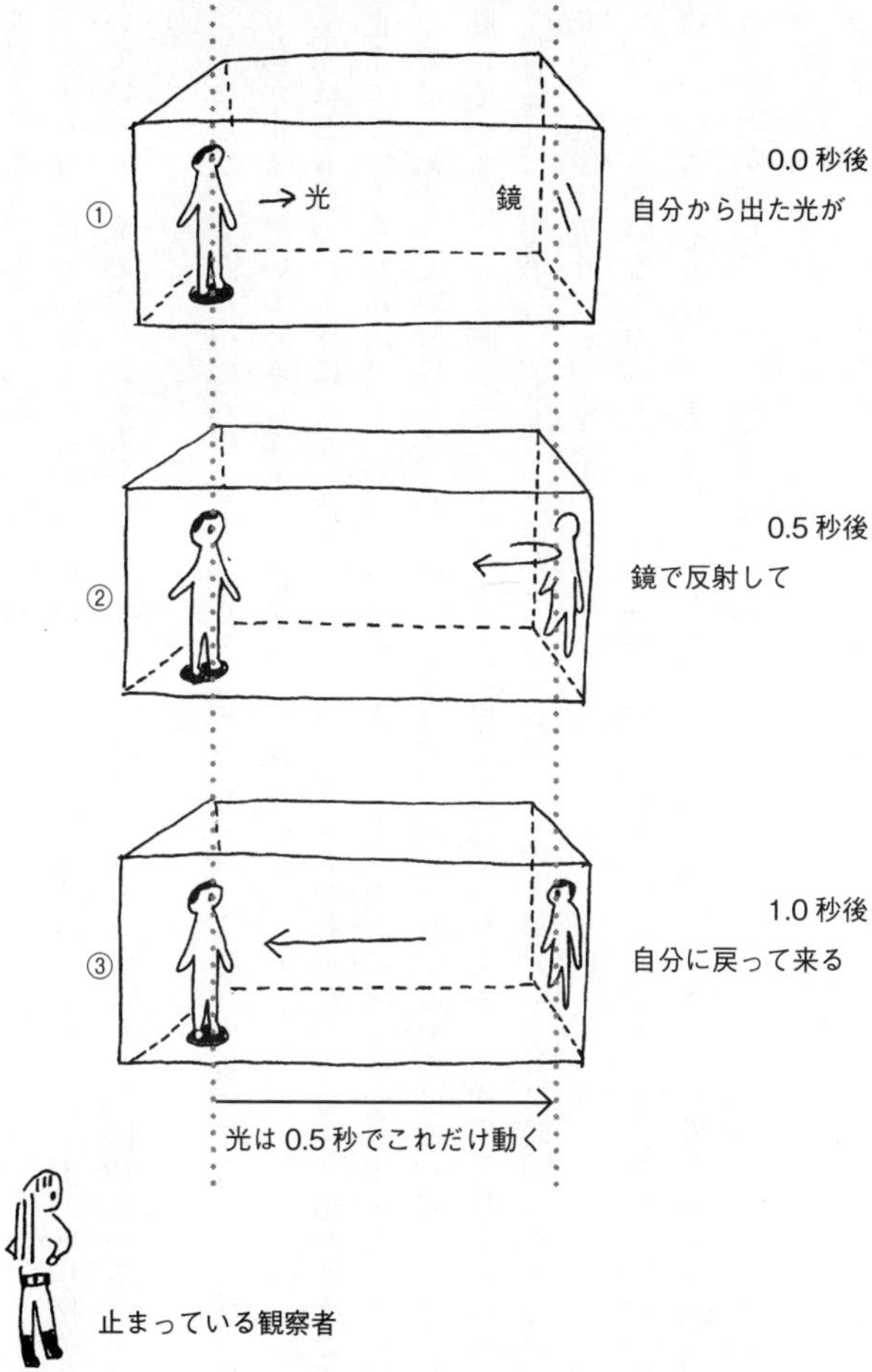

を使って僕が計算しましたら、0.2秒（❹）。

つまり鏡で自分の姿を見るのに、動いている乗り物だと1.2秒かかるんです。乗り物が動いている分、光の進む距離も長くなっているのでそうなりますよね？　1.2秒かかるはずです。

ところが、実際に中の人のストップウォッチを見ると、1秒しか経ってないんです。乗り物が止まっているときに測るのと同じなんですよ。

先ほども言ったように、光の速さは、どんな状況でも変わらないんです。絶対速度です。止まっている乗り物内でも、動いている乗り物内でも、絶対に同じ速度です。ここで重要なのは、止まっている場合と、動いている場合で、光が往復する距離は違っていますよね。動いているほうが、動いている分、光が往復する距離が若干長い。光のスピードは同じ（絶対速度）、距離だけがちょっと違う。となれば、その距離分、余計に時間もかかるはずです。0.2秒分余計にかかるはず……。

外で測っている人のストップウォッチは、1.2秒になってるんです。光は確かに1.2秒で往復している。それなのに乗り物の中の人が測ったら1秒。なんで中と外と時間が違うのか？　この違いをどう説明すればいいのか？

図1－23　思考実験「鏡を見る」〈動いている場合〉

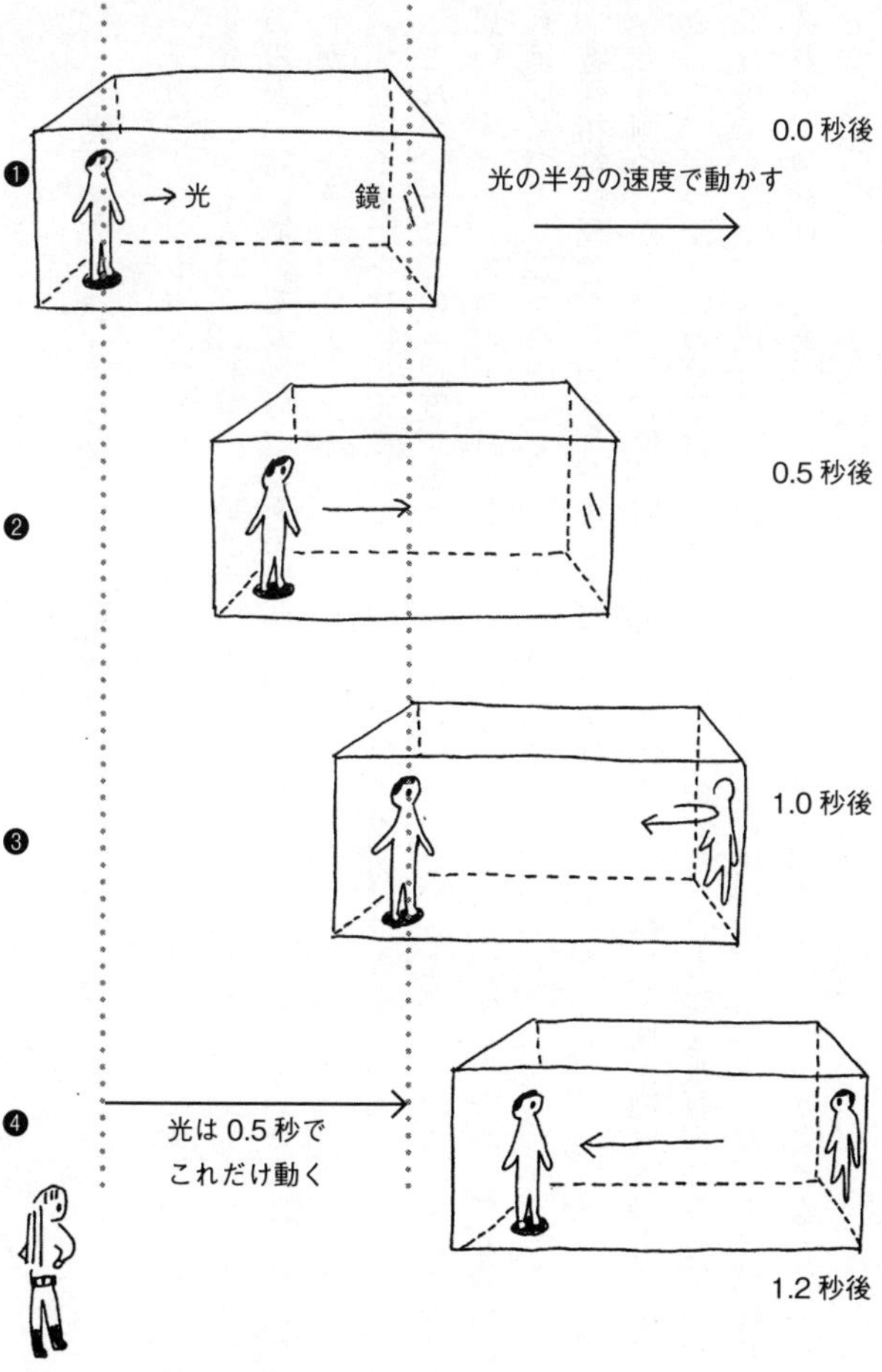

光の速度はフィックス、ならば時間の流れをフレキシブルに

それをアインシュタインは「中の時間が遅くなった」と説明したんです。つまり、外の止まっている人は、1.2秒経っています。でも中の人は、1秒しか経っていない。止まっている人と動いている人とで、時間の流れ方が違うんですよ、移動している人は、時間の流れが遅くなるんですよと。

「光速度不変」を柱に据えてしまうと、これ以外の説明はできない。これが、先ほどの「速度が増えると時間が遅れる」ということです。ホンマかいな?と思いますよね。古典力学には反しているんですよ。古典力学ではどこで測っても時間の流れは同じであることを柱としていますから。

特殊相対性理論が発表された後で、実際に実験してみました。どう測ったかというと、原子時計という、ものすごく正確に時間が測れる時計を2つ用意して、ぴったり合わせておいて、ひとつを地上に、もうひとつを飛行機に乗せて、その飛行機でぐるぐる地球を飛んで回ったんです。光から比べるとずいぶん遅いんですけれど、それで、飛び回ったあとで比べてみたら、確かに飛行機のほうの時計が遅くなっていたんですよ。

もうひとつ、もっと確実に確かめる方法があります。人間が作ったもので、実際に光の速さくらいに加速できるものと言えば、加速器です。加速器で粒子を光の速さくらいで飛ばせば、粒子の時間も大幅に遅れるはずです。どういうことかというと、粒子にはそれぞれ寿命があります。寿命がない粒子は陽子と電子ぐらいで、他のものは、ある寿命――すごく短い寿命――で壊れてしまうんです。

その、壊れてしまうまでの時間を測ったら、加速したほうの粒子は、本当に延びていたんですね。たとえば、1秒で壊れていた粒子――寿命が1秒の粒子が、光の速さの90％くらいに走らせた状態なら、2秒くらい生きていた。99・9999％くらい加速すれば、30倍くらいに生きていた。確かに寿命が延びている。加速すると、その中の時間が遅れるって本当だったんですね。

これはつまり、素粒子に限らず、皆さんの寿命も延びる、ということなんです。速く動いている人のほうが、止まっている人よりも長く生きられる。本人にとっては時間がゆっくり流れている、というわけなので実感はないですけどね。

日本には面白いことに浦島太郎の話がありますよね。浦島太郎が亀に乗って竜宮城に行って帰ってきたら、自分は若いのに、周りはみんな年をとってたって話ですが、あれがまさにそうなんですよね。たぶん亀が光速に近い速度で動いたんですね。だから、浦島太郎だけ時間が遅く流れていた。

つまり、未来行きのタイムマシンは作れるんですよ。皆さんが飛行機に乗ったら、ちょっとずつ寿命が延びているはずです。ほとんど無視できるぐらいの時間なんですが、原理的には光速に近づけていけば、はっきりと未来に行くことができる。ただし速度にマイナスはありませんので、タイムマシンは未来行きだけです。

というわけで、「速度が増えると時間が遅れる」、そして先ほどの「速度が増えると質量が増える」という特殊相対性理論から予想されたことが、実験によって正しいと証明されたわけです。特殊相対性理論はどうも本当らしい……。

もうひとつの柱、相対性原理

「光速度不変の原理」と共に、特殊相対性理論の基になったもうひとつの柱が、「相対性原理(力学法則はどの慣性系においても同じかたちで成立する)」です(図1-24)。

簡単に説明しますと、物理学者が当たり前に信じている信念みたいなものです。

先ほどの乗り物の実験でも、止まっている場合と動いている場合、どちらも「速さ」は「距離」÷「時間」で求められますよ、どちらも同じ計算式が成り立ちますよ、という当たり前のことを保証するものです。我々の周りのすべての場所では同じ力学法則が成り立

図1－24　相対性理論

相対性原理：
力学法則はどの慣性系においても同じ形で成立する

光速度不変の原理：
真空中の光の速さは光源の運動状態に無関係に一定である

⇩

特殊相対性理論

＋

等価原理：
局所的には慣性力と重力は等価である

⇩

一般相対性理論

っている。もし将来、ブラックホールの近くに行けたり、光の速度くらいの宇宙船が開発されたらわかりませんけど、今のところはすべて共通の法則で扱える。

当たり前ですけど、非常に重要なことで、もしこの「相対性原理」が破れていた場合、地球で行った実験は宇宙に出たら使えないことになるんです。なぜなら地球は動いているから（宇宙は地球のように自転も公転もしていません）。でもちゃんと地球と同じように法則が使えるので、アポロは月に行って無事帰って来られたわけです。地球を出た途端、「実は法則が違っていました」とはならない。あらゆる場所で同じ物理法則が通用する。

ただこの「相対性原理」は、加速度がある空間では成り立たないんです。

たとえばキャッチボールをします。地表でやる場合はふつうに成り立ちます。次に電車の中でやる場合、電車が同じ速度で動いている場合は、ちゃんとできるんです。地表と同じ感覚で投げて大丈夫です。ところが投げた瞬間、電車が急加速したとしましょう。あるいは急ブレーキがかかったとしましょう。そしたらボールはぜんぜん違うところにいっちゃうんです。加速度がかかった途端に、法則は成り立たなくなる。

以上が「相対性原理」というものです。

相対性原理――力学法則はどの慣性系においても同じかたちで成立する。
光速度不変の原理――真空中の光の速さは光源の運動状態に無関係に一定である。

という2つの原理を基に特殊相対性理論は作られました。

一般相対性理論――重力を組み込むため「等価原理」を導入

次に一般相対性理論の話をしてみましょう。

特殊相対性理論ではとりあえず重力のことを考えなかったんですが、重力を組み込んだものです。重力を組み込むために、こういうことを考えました。

等価原理――局所的には慣性力と重力は等価である。

こう言うと難しいでしょう？　でも簡単です。こんな映像、よく見ますよね（図1-25上）。宇宙ステーションやスペースシャトルの中で、ふわふわ浮いている無重力状態です。皆さん、これ変だと思いませんか？　無重力じゃないですよね？　地球の周りを宇宙ステーションが回っているわけですけれども、何の力で回っているかと言ったら、重力ですよね。重力が作用しているから、宇宙のどっかに飛んでいってしまわずに軌道を回り続けてるんでしょ？　つまりこれは無重力じゃなくて、有重力状態ですよ。

ただ、重力と90°の方向に運動していますから、この人には同時に、遠心力がかかっています。皆さんがジェットコースターや車に乗って急カーブを曲がるときに感じる、横に押し付けられるような力ですね。

この「遠心力」と「重力」の2つの力がうまいこと釣り合っているために、無重力のように感じる。

遠心力というのはあくまでも見せかけの力（慣性力）なんですが、この「見せかけの力」を「ちゃんとした力」――重力のような自然界にある「本物の力」――と同じものとして考えていいですよ、というのが等価原理なんですね。

一見、そんな大したことを言っていないように思えますが、すごく重要なんですよ。重力などの自然界にある力は、（詳しくは第四章でお話ししますが）媒介粒子をキャッチボールすることで力を伝えるわけです。一方で、遠心力が作用するのは、動きにくさ・動きやすさとしての質量（こちらも第四章でお話ししますが、ヒッグス粒子に関わってくる質量）でして、つまり、同じ「力」とは言っても、ぜんぜん違う観点から考え出された「力」なんです。

でもこの2つが釣り合うってことは、同じものとして扱っていいんですよ——なぜなのかはわかりません、でも確かに同じなんです——事実としてそうなんだから、それを原理としましょう。それが「等価原理」です。

宇宙ステーションで浮いている人的には、無重力とみなしてよい。実際、この人にとってみたら、本当に重力がなくなったみたいに感じているはずです。かつ、無重力状態での実験もここで行っているわけですが、それは本当に重力のないところでやった実験と同じになるわけです。

等価原理——局所的には慣性力と重力は等価である。

図1－25　等価原理

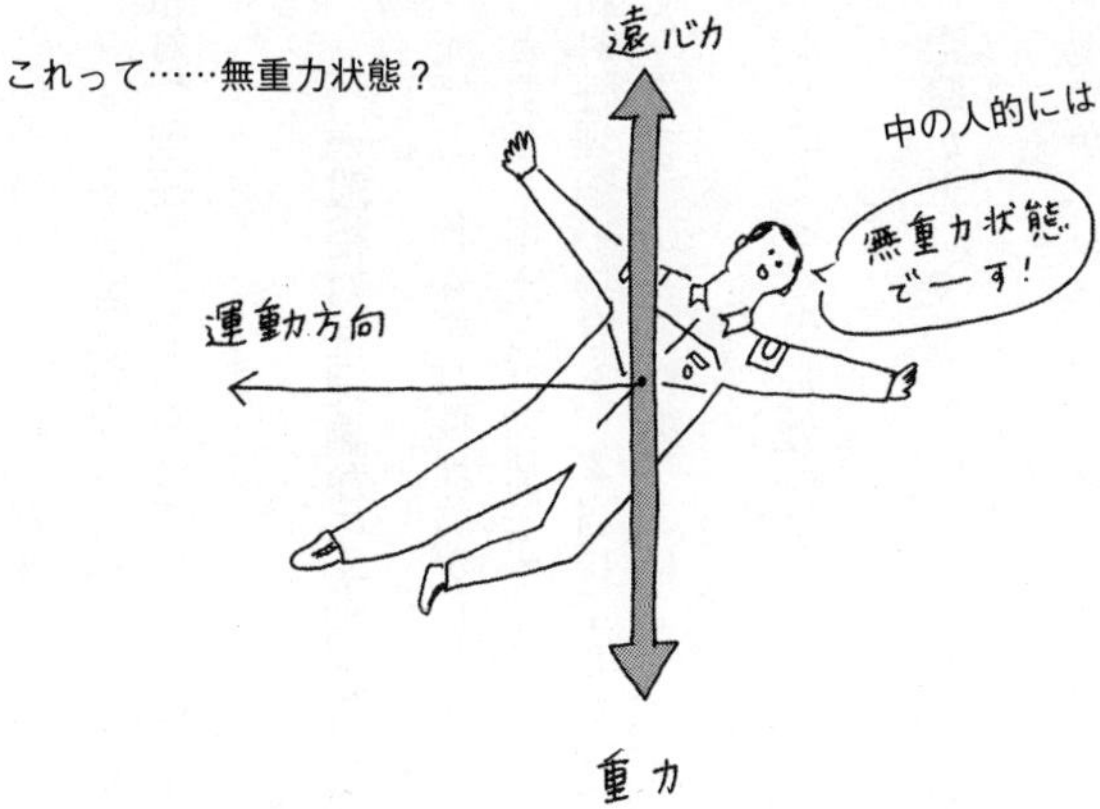

慣性力（遠心力）と重力が釣り合った無重力状態とみなしてよい。

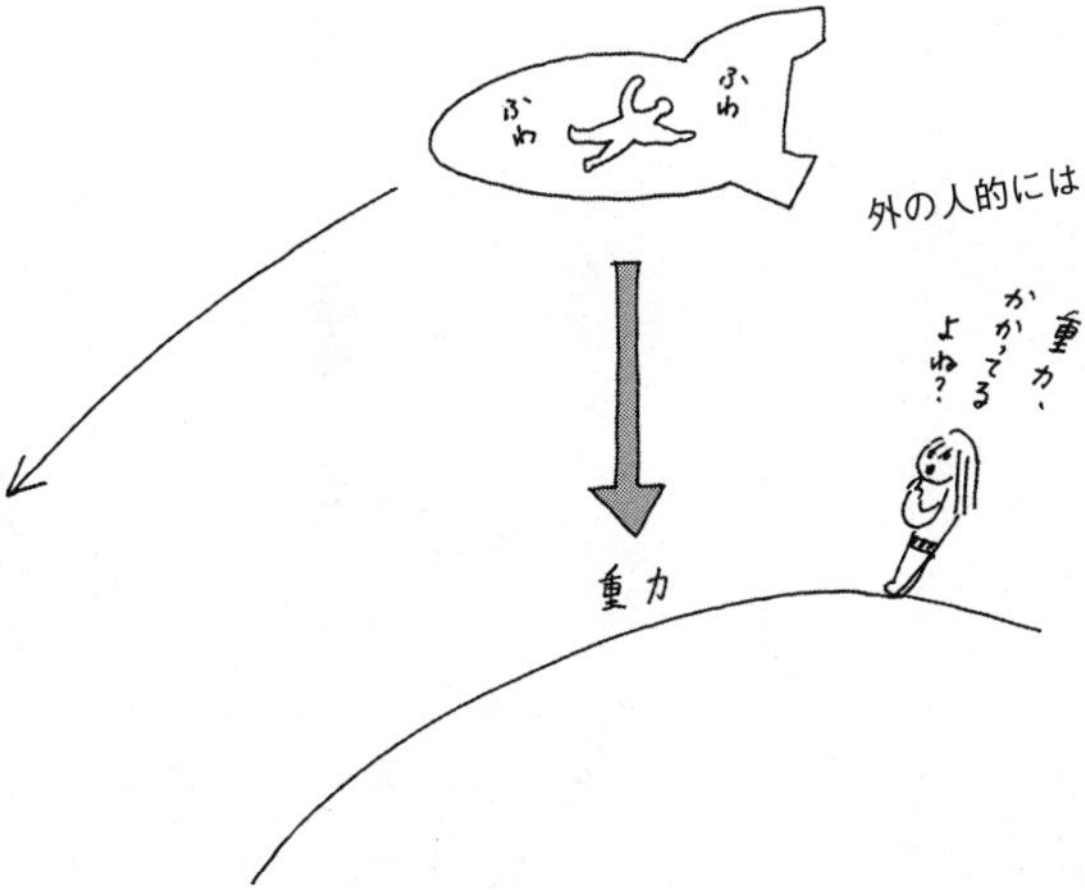

というのは、そういう意味です（ここでの「局所」は「宇宙ステーションの中」という意味です）。これを組み込むことで、アインシュタインは先ほどの特殊相対性理論から、一般相対性理論へと発展させていったのです。

一般相対性理論から予測されたこと① 重力によって空間が歪む

先ほど、特殊相対性理論が正しかったらこういうことが起こるはずだ――「速度が増えると質量も増える」「速度が増えると時間が遅れる」と言いましたが、同じように、一般相対性理論の場合も、本当に正しかったらこういうことが起こるはず、という予測を考えてみます。ひとつめが、これ、

重力によって空間が歪む。

空間が歪むってどういうことか？　わかりやすく2次元の空間で考えてみましょう。

地球が、ちょうどゴムやスポンジのような柔らかい平面――2次元のもの――の上に乗せられている状態です（図1‐26）。重力によって、空間が曲がっています。

図1－26　一般相対性理論から予測されたこと①

重力によって、空間が歪む！

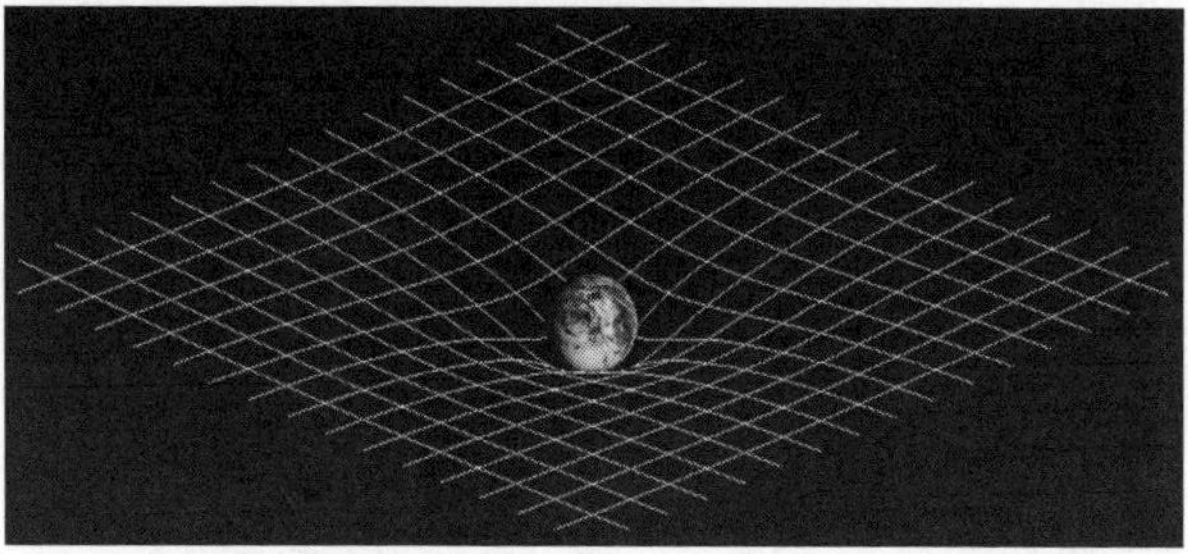

アインシュタイン方程式

$$G_{\mu\nu} + \Lambda g_{\mu\nu} = \frac{8\pi G}{c^4} T_{\mu\nu}$$

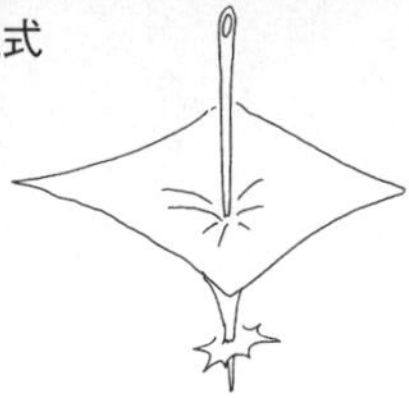

空間の歪み　宇宙項　質量・エネルギー

それを数式で表したのが、このアインシュタイン方程式と呼ばれるものです。

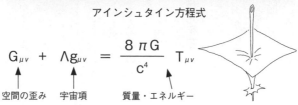

この方程式の右辺は質量（エネルギー）を表しています。地球の重さ、です。地球を置いたら、どれくらい空間が曲がるか、それを表したのが、左側の$G_{\mu\nu}$（ジーミューニュー）と呼ばれる項です。ある質量によって空間はこれくらい歪みますよ、ということを表した式がアインシュタイン方程式です。

今日の最初に、シュヴァルツシルトが一般相対性理論の方程式を解いて、ブラックホールの特殊解を見つけたと言いましたが、それがこの方程式です。彼は、この空間（ゴムのような平面）を、どれぐらい小さな半径の天体——どれぐらい細い針——で押してみたら破れるか？（発散するか？）を計算したわけですね。小さな半径（針の先）に質量（針で突く力）が集中すれば、ゴムは破けますから。それで、もし地球ぐらいの重さだったら、半径が8.9㎜より細い針で突けば、空間は破れる計算になったんです。

この式の真ん中になんか付いてますよね？　これは「宇宙項」と呼ばれるものなんですけれども、もともとは要らないんですよ。シュヴァルツシルトも、これを無視して計算していました。ふつうは無視していいものなんです（ゼロにして計算します）。

ではなぜ、アインシュタインはそんなものを加えたのか？　それについては、次回「ビッグバン」のところでお話しします。

重力レンズ効果——重力が光を曲げる

アインシュタインが登場するまでは、「質量のあるもの同士が引き合う」現象は、ニュートン力学によって「両者間で引力が働くから」と説明されてました。

ところがアインシュタインは、「引力が働いて互いに引き合うのではなく、質量によって空間に歪みが生じるから」と説明したわけです。質量のあるAという物体に、Bというものが近づいてくると、Aの歪みに捕われて、BはAのほうに近づく。これが重力の正体

図1－27　重力によって光は曲がる

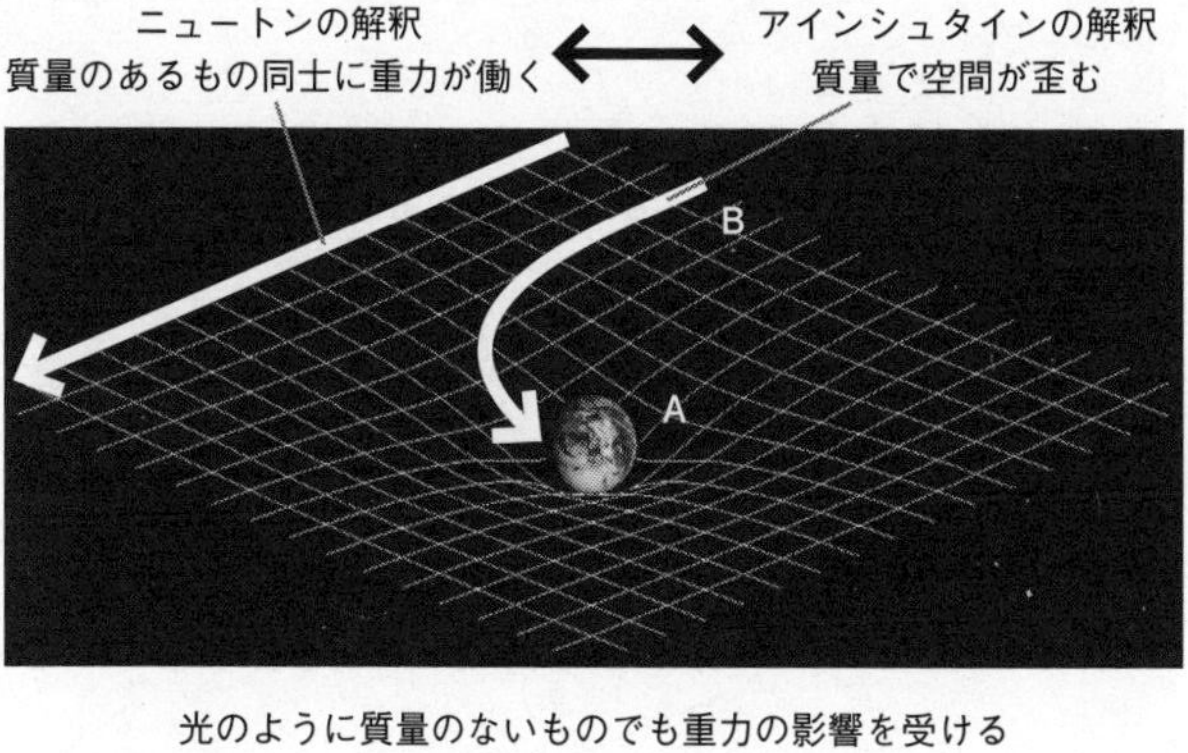
ニュートンの解釈
質量のあるもの同士に重力が働く
アインシュタインの解釈
質量で空間が歪む
B
A
光のように質量のないものでも重力の影響を受ける

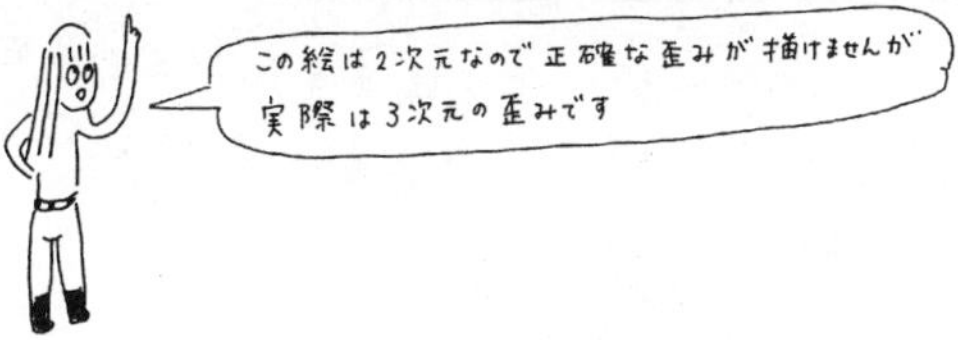
この絵は2次元なので正確な歪みが描けませんが
実際は3次元の歪みです

なんだと説明したんですね（図1－27）。

一見、どちらの解釈でもいいように思うんですが、決定的な差がひとつありまして、ニュートン力学では、質量のあるもの同士じゃないと駄目なんですが、相対性理論は、片方だけが質量を持っていればいいんです。つまり、光のように質量のないものが、質量のあるものに近づいていった場合、ニュートン力学だったら関係なくまっすぐ進むはず。ところがアインシュタインの解釈では、歪みに捕まって進路が曲がってしまう、と言うんですね。質量のないものでも

図1－28　本当に重力によって光は曲がるのか？（重力レンズ効果）

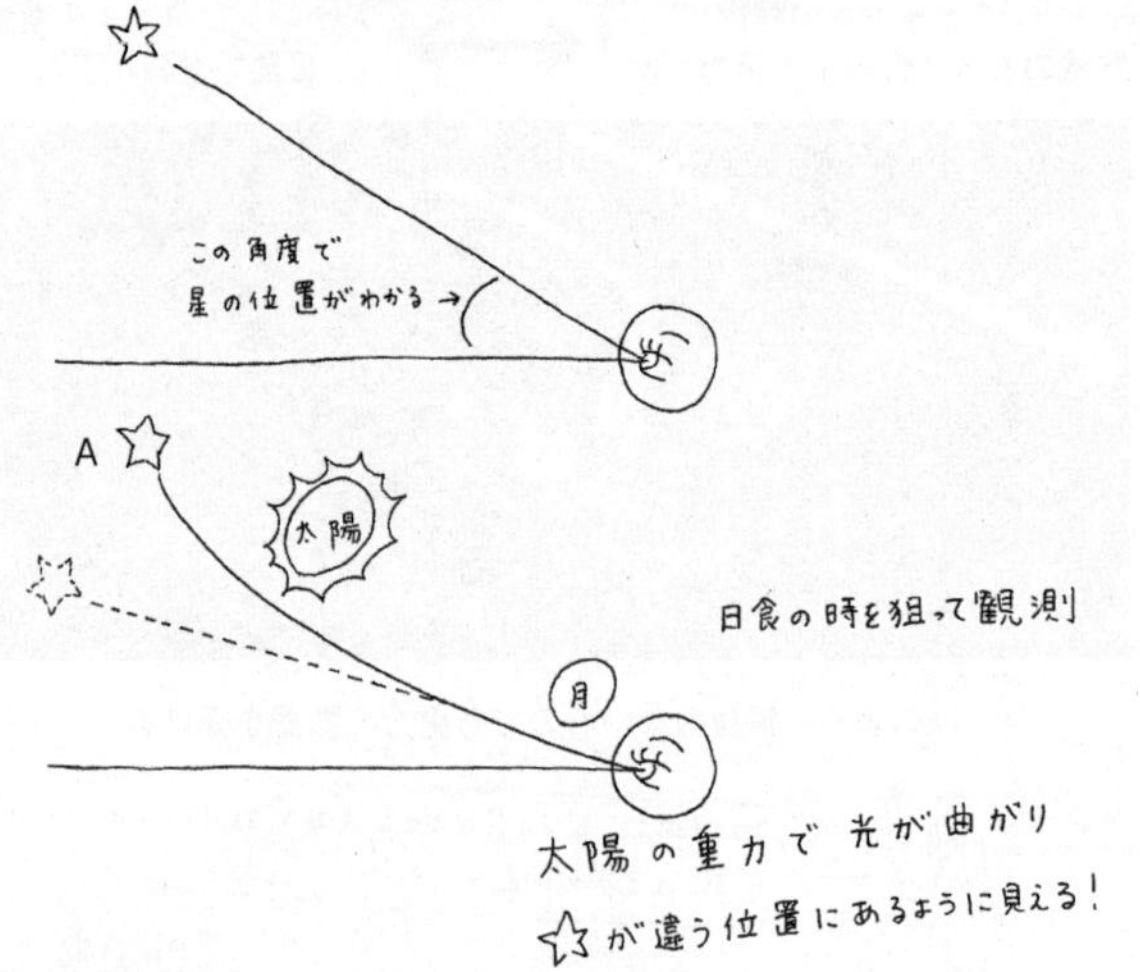
この角度で
星の位置がわかる→
A
太陽
B
日食の時を狙って観測
月
太陽の重力で光が曲がり
☆が違う位置にあるように見える！

光のように質量のないものでも
重力の影響を受ける（重力レンズ効果）
→太陽の近くを通る光の観測により、実証！

重力の影響を受けるはずだと。本当に重力によって光は曲がるのか？　一般相対性理論が発表されてから3、4年後くらいの1919年、アーサー・エディントンという人がある実験を行いました。太陽の近くを通る光がまっすぐ進むのか、それとも曲がるのか、実際に観測してみたんです。

ここに星があります（図1・28上）。地球にいる人が観測すると、その角度からこの星の位置がわかるわけですよね。

そこに太陽が近づくと、一般相対性理論が正しかったら、太陽の重力のせいで光がくにゃっと曲がるはずです（図1‐28下）。もしそうなれば、星は本当はAの位置にあるのに、まるでBの位置にあるかのように見えてしまうはず（人間は感覚的に光は直進すると思っているので、目に飛び込んできた方角のまっすぐ先にあると思うはずです）。太陽が接近する前の位置と、太陽が接近したときの位置を比べることができれば、重力によって光が本当に曲がるかどうかがわかるはず、というわけで、実際にそういう星を選んで、太陽が近くにある場合とない場合の位置を正確に測ってみたんです。

でもこれ、太陽が明るすぎるので、ふつう横の星の光なんて見えないですよね。ですからこの実験は、日食のときにやったんですよね。太陽の光が遮られて暗いときに。そうしたら、本当に星の位置がずれたんです。アインシュタインの言った、重力によって空間が歪むという解釈——一般相対性理論が正しければ、こういうことが起こるはずだという現象は正しい。光も重力の影響を受けるというのは本当だったんです。

しかもこのずれた角度がすごくて、3000分の1度。すごい精度で測ったんですけれど、そのずれ方、曲がり方が一般相対性理論で計算されるとおりの数値だったんです。どうやら一般相対性理論は正しいらしい。

この、重力によって光が曲がることを、「重力レンズ効果」と言います。

一般相対性理論から予測されたこと② 重力によって時間が歪む

「空間の歪み」の次は「時間の歪み」についてお話ししましょう。

相対性理論の世界では、空間と時間は同じ扱いなんです。時間は一見特別なようですけれど、相対性理論の数式の上では、空間の次元と同じように扱います。僕は先ほど「この世は4次元」って言いましたが——空間が3次元、時間が1次元、合わせて4次元というわけですが——時間は4つめの軸としてふつうに計算できるんです。

なので、当然ながら、重力が空間を歪めるとしたら、時間だって歪んだりするはずなんです。

ここにブラックホールがあったとしましょう（図1-29）。

ブラックホールは非常に重いので（重力が強いので）、周囲の空間もよく曲がってるんですよね。すごい歪んでいる——49ページの画像のように。

その歪んでいる空間に、宇宙船が突っ込んでいくことを考えてみましょう。そのまままっすぐ突っ込んでしまうと吸い込まれて落ちてしまうので、やや角度をつけて引き寄せられるようにぐるぐる回る、そういう降着円盤みたいな状況を考えます。それを、遠くの離れてる人が観測したら、どういうふうに見えるのか？

図1－29　一般相対性理論から予測されたこと②

重力によって、時間が歪む！

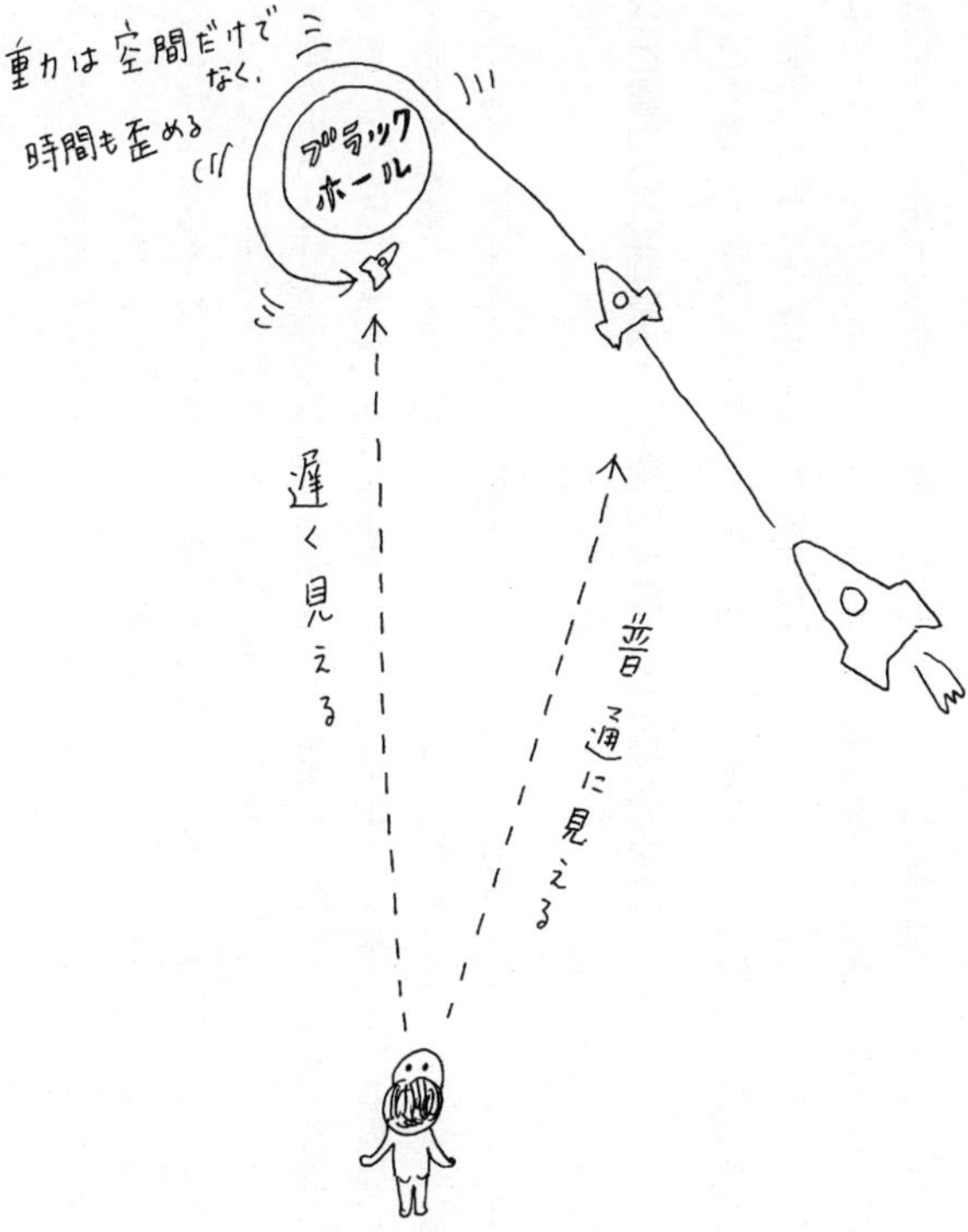

宇宙船が、重力の影響を受けていないときはふつうに進んでいるように見えます。ところが、ブラックホールに近づくにしたがって、徐々にスローモーションのように見えるんです。実際に速度をゆるめたとかじゃなくて、ブラックホール付近は、重力が強いので（空間が歪んでいて）時間の流れがゆっくりになっているんです。

もし宇宙船の中の時計を、この観測者が見ることができたとしたら、時計の時間もだんだん止まっていくように見えるわけです。ただし、宇宙船に乗っている人は、そのことをぜんぜん実感していませんよ、「時　計、ふ　つ　う　に　進　ん　で　る　じ　ゃ　ん」って感じています。でも確かに宇宙船の時間は、ゆっくり進んでいるんですよ。

速さと重力の等価原理――亀の速度と竜宮城の重力

先ほど「速く動くと時間は遅れる」という話をしましたが、同じ効果が重力でも起こるんですね。「重力が強いと時間は遅れる」わけです。

もうちょっと言ってしまうと、先ほどの等価原理の話――宇宙飛行士が浮いてたやつですが、運動によって生じる仮想的な力（遠心力）と重力を等価に扱える、という話でしたけれども、「速く動くことによって時間を遅らせること」と、「強い重力によって時間を遅らせること」もまた等価ですよ、という、そういう等価原理も成り立つんです。このへんになると、ちょっと難しいんですけどね。

つまり、遠心力（＝運動による力）と重力を同じものとして扱えたように、「運動（速く動くこと）」によって時間を遅らせることと、「重力」によって時間を遅らせることもまた同じものとして扱えますよ、という等価性を言っているわけですね。

「速く動くことで、時間を遅らせて未来に行く」と言いましたが、重力を使ったやり方でも未来に行けるんですよ。つまり、重力のすごく強いところに行ってしばらくそこで留まっておいて、それから戻ってくれば、その人の時間が遅れているわけだから、未来に行ったのと同じことになるんです。

先ほど浦島太郎の話で、「亀がすごい速さで移動したから」と言いましたが、「竜宮城がすごい重力だった」とも言えるわけです。竜宮城がブラックホールだったのかもしれません。よく帰って来られましたよね（笑）。

強い重力を使うことによっても、未来行きのタイムマシンは作れるんです。ただしこれも、先ほどと同様過去には行けません。重力にマイナスはありませんから。タイムマシンは片道切符です。

以上が相対性理論の話です。

ホワイトホールとワームホール

それでは最後に、片道切符じゃないものを考えてみましょう。

先ほどの時空の歪みのイメージを、地球ではなくブラックホールに置き換えてみます。今日の最初に紹介したシュヴァルツシルトの計算のように、非常に細い（半径$\frac{2GM}{c^2}$以下の）針で押して空間（ゴム）が破けた状態がブラックホールです。へこんでいる先の部分に、特異点（ブラックホールの中心）があります。

特異点は4パターンあったことを覚えていますか？（図1‐9／37ページ）ここで、特異点が点じゃなくて、丸い輪っかになっているタイプ――特異点が回転している状態を考えましょう。特異点の真ん中が開いている、というところがポイントです。

そしてここで、ブラックホールの反対向きを考えてみます。「時間反転」をしてみます。時間反転とは過去に遡ることで、現実には無理だとわかっているんですが、数学の世界ではやりたい放題なんです。ちょっと数字を逆に――座標を反対にするだけですから簡単です。もしそういうことをしたらどうなるか？　数学的に考えることができるんですね。

やってみましょう。反対向きの「解」は、時間的に反転しているわけですから、ちょうどフィルムを逆戻しにしたのと同じ。つまり、「あらゆるものを飲み込んでいる」ブラックホールとは逆になるので、「あらゆるものを吐き出している」ものになります（図1-30）。あくまで数学的に考えたら、ですけれどね。

この、あらゆるものを吐き出す逆ブラックホールを「ホワイトホール」と言います。ブラックの反対だから……ということで単純なネーミングですよね。実際にこんなものを観測した人はいませんよ。あくまで数学的に考えただけですから。

図1-30　ブラックホールとホワイトホール

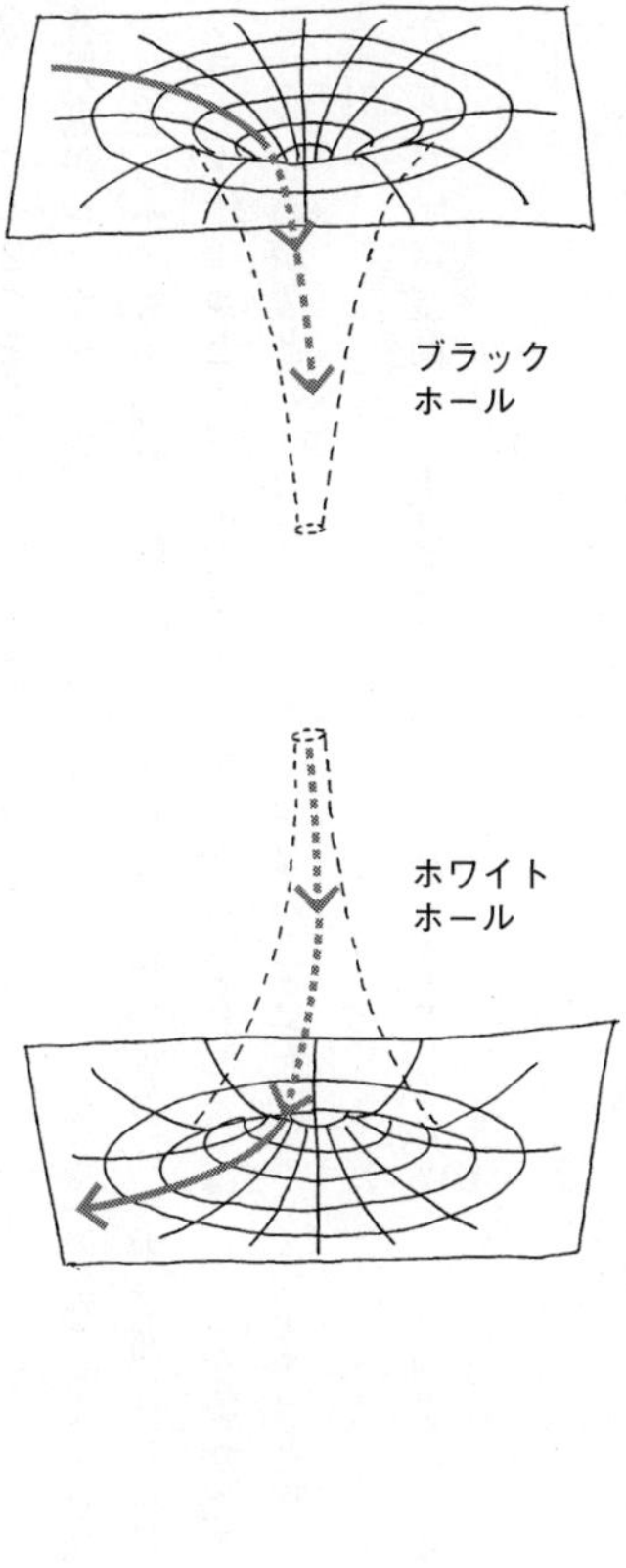

では次に、この2つをくっつけてみたらどうなるか？

もし特異点がシュヴァルツシルトの解（点）だったら、こんなことをしても意味がありません。ところが、カーの解（輪っか）であれば、輪っかの真ん中は通れるんじゃないか？　ブラックホールとホワイトホールの輪っかの穴をつなげば、そこを物が通ることができるんじゃないか？というわけです。このつないだ穴を「ワームホール」と呼んでいます（図1-31）。

もしかしたら宇宙空間は、実はこうなってるんじゃないのか？　ブラックホールが吸い

図1－31　ワームホール

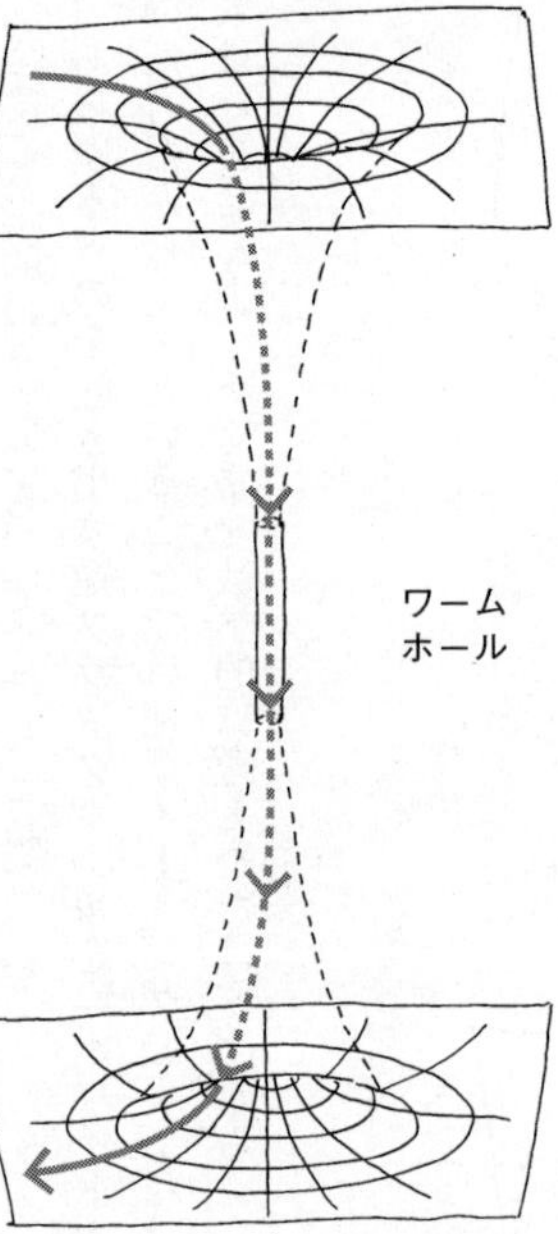

込んで、ワームホールを通って、ホワイトホールから吐き出されている——こういうものがあれば、ある空間からある空間へ一瞬にして飛ぶことができるんじゃないのか？　つまりこれが「どこでもドア」なんですね。短時間で別の空間に移動できる。

「どこでもドア」を作れない3つの理由

ところが残念ながら、「どこでもドア」の実現の可能性は極めて低いです。問題点がたくさんあります。

まず、ホワイトホールとワームホールが見つかっていません。ブラックホールと同じ数だけあるんだったら、見つけられてもいいですよね。でも誰も見つけていない。

一時期、クエーサーと呼ばれる、宇宙の彼方にある——というのはすなわち宇宙の初期に作られた、という意味なんですが——ものすごい量のエネルギーを吹き出している天体があったんですよ。「これがホワイトホールでは？」と言われていた時代があったんですが、実際はブラックホールだったんです。物質が飲み込まれていくときのジェット、あれだったんですね。

結局ホワイトホールはまだ見つかっていません。

第二の問題点は、無事に通過できますか?という話なんですね。

ブラックホールは、重力がめちゃくちゃ強いんです。地球の重力であれば、いま皆さんの頭にかかっている重力と、足にかかっている重力は大して違わないですよね。ところが、重力が極端に大きいところでは、人間の大きさでも、頭と足で、かかる重力が違うんです。たとえばこういうことです。潮汐力《ちょうせきりょく》と言うものがあります。地球の周りを回っている月の重力によって、地球の海の潮の満ち引きが行われています。あれはなぜ起きるのかというと、月の重力が、地球の「月に近い側」とそれ以外で違うからなんですよ。そのために、海の水が月に引っ張られて楕円形に変型しているんです。満ち潮(満潮)と引き潮(干潮)は、そんな感じで、地球にかかっている月の重力が異なることで発生します。

だから、たとえばブラックホールの近く――「事象の地平面」近くに立つと、頭と足でぜんぜん力の大きさが違うので、引き伸ばされて、まあふつう、人間は引きちぎられて死んでしまいます。

そういうわけで、無事に通過できないんですよね。ぐちゃぐちゃの素粒子の状態になってホワイトホールから出てきました、となっても、うれしくもなんともない。

そして問題の3つめ。「どこでも」じゃないんですね。「どこかわからない、ところドア」なんです。どこかわからないところに吐き出されて、それで戻って来られない。片道切符なんです。

そういうわけで今のところは「どこでもドア」は実現不可能なんですが、もしかしたら将来、こういう問題を解決する考え方が出てくるかもしれません。

ということで、ブラックホールの話と空間と時間の話は切り離せないので、「どこでもドア」やタイムマシンなどいろいろ考えてきましたが、いずれも一方通行、片道切符なんですね。過去には戻れない。元の場所には帰って来られないんです。

これは非常に重要なことを示唆しているんです。というわけで、今日のまとめです。

「みんな、過去ばっかり振り返ってないで、今を精一杯生きようぜ！」(*°∀°)b

吸い込まれていきそうな結論ですけど……(笑)。今日はブラックホールと相対性理論の話をしましたが、次回は「ビッグバン」について考えてみたいと思います。

column Ⅰ

定量的に考える――マイクロソフト社の入社試験と、放射線と電力の問題

ときどき「物理学ってどうやって勉強したらいいんですか？」と聞かれるのですが、僕は別に物理学が得意でもなければ、真面目に勉強したわけでもありませんので、それにお答えする立場にはありません……。でも、物理学に限らず、本当に身につけたいと思うものがあれば、時間や手間がかかってもいいから、本を買って地道に勉強するべきなのではないかな、と思います。

今の時代、どんなことでもネットで簡単に調べられるようになりましたが、何かをきちんと学ぶのに、ネットでは充分ではないのです。その理由は、それぞれの分野の知識なり知見なりを系統的に載せたものが、ネット上にはないからです（そのうち現れるかもしれませんが）。その点、未だに本以上のものはありません。

ただ、ネットの利便性と速効性は充分活用すべきではあります。知りたいこと

があって本に当たろうとする場合、まずどの本を読めばいいのか、その本はどこにあるのか、その本のどこに載っているのか——そこまで辿り着くのに、かつては何日もかかっていたのですが、今は「グーグル先生」が一瞬で答えてくれます。また、ひとつのことを知ると新たに出現する数々の疑問にも、「グーグル先生」はリンクというかたちで答えてくれます。

でも、そうやって得られた知識は、系統立ったものでないだけに、頭の中で整理して「使える」ものにするには技術と労力が必要です。だいたいは、その場凌ぎのものにしかなりません。指先を動かしただけで情報が手に入るのはとても便利なのですが、そうやって簡単に手に入れた知識は、同時に、簡単に出ていってしまいます。本当に。

そういうわけで、ネットで調べ、本できちんと勉強する、というのが今のところ最もよい勉強方法なのだと思います。

かく言う本書も、宇宙物理学を勉強するためのものではなくて、「興味をもつための第一段階」として活用していただきたいと思っているのです。本書を手にされた方が、宇宙物理学への興味を抱いて、専門書を手にすることがあれば、本書の役割は充分過ぎるほど果たされたと言えましょう。

さて、それだけですと、冒頭の質問に何もお答えしていないことになりますので、ここでは具体的な勉強の話よりも、「物理学的なものの考え方」の話をしてみましょう。

少し前に、「理系の人はどんな人か」といった本がいくつも出ていましたが、どれもまったく理系の人間を理解していなくて、「本当にこの著者は理系の人間を見たことがあるのか？」と思っていました（笑）。そもそも、それらの本の表紙には、白衣を着た学者の姿が描かれていることが多かったのですが、少なくとも物理学者は白衣なんて着ません（僕は一着も持っていません）。

では、現実の「理系の人」の特徴は何かというと、これなのです。

・論理的に考える。
・定量的に考える。

「論理的」はわかりやすいと思いますが、「定量的」とはどういうことでしょうか。

皆さん、マイクロソフト社の入社試験の話って知っていますか？　様々な難問・珍問（と一般には思われるもの）が突如として投げかけられるそうですが、一例を挙げればこんな問題です――日本にピアノの調律師は何人いますか？（実際には、「アメリカに」だったそうですが、ここでは「日本に」にしておきましょう）。

皆さんはこれにどう答えますか？　僕ならこんなふうに答えます。

まず日本の世帯数を、ざっと5000万世帯としましょう。そのうち1割がピアノを持っているとしましょう。つまり、日本には500万台のピアノがあります。そして、2年に1回調律してもらうとしましょう。そうしたら、1年間で250万台のピアノが調律されることになります。

では、調律師はどれくらいのペースで調律できるかというと、いろんな家庭を回らなければならないので、一人あたり1日2台が限度だとしましょう。人間が働くのは、だいたい1年間で250日くらい。とすると、一人あたり1年間で500台調律できますよね。でもこの不景気ですし、勤務日に毎日毎日仕事はないでしょう。調律師の能力の50％程度の注文が入ったとします。つまり、年間調律数は250台。

以上から、

・1年間に250万台のピアノを調律しないといけない。

・1年間に一人が調律するのは250台。

となれば、調律師は1万人。これが僕の答えです。

これだけ書いておきながら言うのもなんですが、実際の調律師の数と合っているかどうかわかりませんよ。あらゆるところに仮定（「としましょう」）が入っていますから……。

でも論理的かつ定量的に考えるというのは、こういうことなのです。仮定が入っていてもいいんです。あくまで、考え方の道筋が大事なのです。「日本の世帯数は何世帯でした」「ピアノの所有率は何％でした」という実際の数字がわかった段階で、そこの数値だけ書き換えればいいんですから。

マイクロソフト社のほうでも、別にぴったりの値が欲しいわけじゃなくて――逆に、「8726人です」というふうにピタッと合わせられたら、「こいつ何？」って感じで気持ち悪がられますよ（笑）――この人は、どんな論理が組み立てられるか、どう定量的に考えられるか、そこを見ているのです。僕は今、人口とピアノの台数から考えましたが、別の考え方（たとえば、仕事として成り立つか、すなわち、調律師の給与面から）もあると思いますよ。

本書に出てくる宇宙に関する数値（宇宙の年齢やハッブル定数やその他いろんなもの）なども、「それをどのように導き出すのか？」という考え方が重要でして、一旦その道筋さえできれば、あとは、後世のより精密な観測技術によって、順次数値を修正して精度を上げていけばいいのです。最初にハッブルが求めたハッブル定数は、後年精度よく求めたものに比べて、何倍も違っていました。しかし、ハッブル定数の求め方や、その意義、それをどうやって宇宙論に活用していくのかという道筋は、今でも生きているわけですからね。

それが理系の人の考え方です。

放射線を定量的に考える

東京電力の原子力発電所の事故以来、放射線が大きな問題になりましたが、あれも、本来であれば、定量的な話をするべきなのです。放射線なんて、あの事故以前からすでに浴びているものですし、事故がなくても放射性物質なんて毎日口の中に入ってきますし、医療のためには意図的に大量に放射線を浴びることもあります。それでも問題なく我々が暮らしているのは、すべて「量の問題」だからです。

でも、いくら定量的に話をしようとしても、「いや、そんなのどうでもいいんです。ゼロじゃなかったら駄目なんです」という、「0か1か」的なことになってしまいました。

原子力発電所の安全対策にしても、本来は、地震による最大加速度○○ガル、津波××メーター、という具体的な数値を設定した上で、それには安全係数△△で耐えられるように、と設計するものなのです。でも、その数値を出したところで、結局は、「だから、安全なのか、安全でないのか、どっちなんだ！」ということになってしまう。日本人の大部分が定量的に考えることができないんです。

だから政府も東京電力も、「どうせ量を説明しても聞いてもらえないだろう」ということで、「絶対安全です」と言ってしまいます。でも「絶対安全」なんてあり得ないですから。あくまでも、仮定した数値に対して安全かどうか、でしかありません。

政府なりそれに準ずる機関なりが、自分たちで定量的に評価した結果を、非定量的に「安全だ」の一言で告知していたわけですが、「本当に安全かどうか信頼できない」ということであれば、やはり自分自身で定量的に評価するしかありません。放射線に関しては、あの事故以来、様々な詐欺が発生し、多くの人たちが騙されてきましたが、騙されないためには、自分自身できちんと学んで、論理的に、定量的に考えるようにならなければならないのです。

これからの世の中は、それができない人は、ますます非定量的な言葉に騙され、不利益を被るようになっていく、という気がします。

原子力発電に関する私見

本書は宇宙に関する本ですので、政治的な話はしたくないのですが、少しだけ、原子力発電に関する私見を話しておきたいと思います。興味のない方や、その話題に触れたくない方は、読み飛ばしていただいて結構です。

原子力発電は、仮に完全に安全に運用されようとも、その廃棄物の問題は日本では解決しておらず、その意味では、不完全な発電方式だと言えます（念のため言っておきますが、他の発電方式でも、問題がない「完全な」発電方式などひとつとしてありません）。この事故で、安全性や管理の問題が露呈したこともあり、「すぐにでも廃止すべきだ！」という議論が湧いていますが、僕はそれに賛同しかねます。急に廃止すると、その代わりがないからです。もちろん、代替エネルギーを開発することは、最も重要なことであり、国家の事業として最優先で取り組むべき問題です。しかし、その開発には相当な時間がかかるものなのです。

たとえば、最も技術的に確立されている火力発電にしても、その発電所を建設するのに、いったい何年かかるかと言えば、1〜2年ではまったく足りません。ちょうど僕が勤務するＪ‐ＰＡＲＣの隣には、常陸那珂《ひたちなか》火力発電所がありますが、その2号機は、大震災の起こる何年も前から建設が始まっていて、本稿執筆時点で、未だに完成していません（２０１３年に完成）。別に怠けているわけではなく、隣だけに、毎日毎日、ものすごい数の人や車輌が行き交って、必死に建設しているのがよくわかります。

同発電所の1号機も、津波で相当な被害が出て、「数年は復旧は無理」と言われていたのを、わずか1年くらいで送電開始まで持っていったのです。そのときの工事の進め方は、壮観としか言いようがないものでした。

原子力発電所の発電能力は、１基あたり1ギガワットです。現代人が必要としている電力は、ざっと一人あたり1キロワットですから、１基あたり100万人分の電力を供給していることになります。100万人分のインフラを整備しようと思うと、計画から建設から運用に至るまで、何年もかかるほどの大事業なのです。しかもそれを新しい技術で行おうとすると、その開発まで含まれるわけですから、10年ではきかないほどの年数が必要となってくるのです。だからこそ、今すぐにでも始めなければならないのです。

代替エネルギーとして、太陽光エネルギーや風力エネルギーを使うことを推奨している人たちもいますが、その多くは、「定量的に考える」ということができていないように思います。

風力発電機は標準的なもので1基あたり定格2メガワット、これで1ギガワット分を代替すると、稼働率を100％とした場合でも、500基も必要ですが、これは現在日本最大のウインドファームより1桁多い数であり、それを整備するのに、計画から用地買収から、製造から設置から、どれだけの月日と労力が必要なのか……。

太陽光エネルギーや風力エネルギーに関して、「ドイツでは～」「ヨーロッパでは～」と言う人たちもいますが、なぜそれがうまくいっているかといえば、はるか以前から、研究と開発と整備に時間と手間をかけてきたからに他なりません。その地道な努力もせずに、「他の国ができているのだから、日本もできるはずだ！」などと叫ぶのは、まったくナンセンスです。ヨーロッパのように日本ができない理由、それは、これまで国を挙げて準備してこなかったから、です。数十年前に、原子力という、当時は夢のように思えたエネルギーを手に入れた後、それにすっかり満足して、その次のエネルギーを開発することを怠っていたからです。

「怠っていた」というと、代替エネルギーの開発に携わっていた人たちに申し訳ないのですが、国の中心的な事業として行ってこなかったのは事実でしょう。国民の多くが、あの大震災以前には、「電気なんてスイッチを入れれば勝手に出てくるもの」と思い込み、「どうやって電気が作られるのか」に一切関心を払わなかったツケが、今回、いっきに噴き出たのです。数十年分のツケを、1年や2年で返せるはずがないのです。これは、数十年かけて少しずつ返していかねばならないのです。

本来数十年かけてやるべきことを、焦っていっきに片を付けてしまおうとすると、いろんなところに無理がきて、新たな問題を引き起こしてしまうことは、目に見えています。代替エネルギーの目処も立たないまま、いっきに原子力発電所を廃棄してしまえば、日本は滅んでしまいます。

「みんなで節電すればいい」と考えている人たちは、自分が直接消費している電気のことしか目に入っていません。衣料でも、食糧でも、どんな製品でも、今の日本では、電気を使わないで製造されているものなどひとつとして存在しないのです。

「貧しくても死ぬわけじゃない」と言う人もいますが、それは、本当の貧しさを経験したことのない人の言い分でしょう。一例ですが、日本の自殺者3万人のうち、約4分の1が、失業や会社の経営難といった経済的な理由によるものです。電力供給の急激な変化によって、仕事が立ち行かなくなり、経済的にも精神的にも追い込まれる人たちが大勢でてきてしまうのです。

人間を含め、生き物は急激な環境の変化に極めて弱いのです。人間の場合は、自然環境だけでなく、上記のような、社会環境の変化に対しても、です。重要なのは、いかにして、悪い影響を与えない程度にゆっくりと、現在の状況を変えていくか、なのです。電力の問題であれば、いかに皆さんの社会的・経済的状況を悪化させないように、代替エネルギーへと移行させていくか、です。池の水が汚れているからといって、水をいっきに抜いてしまうと、池の中に棲んでいる生き物は死滅してしまいます。少しずつ水を換えていくことが必要なのです。

これからは、今まで以上に、政府はじめ様々な公共機関が行うことを監視していく必要があると思いますが、適切に監視し、的確に批判するためには、定量的に評価する姿勢が欠かせないと思います。

第二章

ビッグバン

人はなぜ宇宙をイメージできないのか？

雨の日にもかかわらずお集まりいただきまして、ありがとうございます。

前回、ブラックホールと相対性理論の話をしましたが、それもからめつつ、今日はビッグバンの話をしていこうと思います。


その前にまず「温度とは何か?」ということについて少しご説明しておきましょう。温度についてイメージできると、ビッグバンの話が理解しやすくなりますので……。

皆さん、「温度が高い」って日常的に言いますけれど、そもそも「温度」とは何かわかりますか? 温度とは、「エネルギーの密度」のことなんです。ある限られた空間の中に、どれだけのエネルギーが集まっているか? それを数字で表したものが温度です。「ある空間に飛び回っている粒子のエネルギーの平均密度」です。

たとえば、ここに粒子が集まっている絵が2つあります（図2 - 1AB）。矢印が速度（運動エネルギー）を表します。どちらも矢印の方向も大きさもまったく同じ。ただAは粒子を寄せてあって、Bは離してあります。Aが温度が高い状態、Bが温度が低い状態です。

図2－1　温度とは何か？

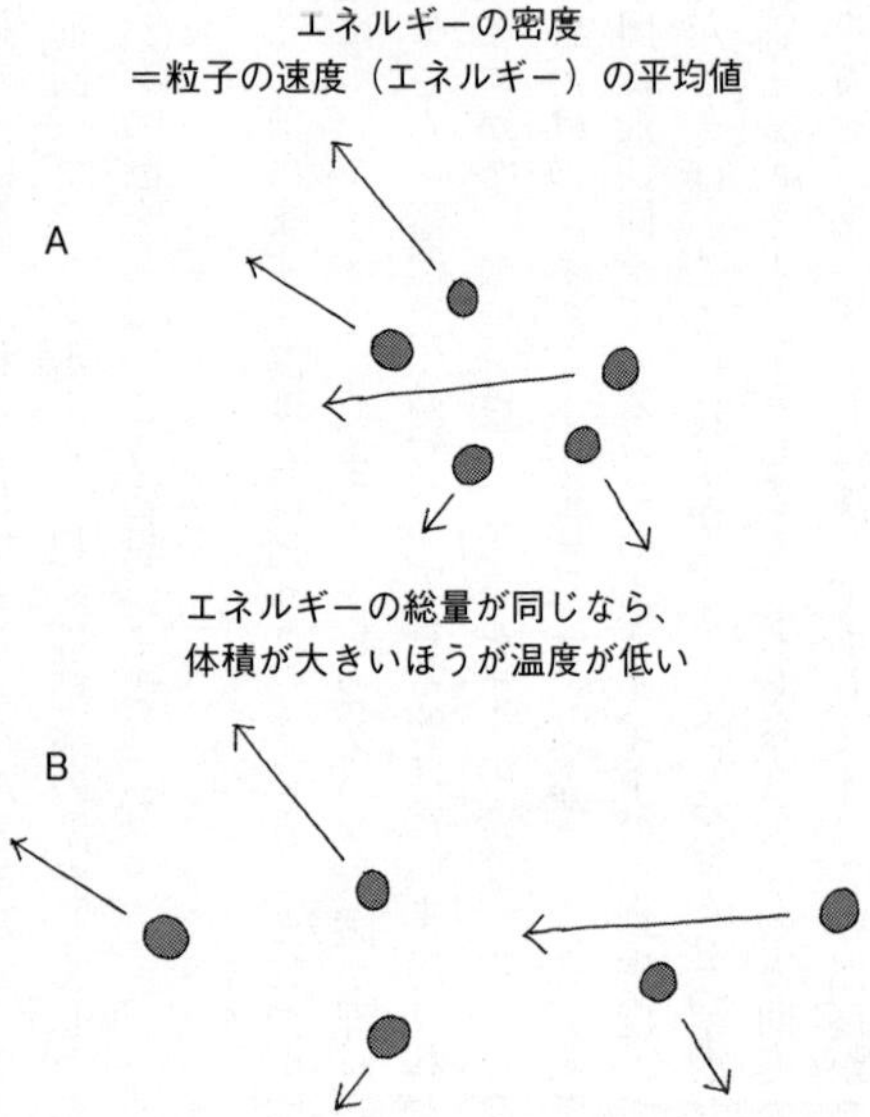
エネルギーの密度
＝粒子の速度（エネルギー）の平均値
A
エネルギーの総量が同じなら、
体積が大きいほうが温度が低い
B

個々の持ってるエネルギーはまったく同じでも、空間の大きさが違う場合、「温度は違う」と言います。つまり、ぎっちり詰まってるか、広い空間に漂っているかで違うわけですね。広い空間に散らばって飛んでいるほうが、温度は低い。

電車で通勤されている方は、夏の朝の通勤、つらいですよね。人が密集して暑苦しい。

一方で、夜遅くになるとけっこうガラガラになって、皆散らばっているから、そんなに暑くはない。個々のエネルギー（一人の人間が発している熱）は同じでも、空間の大きさ、エネルギーの密度によって温度は違う。このイメージを覚えておいてください。

ちなみに、エアコンはまさにこの原理を使っているって、知っていましたか？

図2－2　エアコンの原理（断熱膨張）

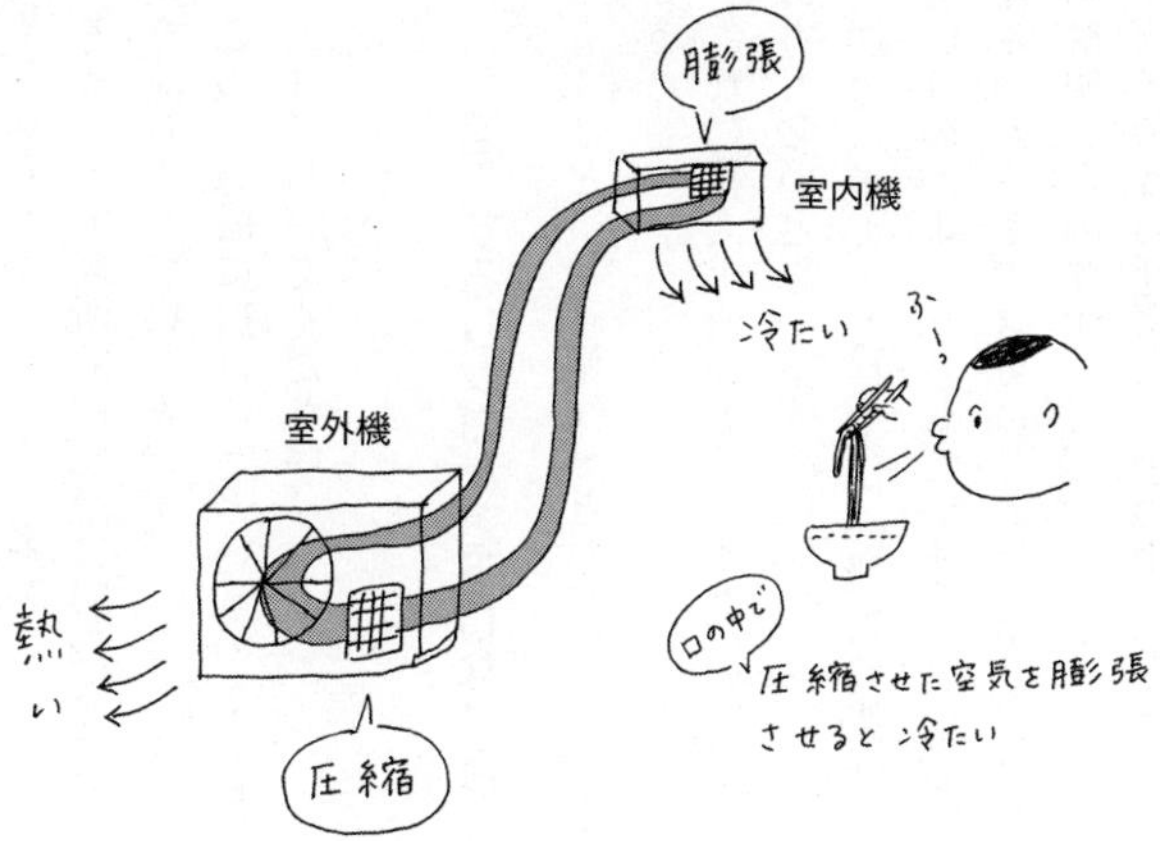

エアコンの中では、冷媒と呼ばれるガスが室内機と室外機を行ったり来たりしています（図2-2）。室外機（コンプレッサー）で冷媒を圧縮すると、冷媒の温度は非常に高くなって、それが外の空気に触れることで高温の冷媒の温度が下がります（熱は高いところから低いところへしか伝わりませんので、わざと熱くしないと捨てられない）。

そして、ここが重要なんですが、そこから室内機に進むときに、冷媒は圧縮から解放されて（圧力が戻って）膨張して冷たくなるんです。

ちょうどラーメンをふーふーして冷ますのと同じで、口の中で圧縮した空気が圧縮から解放されて元の気圧に戻るとき、膨張して（息は）冷たくなるんです。圧縮しないで同じ気圧で吐き出しても（ハーハーしても）冷たくありませんよね。

そうやって局所的に急激に膨張させて冷たくした冷媒が室内の空気と触れることで、室内を涼しくしているんです。

この「急激に広げる」というのが、ビッグバンの話につながってきますので、これも頭に入れておいてください。

落下するリンゴと落下しない月

もうひとつ、予備知識として、これを考えてみましょう。なぜ月は地球に落ちてこないのか？

これに答えたのがアイザック・ニュートンです。すごく有名な物理学者なので、ご存じの方も多いと思います。

彼の一番大きな仕事は「運動の法則」をまとめたことです。当時、「ケプラーの法則」というのがよく知られていました。惑星はそれに従って運動していたのですが、なぜそうなるのか、そのメカニズムはわかっていなかったんです。ニュートンは、そのメカニズムを解明したのです。

物理学者の仕事は、世の中で起こっている現象に対して、なぜそのようになるのか、そ

図2－3　なぜ星は落ちてこないのか？

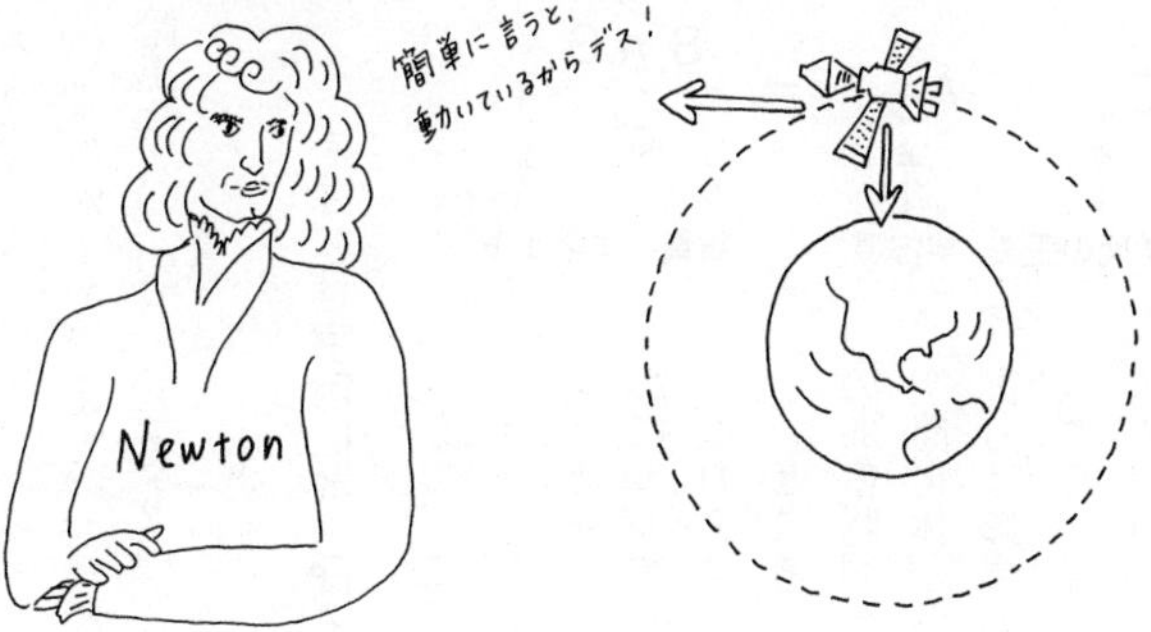
簡単に言うと、
動いているからデス！
Newton

のメカニズムを解明して、体系的に理由付けをすることなんです。

よく、ニュートンはリンゴが落ちるのを見て重力を発見したと言われてますよね。あれは、あとで付けた創作なんです。ニュートンはリンゴが落ちる理由を考えたというよりも、むしろ「なんで天空の星が落ちてこないか」を考えたんです。そしてすごく簡単な結論を出したんですよ。つまり、「動いているから」。

地球と人工衛星を描いてみました（図2－3）。人工衛星は、止まっていると当然ながら重力によって地球に落下します。ところがある速度を持っていたら、速度（運動エネルギー）と重力（引力）がうまい具合に釣り合って、地球を周回するようになります。速すぎると宇宙に飛んでいってしまうし、遅すぎると重力に引かれて地球に落ちていってしまう。落ちないためにはけっこう必死でバランスをとらないと駄目なんですね。

そうやってニュートンは、なぜ星が落ちてこないのか？　なぜ惑星が太陽の周りを回っているのか？を考えて、「運動の法則」を考え出しました。これは今日の後半と、次回「暗黒物質」のところでも出てきますので、覚えておいてください。

星はなぜ宇宙に散らばっているのか？

さて、ここから今日の本題です。前回、一般相対性理論でアインシュタイン方程式というのを紹介しましたね（図2-4）。「こんな式があるよ」という程度の話だったんですけれど、ある質量のものがあると、それによってどれくらい空間が歪むかという式でした。

図2－4　アインシュタイン方程式

$$G_{\mu\nu} + \Lambda g_{\mu\nu} = \frac{8\pi G}{c^4} T_{\mu\nu}$$

空間の歪み（$G_{\mu\nu}$）　宇宙項（$\Lambda g_{\mu\nu}$）　質量・エネルギー（$T_{\mu\nu}$）

重力を「空間の歪み」として表現したのが、この一般相対性理論の新しいところです。いわゆるニュートンの考えた万有引力だったら、重さのある物同士が引っ張り合う、というだけの話だったんですが、これは空間自体が曲がってしまう。だから光みたいに質量のないものにだって、重力は影響を及ぼしますよ——そういう話でした。

このアインシュタイン方程式を宇宙全体に適用したとき——これは本人も気付いていたんですけれど——当時の人はあることに気がつきまし

た。「これって……放っておくと、星はお互いが引き合って、最後は一カ所に固まっちゃうんじゃないか？」

つまり、重力だけが働いてる空間だったら、どんどん引き合って固まる方向で動いていって、今みたいに星はばらけていないはずです。そもそもなんで今の宇宙はこんなに物質（星）がくっつくことなくばらけてるのか？

もちろんニュートン力学でも同じ指摘が成り立ちますよね。万有引力――つまりあらゆるものが引力を持っているってことだから、同じです。ただ、ニュートンの時代って、所詮惑星の運動程度で、宇宙全体のことまで考えていなかったんです。アインシュタインの方程式になってようやく、「これは宇宙全体を決めている方程式ですよ」と言ったときに、「あれ？」ってことになったんですね。

そこでアインシュタインは、それに反論するために、「宇宙項」というものを入れたんです。「宇宙項」という反発する何らかの力が宇宙には働いているから、天体は一カ所に固まらずに、安定してうまい具合にばらけてるんだよ、そういうふうに言ったんです。

宇宙項？

ところがこれはいろいろ問題がありまして、最大の問題は、そもそも「宇宙項って何？」ということです。「反発する力なんて宇宙にありますか？　正体のわかってないものを式に入れてどうするんですか？」という話になりました。

しかもこの「反発する力」は、「重力」とぴったり釣り合ってないといけないわけです。重力とバランスがとれてはじめて、天体が今のような状態——広がりすぎず、くっつきすぎず——きれいにばらけて安定している状態になるわけです。最初に触れた人工衛星の運動と同じで、重力とぴったり釣り合っていないといけない。「そんな都合のいい力が実在するのか？」と。

一般相対性理論によって、質量が空間を歪めることがわかりました（エディントンが日食のときに行った重力レンズ効果の実験〔図1-28／96ページ〕でも証明されました）。でもそれだと、今の宇宙の状態と矛盾してしまう……。その矛盾を解決するために苦し紛れに付け加えたら、逆に批判を招いたのが、この「宇宙項」というわけです。

そしてその後――今日これからお話ししますが――宇宙は膨張していることが明らかになりまして、宇宙そのものが広がっているなら、重力だけで引き合って一カ所に固まる、なんてことは起こりません。星が運動しているわけなので、今のようなばらけた状態になるんです。

というわけでこの宇宙項、不要であることが明らかになりまして、アインシュタインは、「これは人生最大の失敗だった……こんなもの入れるんじゃなかった」と言って後悔したんです。アインシュタインでも間違えることあるんだ……。

そういうわけで宇宙項って駄目だったね、と最近になるまで言われていたんですが……そうじゃないことが後ほど明らかになります。

ボールを投げてから落ちるまでの何億年という瞬間

「宇宙項」が必要でないことを証明したのが、エドウィン・ハッブルです。ハッブルは、天体自体が動いている――ある一方向に遠ざかっている、すなわち宇宙そのものが膨張しているということを観測によって証明したんです。

地球上では物体はふつう、重力によって落ちますよね。でも、もし速度がついていたら、重力に反して進むことだってできるわけです(図2-5)。

図２－５　星が遠ざかっている「瞬間」？

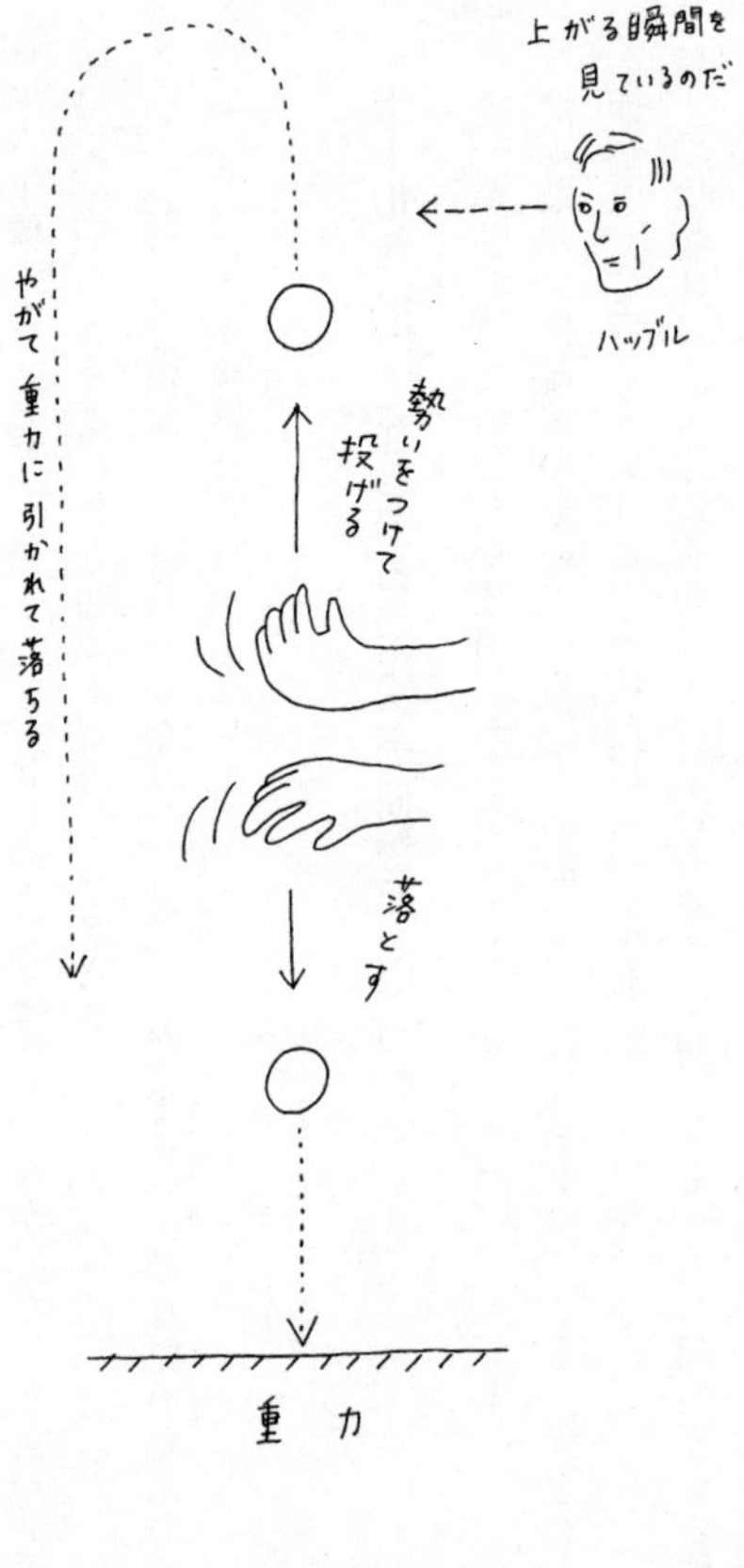
上がる瞬間を
見ているのだ
ハッブル
勢いをつけて
投げる
落とす
やがて重力に引かれて落ちる
重力

我々はこの「上にあがる瞬間」――「瞬間」と言っても宇宙の時間における「瞬間」なので、何億年という時間ですが――を生きているに過ぎない。なぜ星が重力によってくっつく方向でなく、遠ざかる方向に動いているかというと、たまたま我々が今この飛び上がっている瞬間を見ているからなんですよ。というのが、ハッブルの意見です。

ハッブルは、なぜ星が遠ざかっているとわかったのか？　それは、それぞれの天体の速さを調べていったからです。宇宙のなかで、天体がそれぞれどれくらいの速さで動いているのか？

星の光は、水素が燃えてヘリウムになる際に発生したものです。星が燃えているメカニズムはわかっていますので、そこで発生する光の波長（スペクトル）も地球上での物理学の実験によってわかっているわけです。星からはこういう波長の光が出ているはずだと。

では、本当にそういう波長の光が地球にやってきているかどうか実際に見てみると、予想よりもずれていたんです（図2-6）。全体が、波長が長いほうにずれていた。光は波長によって色が違うんですが、全体が赤い（波長が長い＝エネルギーが低い）方向にずれていた。

何が起こっているのかというと、たとえば音（音の波長）で考えるとわかりやすいんですが、救急車が近づいてくるときは、サイレンが、止まっているときに比べて高い音に聞こえるけれども、遠ざかっていくときは音がだんだん低くなっていきますよね。耳と救急車の相対速度——近づいてくるか、遠ざかっていくか——で音の波長が変わってしまう、遠ざかるときは波長が長くなってしまうからです。これがドップラー効果と呼ばれるものです。

図2－6　長いほうにずれていた波長

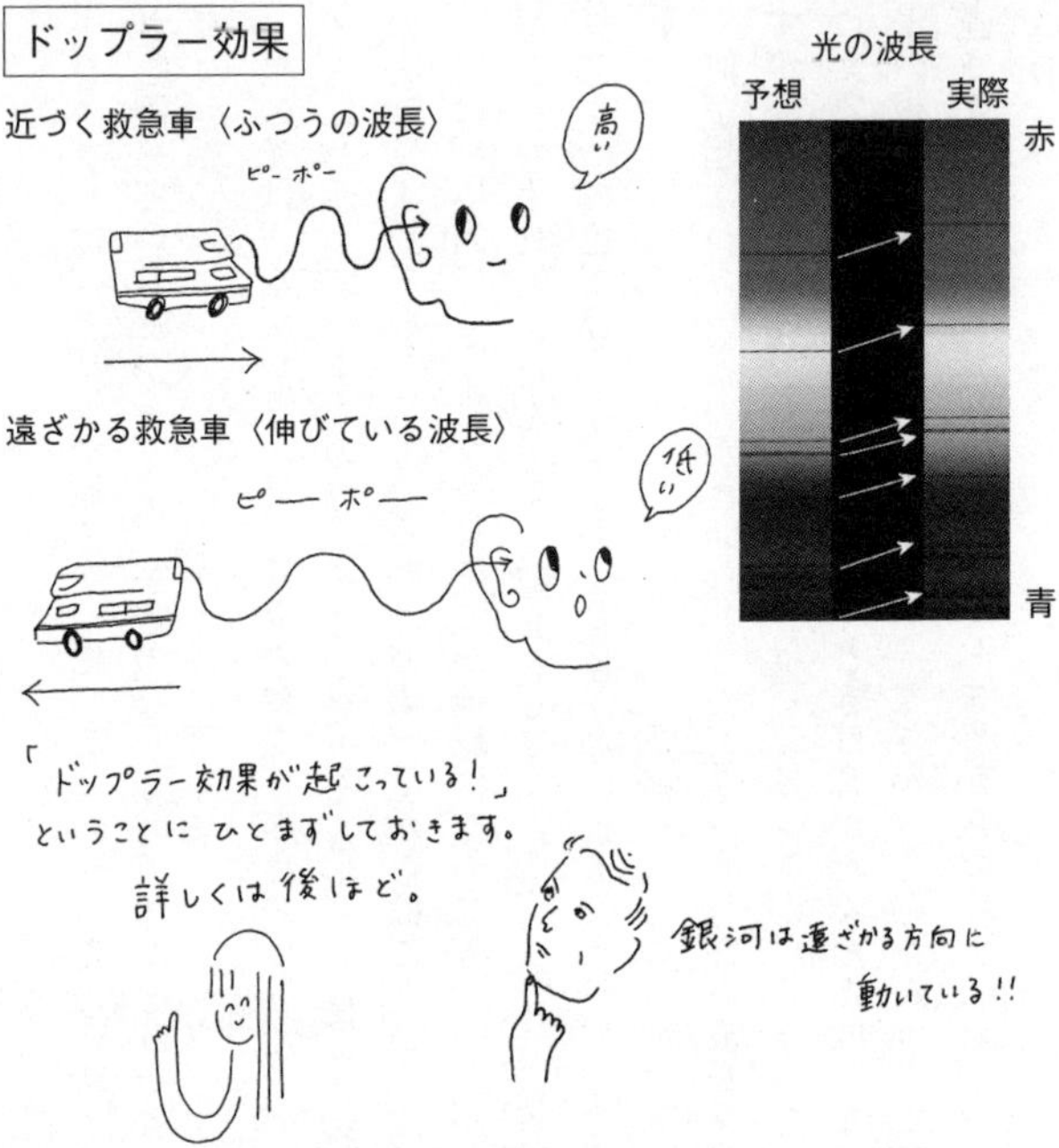
ドップラー効果
近づく救急車〈ふつうの波長〉
ピーポー
高い
遠ざかる救急車〈伸びている波長〉
ピー ポー
低い
光の波長
予想
実際
赤
青
「ドップラー効果が起こっている!」
ということにひとまずしておきます。
詳しくは後ほど。
銀河は遠ざかる方向に
動いている!!

あらゆる星から地球に届く光も、もともとその星が出している本来の波長よりも、赤い（波長の長い）方向にずれている（これを「赤方偏移」と言います）。

　ということは、すべての天体が、遠ざかっていることを意味しているんです。ハッブルはそのことを観測によって証明しました。

図2－7　天体の距離と後退速度

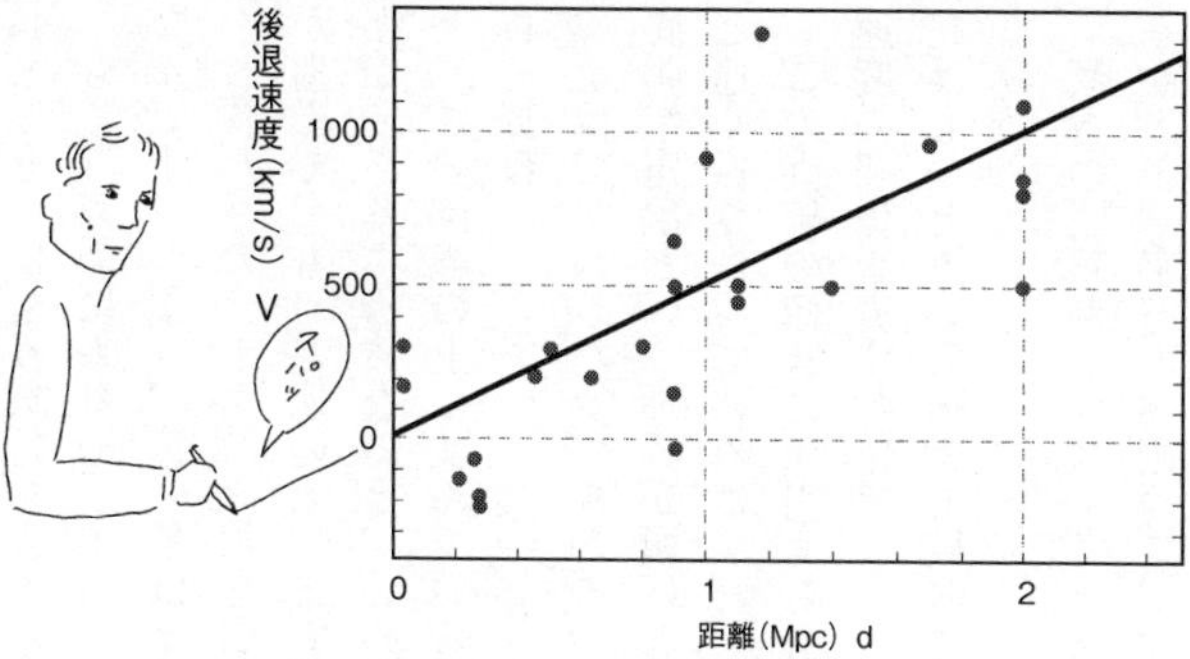

v=H_0d（ハッブル定数：H_0～70.5±1.3km/s・Mpc）

すべての星が遠ざかっているのであれば……

この光の波長（スペクトル）のズレ（赤方偏移）を正確に測ると、どれくらいの速さで遠ざかっているかが計算できます。秒速何キロメーターで遠ざかっているのか？

一方で、地球からそれぞれの星までの「距離」も測ることができます（測り方は本章末尾のコラムⅡをご覧ください）。それぞれの星の遠ざかる「速さ」と、それぞれの星までの「距離」を調べて、ハッブルは関係式にまとめていったんですね。

それがこちらです（図2-7）。横軸が地球からその星までの「距離」、縦軸が遠ざかっている「速さ」（＝後退速度）です。なんかよくわからないバラバラのデータなんですが、ハッブルはですね、この図を見て、なんと大胆なことに直線を引いたんですね……それはもう気持ちよく（笑）。

もし直線上に乗るのが本当だとしたら、距離と後退速度には比例関係があるということなんです。つまり、遠い星ほど速く遠ざかっている。

これだけのデータで直線を引くなんて非常に大胆なんですが、ところがこのあと、時代が進んで、もっと遠い天体まで測定できるようになって、グラフをずっと先まで伸ばすことができるようになると、このゼロ付近はバラバラでしたけれど、距離が遠ければ遠いほど、この直線の上に並んでいることがわかってきたんです。ハッブルさん、よくわかりましたよね。

実はですね、ハッブルがこの直線を引くことができたのは、当時すでに議論されていた膨張宇宙論という理論が頭にあったからなんです。宇宙が膨張しているならば、遠い星ほど速く遠ざかっているはずだ。そう予測できたから、気持ちよく直線を引いたんです。

この直線の傾きに相当するものを、「ハッブル定数（H_0）」と呼んでいます。距離と後退速度の関係を表す数値で、ハッブルが直線を引いたときは、500km/s／Mpcくらいでしたが、現在はもっと遠い天体まで観測されるようになり、それも合わせて求めると、70・5km/s／Mpcくらい。

傾きの誤差がプラスマイナス1.3km/s／Mpcって、こんなにきっぱり言い切っていいんでしょうか……。宇宙の観測って、地球の実験室でやる実験みたいにそんなに精度よくないですから。

かつて小さかった宇宙

というわけで、天体は我々からどんどん遠ざかっていることがわかりました。この事実を突きつけられた当時の人は、あることを考えたんですよ。ちょっと待てよ、どんどん遠ざかってる……ってことは、昔は近かったんじゃないか？　過去にどんどん遡っていくと、ひょっとしたら、すべては一カ所に集まってたんじゃないか？

今は、膨張宇宙論がすでに一般的になっていますので、そんなに驚かないかもしれませんが、当時は驚くべき事実だったんですね。宇宙の姿は、何年経とうが変わらない、ずっと同じだと思っていたわけですよ。宇宙は静かで安定していると思っていた。アインシュタインが「宇宙項」を入れたのも、そう信じていたからです。

ところが、実は宇宙は膨張していました。天体は今もどんどん遠ざかっています。将来は、さらにどんどん遠ざかっていくだろう。であれば、昔は一点に集まっていたに違いない……。

宇宙に対するこのイメージは、けっこうな衝撃だったので、当時はいろいろ揉めたらしくて、反対していた偉い学者さんもいたわけですね。アインシュタインもそのうちの一人です。

宇宙はものすごく広いし、星ってめちゃくちゃたくさんあります。あれが、一カ所に集まっていたらどうなるか？　きっとそこは、ものすごく温度が高かったに違いない。

それが、ビッグバン理論です。考えたのは、ゲオルギ・ガモフという人です。

今日の最初にお話ししたように、たくさんのエネルギーが一カ所の狭いところに集まったら、温度は高くなります。満員電車状態です。しかも、集まっているのは人間ではなくて、宇宙中のエネルギーですから、それはもう、想像を絶する温度です。そういうとんでもない高温状態——我々が想像するような火どころじゃない、とんでもない温度の「火の玉」になっていたんじゃないか、と考えたんです。

ガモフは「火の玉モデル」と呼び、後にそれは「ビッグバン」と名付けられました。

ちなみにこの「ビッグバン」って言葉は誤解を生みやすくて、何かが爆発したみたいなイメージがありますよね。「BANG」ですから。でも、爆発ではないんです。そうではなく、単に一カ所に集まっていて温度がものすごく高かった、という状態です。

宇宙の晴れ上がり

次に考えるのが、「本当にそれって起こったんですか？」ということです。理論ならなんとでも言えますよね。なんとか調べる方法はないのか？

ガモフはこう考えました、「もし本当に宇宙の初期が熱くて、その後、膨張し始めたんだとしたら、宇宙はある瞬間に、晴れ上がったのではないか」と。

どういうことか？　ビッグバン直後の高温のときは、宇宙は物質（陽子や電子）がバラバラの状態で飛び回っていて（粒子の雲に覆われていて）、光はまっすぐ進めない状態だった。まっすぐ進みたくてもすぐに電子にぶつかって反応してしまう。電子は電気を帯びていますから、光と反応してしまうのです。宇宙の初期は、電子と光がぎゅうぎゅうにひしめいているので、光がちょっと動いたら隣の電子に当たり、弾き飛ばされてまた横の電子に当たり……というおしくらまんじゅう状態だったわけです（図2-8）。

ところがですね、だんだんと宇宙が膨張していくと、最初に言ったように、エネルギーの密度が低くなるわけで、温度は下がっていきます。

温度が下がっていく（エネルギーが低くなっていく）とどうなるか？　今日の始めのほうで人工衛星の話をしましたけど、速度が落ちてくると、地球に落ちてしまうんでしたよね？（図2-3/127ページ）これと同じ現象が起きます。

電子のエネルギーがだんだん下がってきて速度が遅くなると、原子核に落ちちゃうんです。原子核に捕まってしまう。人工衛星も何十年も経ったやつは速度がだんだん遅くなってきて、最後は地球に落ちてきますよね。あれと同じイメージです。

落ちる先が、電子の場合は原子核です。電子が原子核に落ちると（原子核に捕まると）何が起こるかというと、光が（もう自分の進路を邪魔する電子がいなくなったため）自由になって、四方八方に飛び回ることができるわけです。

それまでは、電子に阻まれてぜんぜん前に進めなかった、自由に動けない状態だったわけですけれども、それが、電子が原子核とくっついて原子になることで、電荷はゼロになり（原子は＋も－もない、電気的に中性です）、光と反応しなくなる。

この、光が自由になる瞬間を、ガモフは「宇宙の晴れ上がり」と言いました。


イメージとしては、雲みたいなモクモクしていた水蒸気が、冷えて水滴となって下に落ちてしまうことで、きれいになくなって空が晴れ上がる、という感じです。

あるいは、霧が晴れた瞬間をイメージしてください。それまで見えなかったのに、霧が晴れた瞬間、このコップも、そこの柱も、あそこの人も見えるようになるわけですが、それがどういうことかというと、このコップからくる光（太陽や電灯からの光が反射した光です）、柱からくる光、あの人から来る光が、僕の目に入ってくる、ということです。光がまっすぐ進むようになったからです。宇宙も同じで、電子という霧が晴れた瞬間、光が全方向に自由になった。

図２－８　宇宙の晴れ上がり

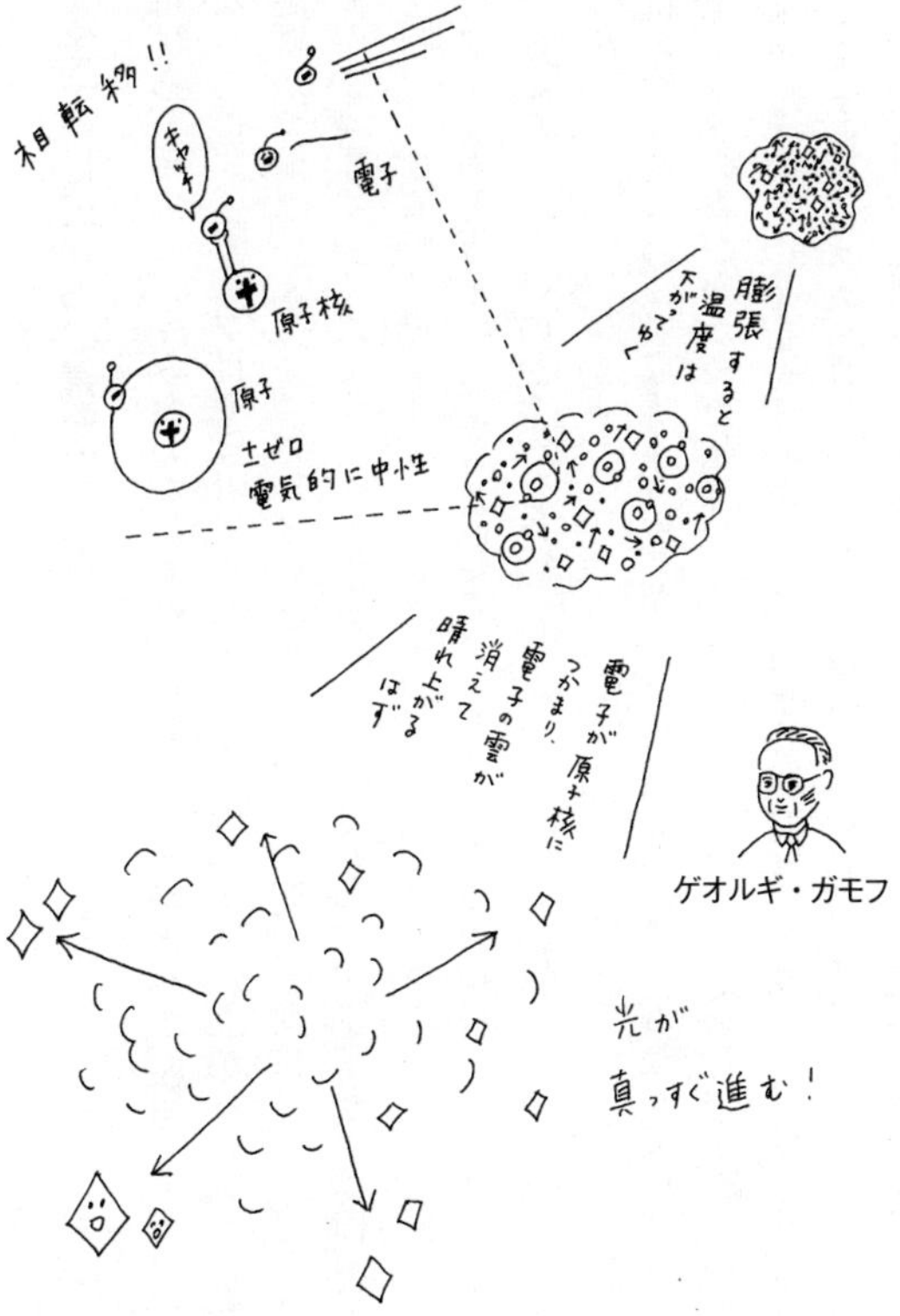

宇宙の晴れ上がり

全宇宙に広がる、最も古い光

宇宙はある時点で、今みたいな何もない状態——光がまっすぐ届くような、何もない空間になったはず、ガモフはそう考えました。電子の雲が晴れ上がらないと、今の宇宙の状態は説明がつかないんです。だっていま現在、宇宙空間って何にもないでしょ？　だから星の光がまっすぐ届くんですよね。宇宙のどこを見たって、電子が飛び回っているところなんてほとんどない。晴れ上がっているわけです。

そして、なんとガモフはこう言いました。「そのとき自由になった光は、今でも見ることができるんじゃないのか？」と。

光はぶつかるもの（吸収するもの）がなければ、どこまでも進んでいきます。ですから、晴れ上がり前の霧がかかった状態のときの光はもう見られないのですが、晴れ上がった瞬間の光は、その後の宇宙をずっと飛び続けているはず（宇宙は、ごく一部の物質が固まっているところを除けばスカスカなので、光を邪魔するものはありません）。

ただその光は、通常我々が想像するような「星の光」ではありません。

先ほども言いましたように、遠い天体ほど速い速度で後退しているから、その光は赤方偏移するんでしたよね。どんどん波長が伸びて長くなっていくわけです。遠ければ遠いほど、過去から来れば来るほど、その光の波長は長い。ということは、この晴れ上がったときに自由になった光こそ、宇宙のなかで最も古い光、すなわち最も長い波長なんじゃないかと。

ガモフは、「その光は、5K《ケルビン》相当の電波になっているはず」と計算しました（光の波長は温度に直すことができます）。赤い方向に動いて赤い光になるどころか、それよりずっと長い波長の光（＝電波）になってしまっているはずだと（図1－15／52ページ）。そしてその電波は今も測定することができるはずだ、とガモフは言ったんです。「本当にそうかな？」って感じですが、果たして観測されたのでしょうか？

1964年に捕らえられた、全方向から届く均一な電波

ここにペンジアスとウィルソンという二人の学者がいます（図2－9）。この二人が電波望遠鏡という電波を受信する装置――皆さんが持っているラジオのアンテナのでかいやつと思ってもらって結構です――を使って地上から、宇宙を飛んでいる電波をいろいろ調べたんです。

するとあるとき、宇宙のどの方向からも、同じ一定の雑音が入ってくることに気がつき

ました。

　雑音というものは、ふつう飛んでくる向きによって違いますよね。ラジオでも電波のよく入る方向とかありますけれど、そうではなくて、宇宙のすべての方向から均一にある雑音が来ている。全方向から、というのがポイントです。ふつうそんなものはあり得ません。光源（電波源）のある方向が強いはずであって、全方向均一ということは、宇宙全体が光源（電波源）であることを意味しています。

　その雑音こそが、先ほどガモフが言っていた、晴れ上がりの際に自由になった光だったんですよ。宇宙を飛び始めたばかりの光。宇宙のすべての場所で発生し、全方向に広がっている波長です。宇宙が膨張していくと共に、光の波長がどんどん伸びていって、電波の状態になっているんです。これを宇宙《うちゅう》背景輻射《はいけいふくしゃ》と言います。

　ペンジアスとウィルソンは、最初この電波を捕まえたことに気付かなかったんですが、誰かが二人に「ガモフという人のこういう理論があるんですよ」ということを教えてあげたらしく、それでこの二人は、「どうもそういうものを捕らえたらしい……」という論文を書いたんです。１９６４年のことです。

　１ページ半くらいのすごく短い論文なんですけど、それによって彼らはノーベル賞を取りました。発見したものが偉大なので、論文もだらだらと書く必要はないんです。

図2－9　宇宙背景輻射

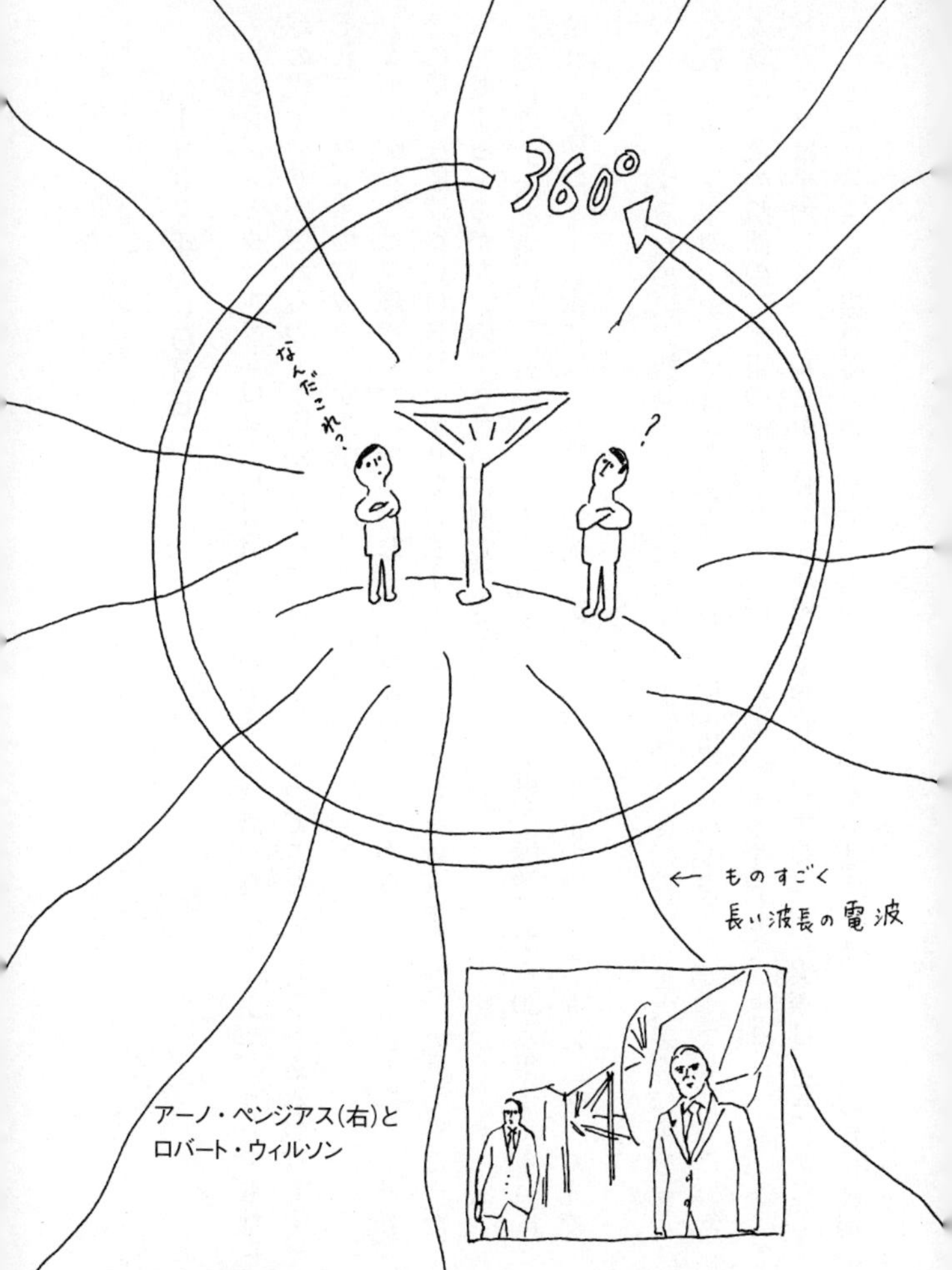

アーノ・ペンジアス(右)と
ロバート・ウィルソン

1989年のCOBE

ペンジアスとウィルソンは地上に設置した電波望遠鏡で測ったんですが、どうしても地球の大気に妨害されるので宇宙からの電波はクリアに入ってこない。限界があるわけです。それこそラジオの電波なんかも飛んでますからね。

なので60年代は無理だったんですけれど、80年代になってから、人工衛星を打ち上げて、そこに電波望遠鏡COBE《コービー》を載せて観測する、ということを試みました。大気圏外だったら邪魔するものがないのできれいに測定できるはず。

それで全天《ぜんてん》を撮影したのがこれです（図2-10）。宇宙が出来てから30万年後くらいに晴れ上がった——自由になった瞬間の光、最初で最後の宇宙で唯一全方向に広がった光です。

見やすくするために、観測した電波のわずかな波長（温度）の違いを大袈裟に色を変えて表していますが、実際にはその差はごくわずか（10万分の1程度）です。そしてこの色ムラは、その瞬間の、宇宙のそれぞれの場所での温度のムラを表しています。

ガモフは平均して5ケルビン（K）くらいと予想していましたが、実際は2.7Kでした。

たとえば皆さん、赤外線スコープで何かを見たことがありますか？　皆さんの体は体温

図2－10　COBEが捕らえた宇宙背景輻射

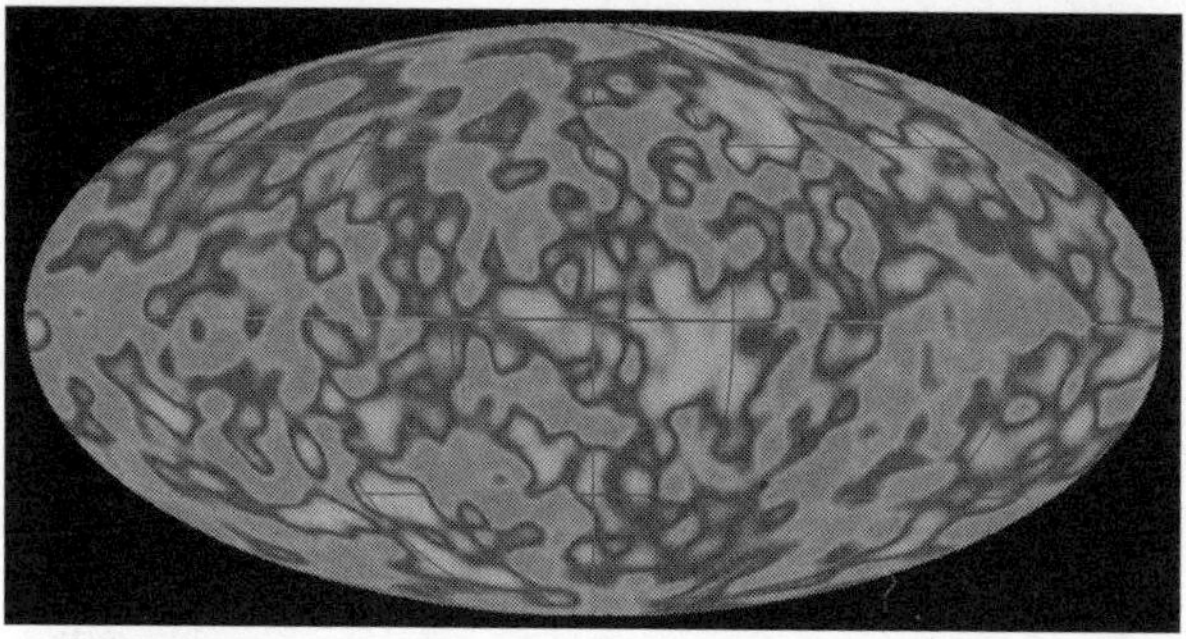

NASA

が36℃くらいですから、それくらいの温度だと赤外線を中心とした光が出ているんです。温度を持っているものからは、必ず何らかの光が出ています。これを黒体輻射と言います。

　宇宙背景輻射は、2.7Kの黒体輻射に一致します。2.7Kというのは、摂氏で言うと、マイナス270℃くらい（絶対温度0度＝摂氏マイナス273・15℃）。マイナス270℃のものから出るのは、赤外線でなくて、電波になるわけです。よく「宇宙は3度だ」と言われていますが、あれは宇宙空間に温度計を持っていったら3度を示す、ということではなくて、この輻射温度が、2.7Kだからなんですね。宇宙は、太陽の近くだと熱かったり、場所によって温度が違いますから。

　ちなみに、今3度だったら、じゃあもうちょっと時間が経ったら0度になるかというとならないですよ。限りなくゼロに近くなりますけど、絶対に0にはならない。

図2－11　伸ばされた光の波長

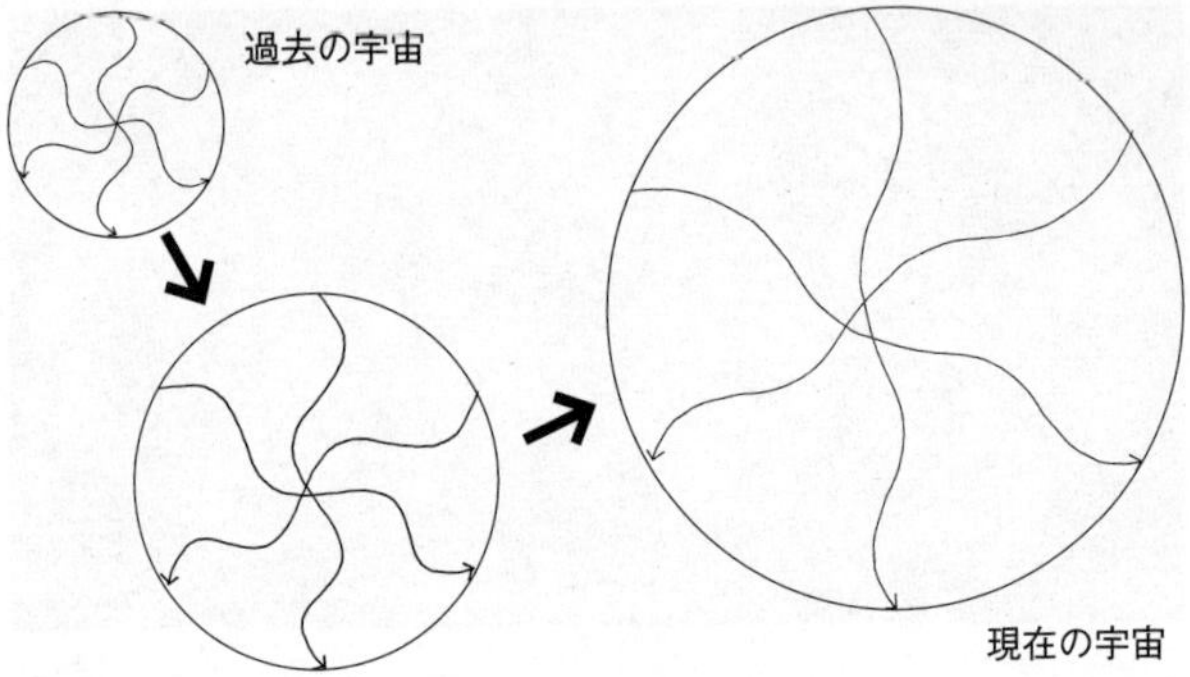

というわけで、晴れ上がったときの光が本当に見つかりました。ガモフの言ったビッグバンは本当にあったんだ……。

光とは何か？

「137億年前の宇宙の光が見られました」って、ふつうに考えると、「なんでそんな大昔のものが、今見られるの？」って思うでしょう？

光は障害物がなければ永遠に進むんです。そして、宇宙は膨張しています。光が進む空間そのものが伸びていっているわけですから、それにつれて、光はまるでバネが伸ばされるかのように伸ばされて、どんどん波長が長くなっていきます（図2－11）。

光を見るための目

そもそも「見る」とはどういうことかというと、これは「（それぞれの波長の）光を捕まえる」という行為です。人間が自分の目で直接見ることができるのは、「可視光」の領域の光だけです。それよりも短い波長（紫外線）や長い波長（赤外線）は人間の目では捕まえることができません。ただ、そういう波長を捕らえられる装置であれば、捕まえる（＝見る）ことができます（図1‐15／52ページ）。

太陽や星の光は可視光の領域なので、人間の目でキャッチできます（太陽がまぶしいのは、地球からの距離が近いため光の量が多いからです）。ところがもっと遠くにある星の光は、飛んでいるうちに宇宙の膨張で伸ばされて、波長はさらに長く伸びて赤外線になり、さらに伸びて電波になって、もはや目で直接見ることができません（図2‐12）。

それにしても、そんな遠くからの光が、まっすぐ地球に届くってすごいですよね。それだけ長い距離だったら、途中でゴミにぶつかってしまうような気がしますが、まっすぐ地球に届く。宇宙ってほんとにスカスカなんですよね。

図2－12 「見る」とは何か？

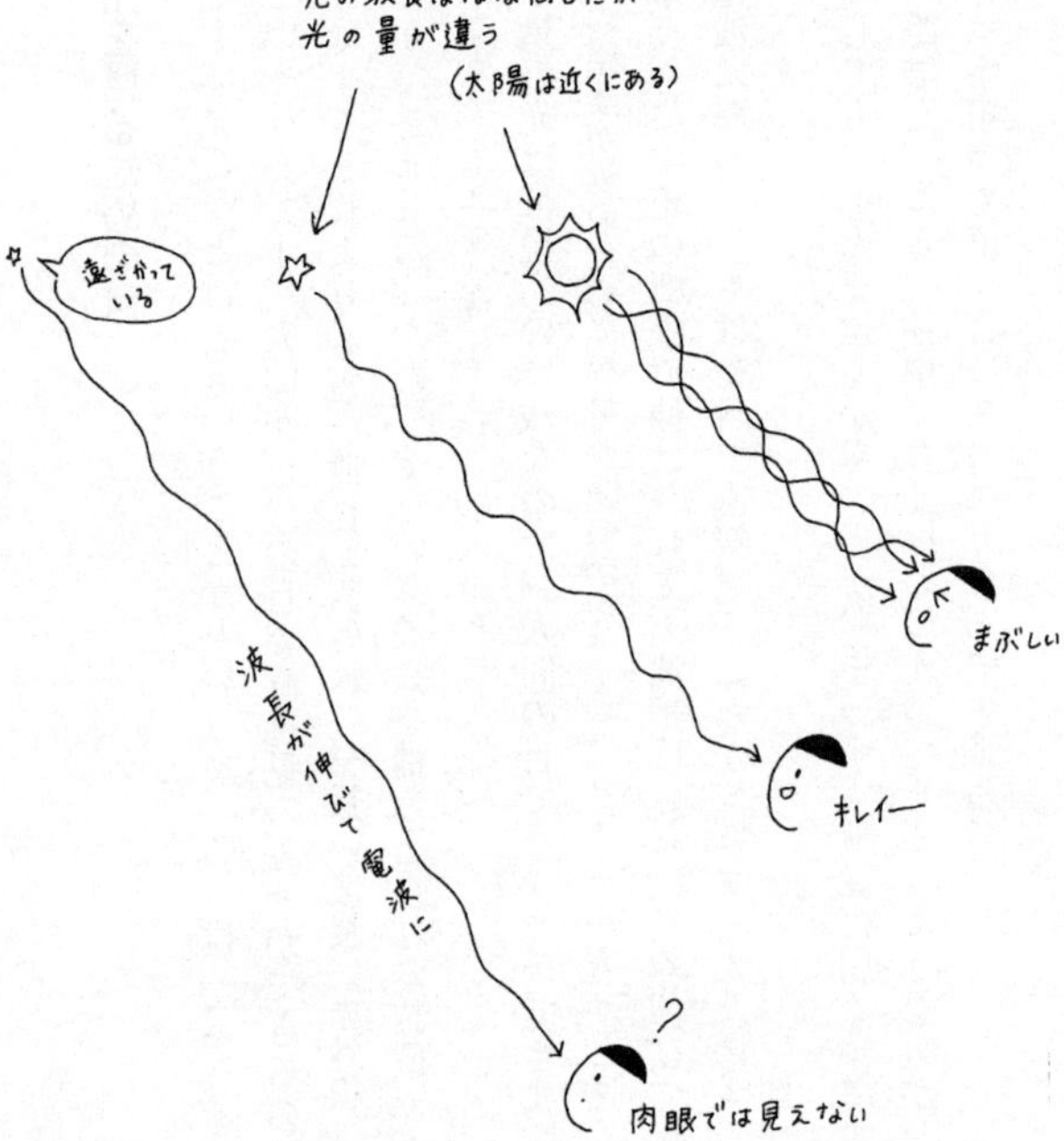
光の波長はほぼ同じだが
光の量が違う
(太陽は近くにある)
遠ざかっている
まぶしい
キレイー
波長が伸びて電波に
?
肉眼では見えない

もうひとつ重要なことは、光が到達するのに、ある時間がかかるということです。光の速さは有限です。1秒間に30万キロメーターしか動かない。

たとえば、1光年離れたところにある星を見る場合、それは1年前の光がやってきているわけです。1万光年離れていたら、光がくるまで1万年かかる。その光は1万年かかってようやく我々の目に飛び込んでくる。つまり1万年前の姿を見ている、ということなんです。今こうして星の光を見続けられるのは、その星が何万年も前に、太陽のように光を出し続けていたからです。

太陽の場合だったら、地球から1億5000万キロメーター離れているので、8分かかってようやく地球に届いた光を見ているわけです。8分前の姿ですね。

そして地球にぶつかって光は止まります。熱エネルギーに姿を変えるわけです。光に手をかざせば温かくなりますから。

人間は3次元の閉じた空間を想像できない

さてここで、ビッグバンに関する誤解をちょっと解いてみたいと思います。

先ほどから何度も、「すべての天体が我々から遠ざかっている」とか、「昔はすべてのものが1カ所に固まっていた」という話をしましたが、ということは……「えっ？　我々は

図2－13　宇宙の中心？

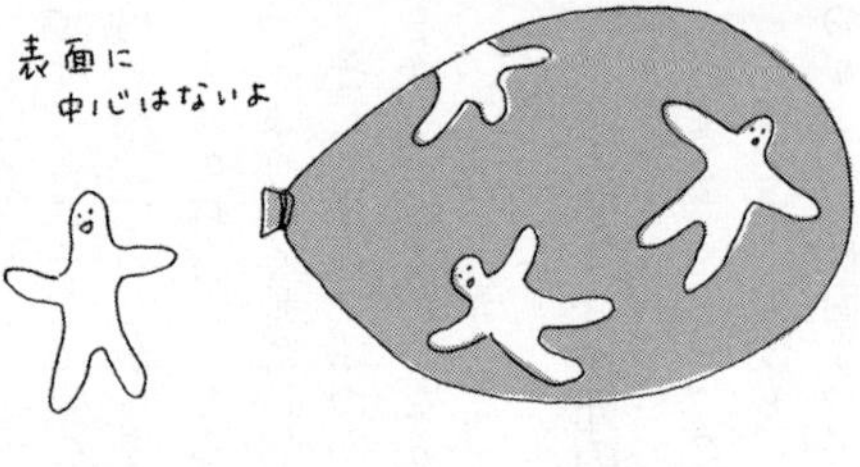

宇宙の中心なの？」という期待が出てきそうですよね。「なんで我々だけそんな特別扱いなの？」って。実はそうじゃないんですよ。

　でも、明らかに地球を中心にしてすべての星は遠ざかっているように見えるんです。それなのに、なぜ宇宙の中心じゃないのか？　それを考えるために風船を使って実験してみましょう。注意していただきたいのですが、風船を3次元と考えないでください。あくまで僕らが問題にしているのは、風船の表面だけ、2次元の話です。

　この風船、表面だけを見ると中心はないですよね？　2次元（表面）でなく3次元（風船そのもの）で考えれば中心はありますが、表面だけを考えれば、中心はありません。

　我々人間は、2次元の閉じた世界をこのように見ることができるんですが、しかしながら3次元の閉じた世界を外から見ることができないんです。想像できない。わかりますか？

　もし僕らが2次元の生き物――紙みたいに張り付いてる生き物だとして、この風船の表面、2次元の世界で生きているとしましょう。すると、2次元の僕らからはやはりその世界を客観的に――いま僕らが風船を見ているようには見られません。実際の世界が球になっていても、2次元の生き物は球（3次元）を把握できないんです。

同じように僕らは3次元の生き物なので、3次元の閉じた空間っていうのは、把握できないんです。僕らが4次元の生き物であったら、理解できるんですよ。

そういうわけで、風船の表面だけを使って、ひとつ次元を落としたかたちで考えてみます。

まずちょっと膨らまして……マジックでABCDE…と点を打ってみました。この点が、それぞれ天体だと考えてください。これを膨らませてみます（図2‐14）。

すると、Aの位置から見ると、BもCもDもEも、全部自分（A）を中心に広がっているように見えるんです。一方でBの人から見たら、AもCもDもEも、全部自分（B）を中心に広がっているように見える。

このように、どこかを指定すれば、確かにそこを中心に広がっているように見えるんですが、別に誰も特別じゃないですよね。これが宇宙の広がり方なんです。中心がなく広がっているんです。風船の表面（2次元）が中心がなく広がっているように、実際の宇宙（3次元）も中心がなく広がっているんです。

僕らはどうしても想像できないんですけれどね。

図2－14　宇宙に中心はない

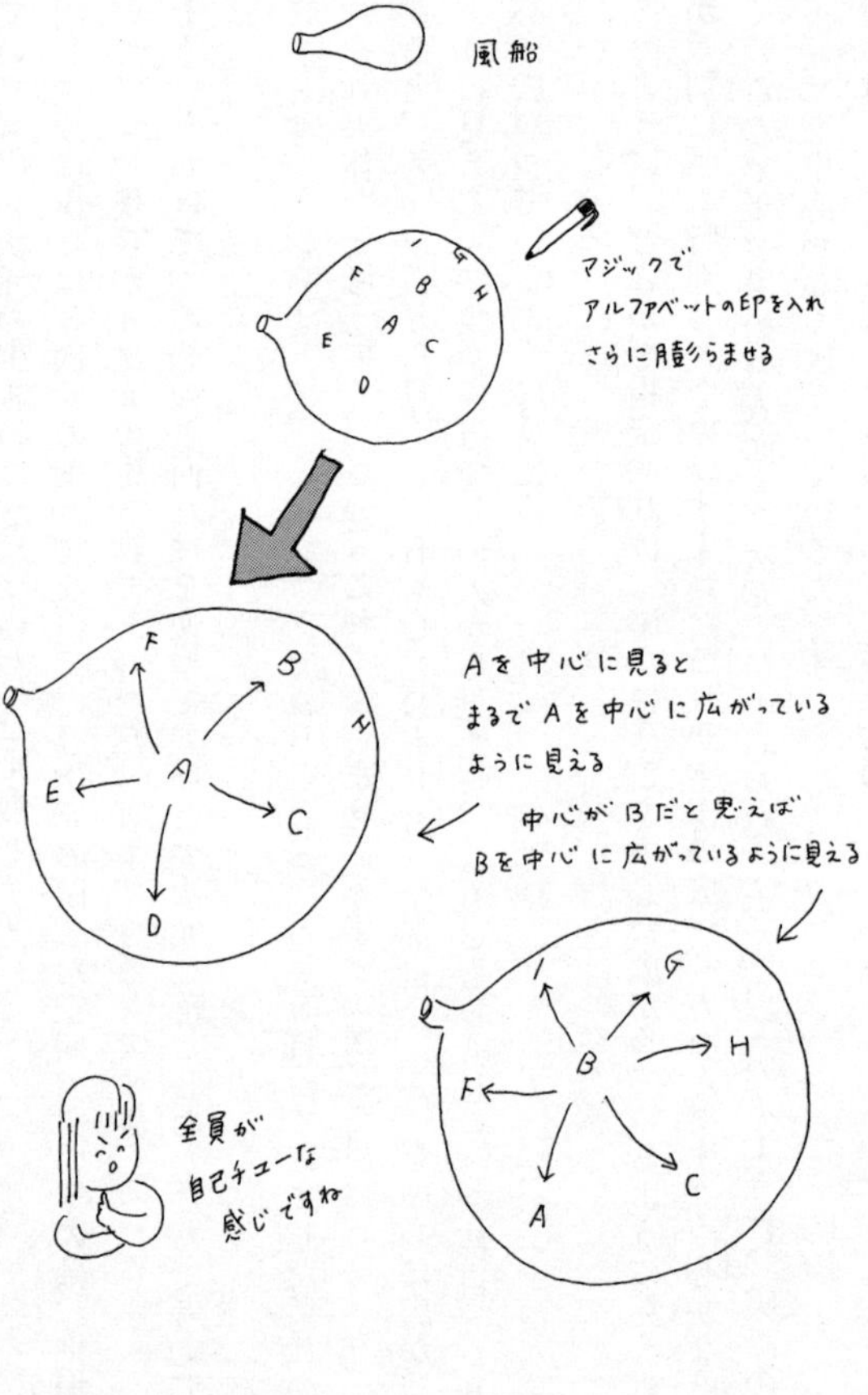
風船
マジックで
アルファベットの印を入れ
さらに膨らませる
Aを中心に見ると
まるでAを中心に広がっている
ように見える
中心がBだと思えば
Bを中心に広がっているように見える
全員が
自己チューな
感じですね

宇宙は「有限」だが「果て」はない

もう一度風船の表面（2次元）を見てみましょう。この表面は「有限」ですよね。無限じゃないです。一方でこの表面に「果て」はないでしょ？　Aからスタートしてぐるっと1周したら元に戻ってくる。

宇宙も同じなんです。宇宙も「有限」ですが「果て」はないんです。中心もない。逆に言うと、どこも「中心」だと考えることができる。それが宇宙の姿なんです。

我々が3次元の閉じた空間を想像できない、というのも、「果て」や「中心」のない3次元空間を想像できないからです。

風船を膨らませた人は、もうひとつあることに気付いたかもしれません。最初風船はきれいなピンク色でしたが、膨らませると色が薄くなると思いませんか？　ピンク色の塗料がある量だけ塗ってあって、それで面積が広くなるんだから、塗料（色）が薄くなる。

これが、宇宙が膨張するとエネルギーの密度が下がる、という意味です。色が濃い状態が火の玉宇宙で、膨張するほど、どんどん薄くなって冷たい宇宙に……。

以上がビッグバンに関する誤解の1つめ、「宇宙に中心はあるのか？」の答えです。

図2－15　有限だが果てはない

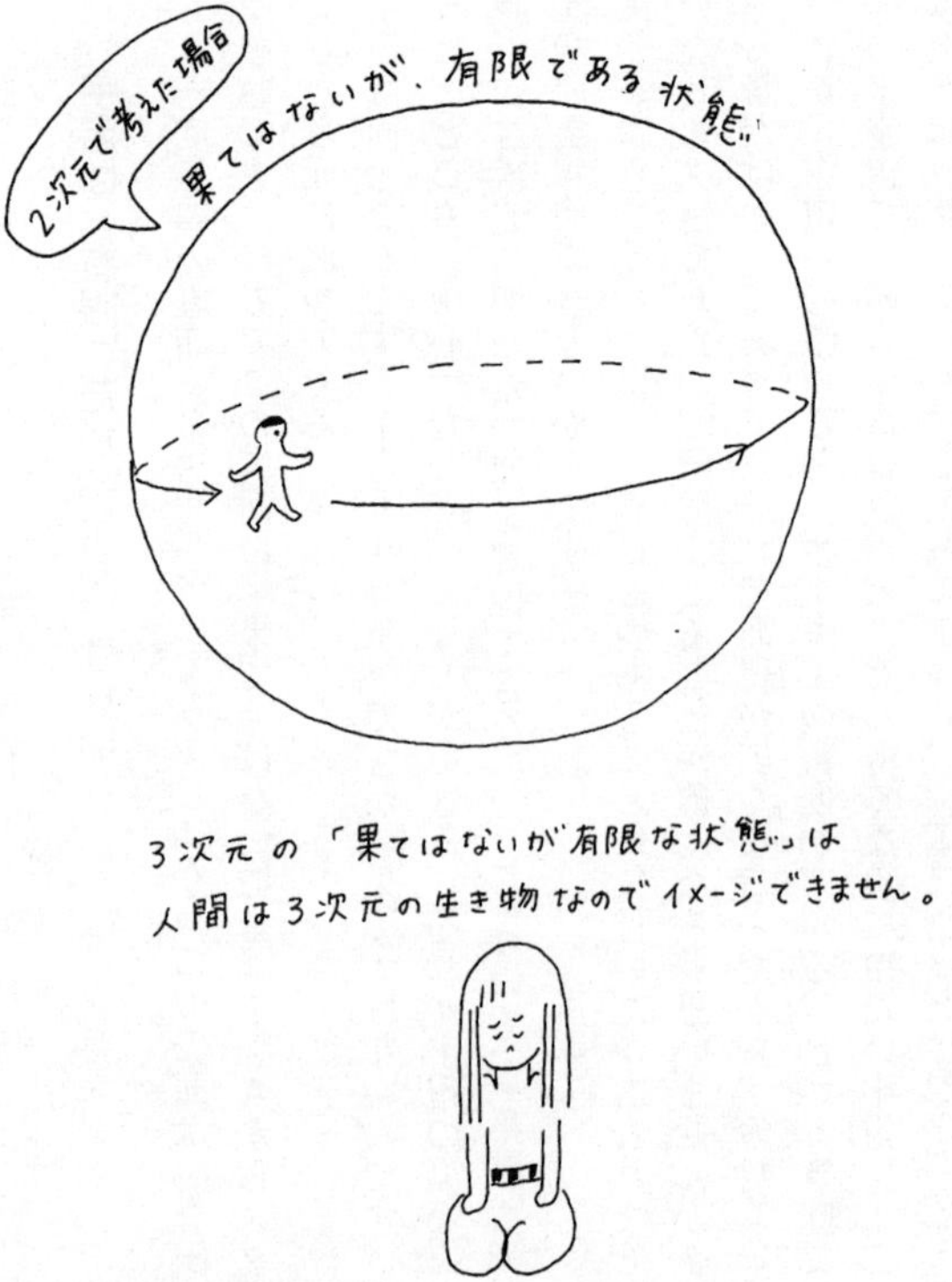
2次元で考えた場合
果てはないが、有限である状態
3次元の「果てはないが有限な状態」は
人間は3次元の生き物なのでイメージできません。

光よりも速く遠ざかる星

ビッグバンに関する誤解、２つめ。

先ほど、遠くに行くほど速い速度で遠ざかっている、という話をしましたね。それらの星は、どれくらい速いと思いますか？　光より速いと思いますか？　そんなことないと思うでしょう？　物質は光よりも速く移動できないんですよね？　ところが、膨張速度は光より速いんです。

理由は簡単です。つまり、宇宙が広がっているというのは、空間が伸びているだけで、物体が移動しているわけじゃないんです。たとえばこの膨らませた表面を、アリが動いているとしましょう。そのアリが動く速度は、光の速度を超えられません。ところがこの表面自体は空間ですから、物じゃないんですよ。空間は別に光より速かろうがなんだろうが構わないんですね。

実際、星の後退速度を測ると――赤方偏移で測るんですけれども――光よりも速く遠ざかっている星なんていくらでも発見されています。

星が動いているのではなく、空間が伸びている

ビッグバンに関する3つめの誤解。

先ほどハッブル定数のところで、赤方偏移が起こる理由を「ドップラー効果」として説明しましたけれども、正確に言うと違うんです。ドップラー効果を基に計算した赤方偏移の量は、ほんの少しずれているんですよ。

では、赤方偏移の本当の原因は何か？　ここでまた風船を使いましょう。

赤方偏移というのは、光が赤いほうにずれる、すなわち波長が長くなることです。風船に、星から地球に向かう光を描いてみました（図2－16）。この光が出ている最中に宇宙を膨らませてみましょう。

波長が伸びましたよね？　つまり赤方偏移はこうやって起きているんです。ドップラー効果ではなくて、空間そのものが伸びてしまっているために、その空間に引っ張られて波長が伸びている、これが赤方偏移の原因なんです。これで計算すると、現在の赤方偏移はぴったりと合う。

救急車の例えで言うと、救急車も観測者も止まっていて、救急車と観測者の間の空間

図2－16　赤方偏移の本当の原因

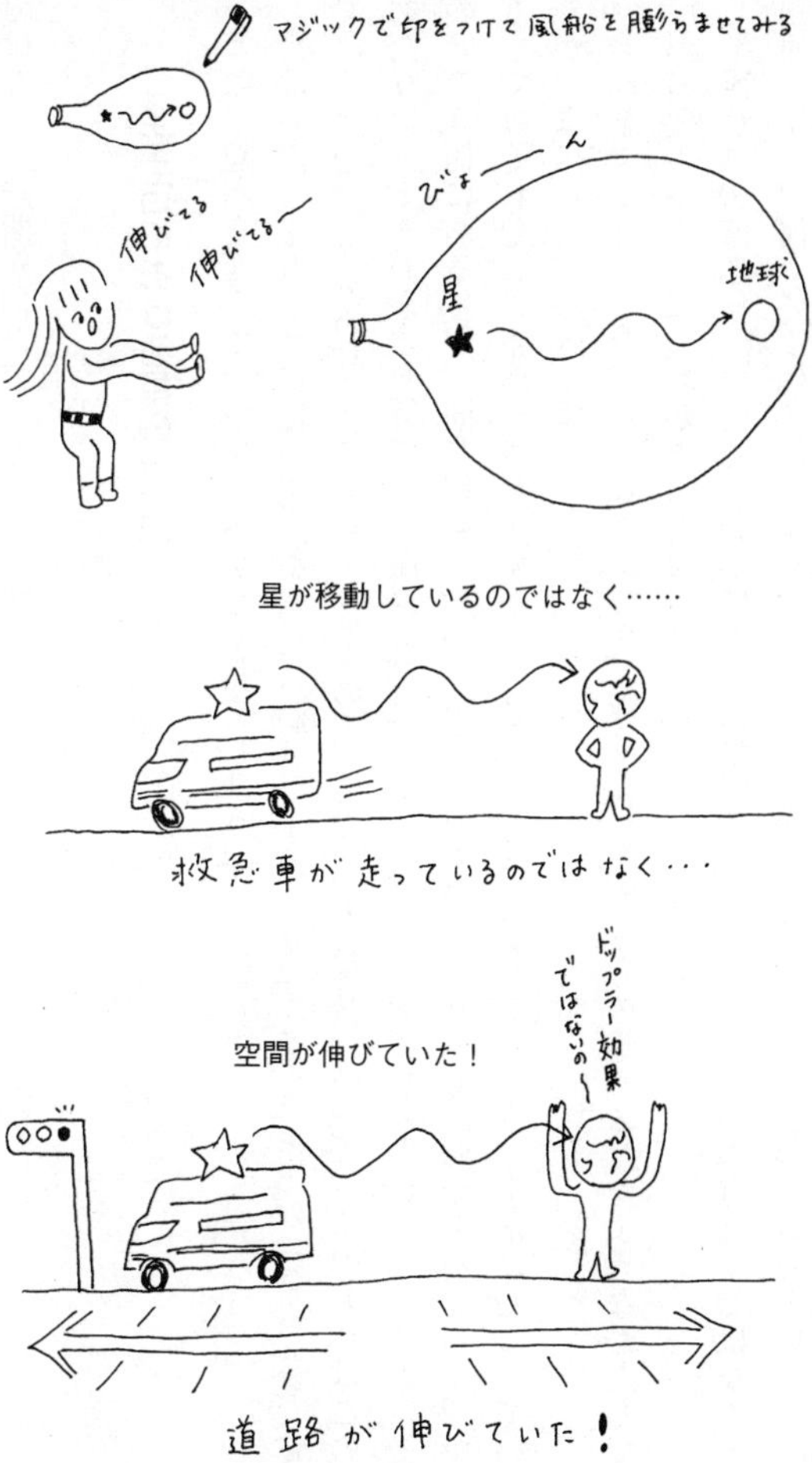

（道路と空気）が伸びている状況です。宇宙膨張は、天体（救急車）が実際に動いているのではなく、空間が伸びているだけです。

全宇宙における星の分布図

では、趣向を変えて、こんな話をしてみましょう。

今はいろんな方法で、星の距離を測れるわけですが（詳しくは本章末尾のコラムⅡをご覧ください）、距離が測れると、たとえばこの天体はこのあたりにあって、この天体はこのあたりに……とわかるわけです。距離を測れなかった昔は、天の川みたいなところと、その向こう側にある星が、同じ銀河なのか、違う銀河なのか、ぜんぜんわからなかった。でも今ではそれぞれの距離が測れますから、3次元的に、星がどのように宇宙に集まっているか、調べられるわけですね。

それをマップにしたのがこれなんです（図2-17）。宇宙をスライスしたようなかたちで、扇形の要《かなめ》のところに地球があると思ってください。

半径が「20億光年」なので、非常に大きい地図です。ひとつひとつの点は星ではなくて、銀河です。銀河って1個10万光年くらいありますから。それが点になっているという……だからもう、壮大なお話ですよね。よくこんなにたくさん見つけましたよね。根気強くや

図2－17　宇宙の大規模構造

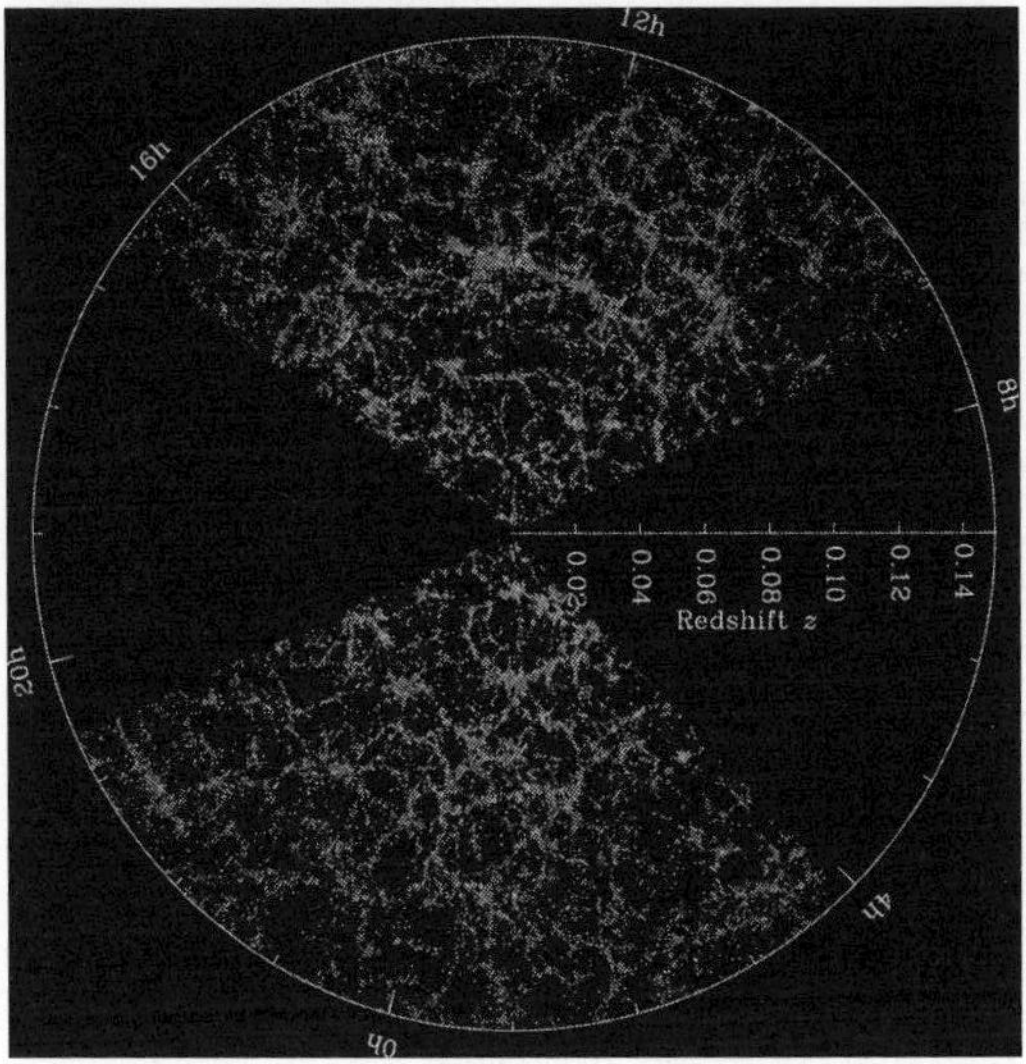

©M. Blanton and the Sloan Digital Sky Survey

った人たちがいるわけです。

すると、非常に興味深いことがわかりました。

つまり、銀河の分布が一様じゃないんですよ。きれいに均一になっていなくて、偏っていることがわかりました。この連なっているところを「グレートウォール」と言います。グレートウォールって「万里の長城」のことですけど、グレートウォールの横に何もないスペースがポツポツありますよね。これをボイド（空洞）と呼んでいます。

このように、宇宙は物質（星）に偏りがあることがわかったんです。

2001年のWMAP――高解像度の撮影でわかった宇宙の構造

ふつうに考えると、ちょっと納得いかないですよね。

宇宙は最初、素粒子の状態で電子や陽子が飛び回っていて、その飛び回っていた粒子が、宇宙が膨張していく（冷えていく）なかで、それぞれくっついていろんな粒子になり、星になっていったんですが、なんでこんなに偏ったかたちで分布しているのか？

まあ「なるようになったらこうなったんですよ」という説明でもいいんですけど、学者はそれだと納得しなくて「なんでか？」と理屈を付けたがるんです。いろんなシミュレーション（計算）をしてみて、本当にこういう宇宙の姿になるかどうかをやっていきまして、詳しくは次回ご説明しますが、これは暗黒物質というものがないと、こういう姿にはならないことがわかりました。

先ほどこれをお見せしましたよね（図2‐18上）。宇宙が晴れ上がったときの光です。光の偏りは、すなわち物質の偏りを表しています（物質で光は遮られるため）。このムラ（物質の偏り）が次第に成長して現在の宇宙を形作ったのです。

しかしこの観測結果は大問題でした。均一すぎたんです。無理やり色を付けてるので、けっこうムラ（物質の偏り）があるように思いますが、最大でも10万分の1程度のわずか

図2－18　宇宙背景輻射の観測精度

COBE/1989年に打ち上げ

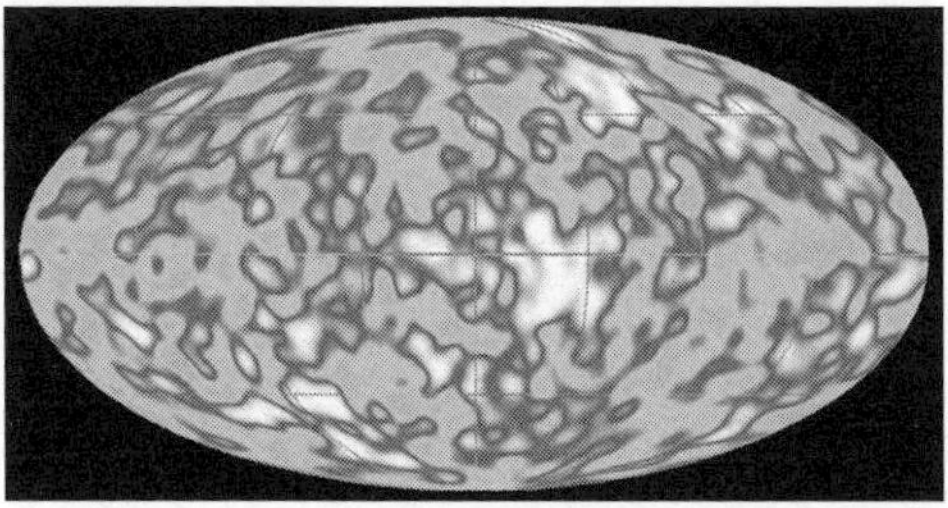

NASA

WMAP/2001年に打ち上げ

NASA

Planck/2009年に打ち上げ

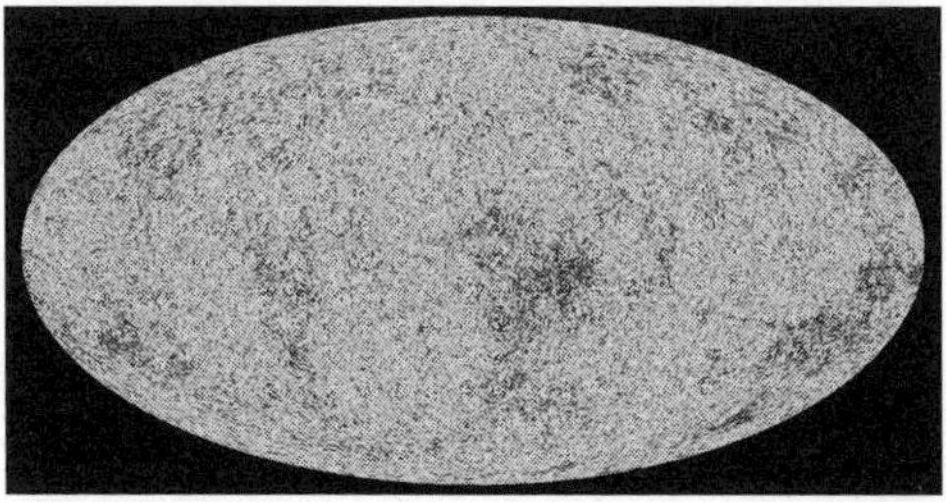

ESA and the Planck Collaboration

2013年3月、WMAPの後継機Planckの画像が公表なゆらぎなので、かなり均一です。

宇宙のあらゆる方向からやってくる光（電波）が均一なことは、ビッグバン宇宙論の最大の証拠となりましたが、ただあまりに均一すぎたために、今度は現在の宇宙が不均一な構造をもっていることを説明できなかったんです。

宇宙の初期はこんなに均一なのに、なぜそこからグレートウォールだとかボイドだとか、そういう偏りが生まれてしまうんだろうか？　最初の段階でその後の構造が見えてくれたらうれしかったんですけれど、特に見当たらない。

晴れ上がった後（COBEのこの絵のあと）に偏りができ始めるなんてことは、あり得ない。「困ったなあ」となったんですが、やっぱり学者ですから納得いかなくて、もっと精密な測定をしてみようじゃないかということになりました。

そして2001年に、今度は人工衛星じゃなくて、もっと遠く――地球の外側の軌道に、電波望遠鏡を打ち上げたんですね。

それが、「WMAP《ダブルマップ》」という探査機です。これを使ってより精密に測定してみました（図2‐18中）。解像度が上がってますよね？　COBEのは粗かったんですけれども、かなり細かく晴れ上がりのときの光（電波）を捕らえています。そして、これをよく解析すると……ちゃんとグレートウォールやボイドといった大規模構造の「種」になるものが見つかったんです。先ほどの大きなムラに比べてずっと小さなサイズのムラです。このムラが

図2－19　ラグランジュ・ポイント

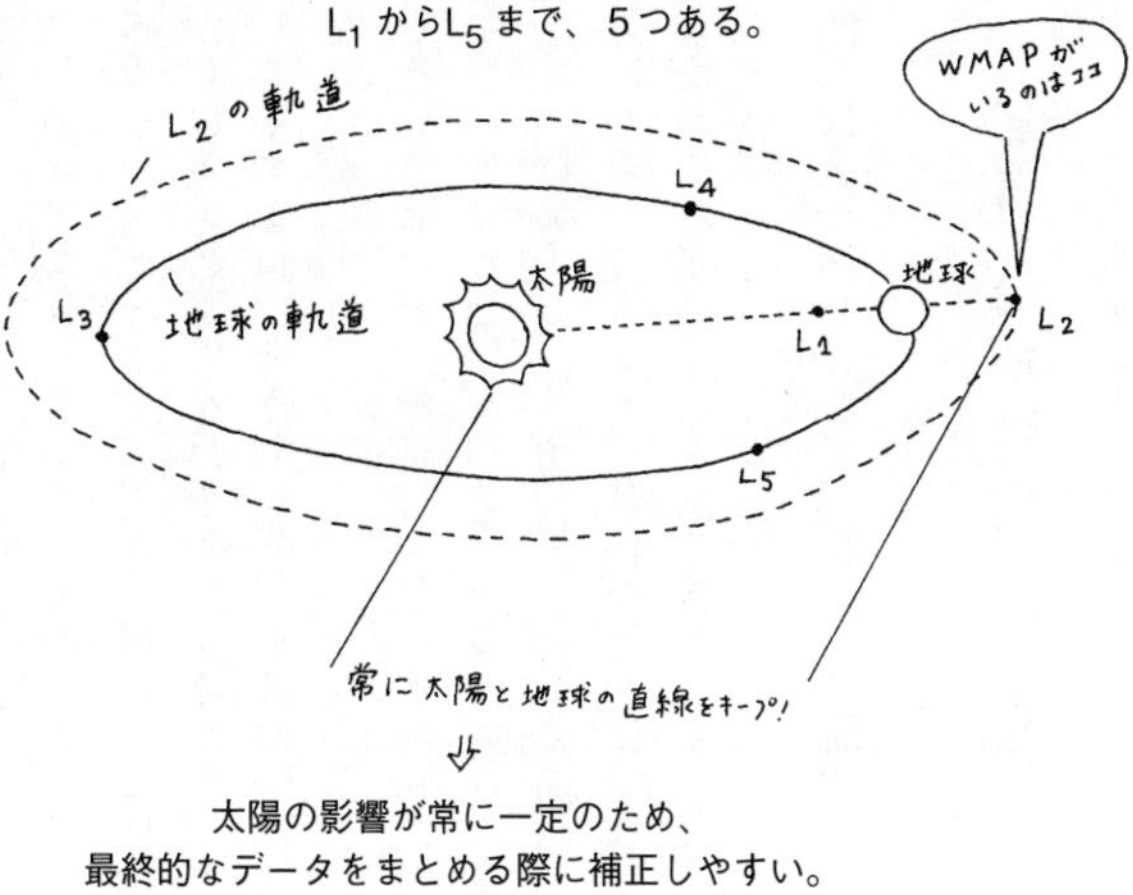
L_1からL$_5$まで、5つある。
WMAPがいるのはココ
L_2の軌道
L_4
太陽
地球
L_3
地球の軌道
L_1
L_2
L_5
常に太陽と地球の直線をキープ!
太陽の影響が常に一定のため、
最終的なデータをまとめる際に補正しやすい。

どんどん成長していくと、先ほどのグレートウォールやボイドになる、ということが、シミュレーションで明らかになったんですね。

ちなみにこのWMAPは、「ラグランジュ・ポイント」という地点に打ち上げています（図2－19）。地球からの重力と、太陽からの重力がちょうど釣り合うところで、そこだと、太陽、地球、WMAPの公転の位置関係が常に同じになるんです。地球の近くだと、地球からの影響とか、太陽の影響——観測中に昼になったり夜になったり——とか、いろんな影響を受けるので、正確に測れなかったんですね。

ラグランジュ・ポイントって、僕のようなある年齢以上のおっさんには胸熱《むねあつ》なものなんですよ。お若い方には何のことかわからないでしょうけれど、その昔、「ガンダム」というアニメのなかで、スペースコロニーという人類が生活する人工構造物がこのラグランジュ・ポイントに打ち上げられていたんですね。WMAPと同じ理由で、地球や太陽からの重力の影響を最小限にするため、というわけですが、ガンダムは物理学をよくわかってますよね。そうやって、子供の頃に見たSFの世界と同じようなことができるようになったんですね。

そういうわけで、精密な「晴れ上がり」の観測結果からも、今の星の分布を説明できる。ガモフの作ったビッグバン宇宙論というのは非常に成功したモデルだったわけです。この理論を基に考えれば、現在のいろんな観測結果をきれいに説明できる。完璧な理論だ！と思ったら、でもまあ、時代が進むにつれて、やっぱり欠陥も出てくるわけですね。説明できないことがいくつか出てきてしまった。

問題は3つありまして、順番にご説明します。

ビッグバン理論では説明できない① 地平線問題

1つめは「地平線問題」です。

宇宙には、星が集まっているところと、ガラガラの何もないところがあります。物質の分布にムラがあるわけですが、これは初期の宇宙におけるわずかな温度のムラ（＝物質のムラ）がどんどん成長していって、今のような大きなムラになった、と先ほど説明しました。

ＣＯＢＥやＷＭＡＰの絵を見れば細かく色が違っているので、かなり温度にムラがあるように一見思えますが、しかしこれはわかりやすくするために色で強調しているだけであって、実際のムラ（温度の一番高いところと一番低いところの差）は、たった10万分の1程度。つまり、初期宇宙は、全体の温度が非常に均一だった、ということです。その中におけるほんのわずかなムラが、今のような星の分布になっているわけです。

ではなぜこんなに温度が均一になっているのか？

その理由は、全体がかき混ぜられたからです。

たとえば、お風呂に入るとき、沸かしたお湯をかき混ぜますよね？　昔は、棒の先に板みたいなものが付いたやつでかき混ぜてたのですが――今もあるのでしょうか？――かき混ぜることによって温度のムラをなくして、全体を均一にするわけです。

宇宙も同じです。かき混ぜることによって宇宙の中の物質の密度や温度は均一になります。宇宙は何を使ってかき混ぜたかというと、棒ではなくて、宇宙を満たす物質（粒子）自身が動き回ることでかき混ぜられるんですね。

そのとき、宇宙がまったく膨張していないとしましょう。すると、時間をかけて、ゆっくりと全体が混ざっていきます。

ところが、実際には宇宙は膨張しています。そうすると、かき混ぜられない領域が出てくるんです。

どういうことかと言うと、「宇宙の膨張速度」と「粒子の速度」(かき混ぜる粒子の速度)は異なるからです。宇宙の膨張速度のほうが速い。場所によっては光よりも速く宇宙は膨張しています。

一方、粒子の速度は、当然光より速くなることはありません。そういうわけで、かき混ぜるのが追いつかなくなる領域が生まれてしまうんです。かき混ぜるそばから、宇宙はどんどん広がっていってしまう……。

一応ここでも注意してほしいのは、「宇宙が広がる」と言った場合、宇宙の外側が広がっていくわけではありません。宇宙に「中心」はありませんから……。宇宙には「内側」も「外側」もないのです。宇宙は、全体が広がっていくのです。

イメージとしては、このように、たとえばABCがそれぞれ別々に均一にかき混ざっていて、ABCはお互いに混ざり合わない、という状態です(図2-20/ABCの間の領域は、その領域なりにかき混ざっています)。AとBとCは、それぞれ温度が均一になっているの

図2－20　地平線問題

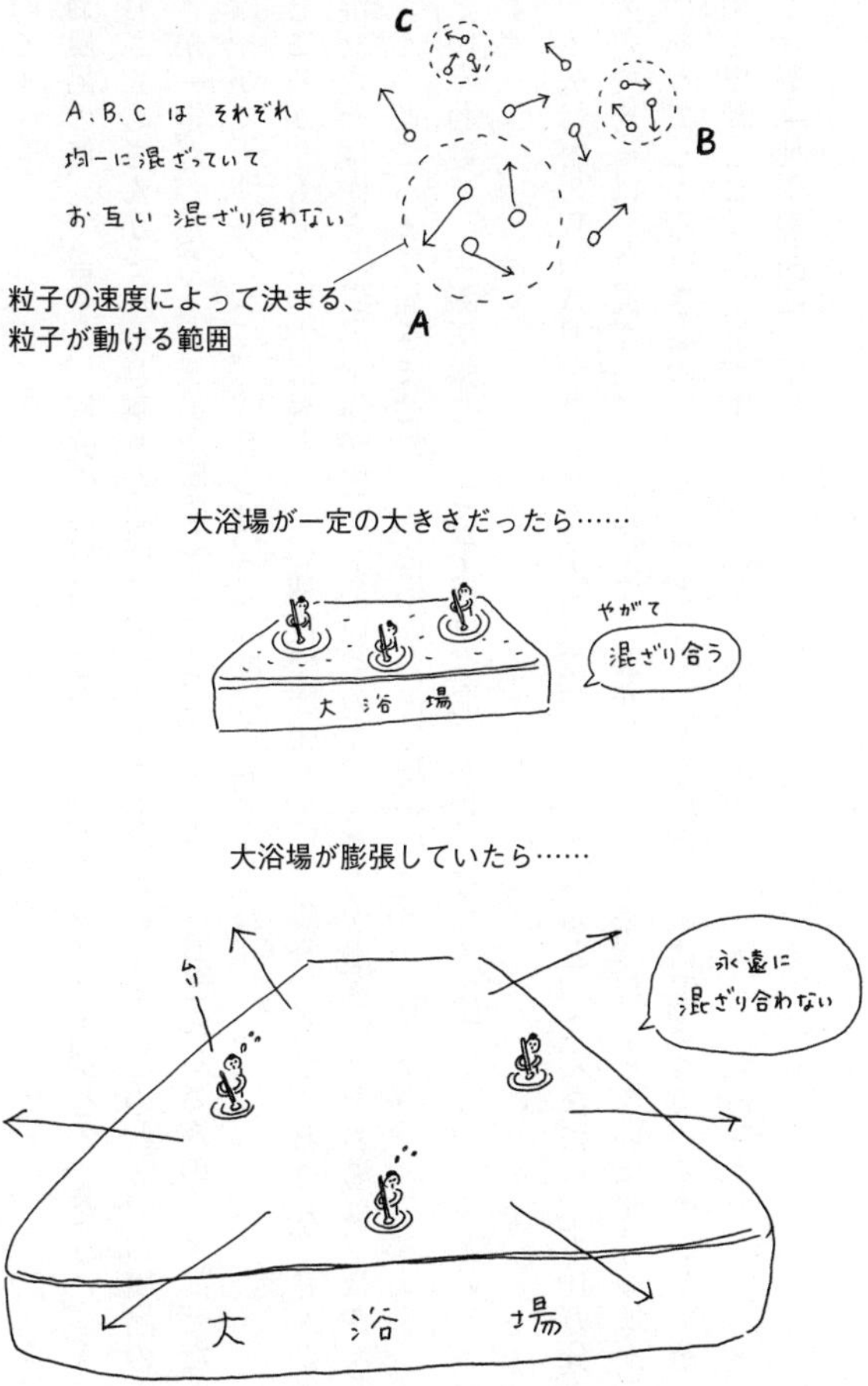
C
B
A、B、C は それぞれ
均一に混ざっていて
お互い 混ざり合わない
粒子の速度によって決まる、
粒子が動ける範囲
A
大浴場が一定の大きさだったら……
やがて
混ざり合う
大浴場
大浴場が膨張していたら……
ムリ
永遠に
混ざり合わない
大浴場

ですが、しかし、お互いに粒子同士が行き来できないため、AとBとCが交わることはないのです。

お風呂の例えで言うと、家庭のお風呂ではなく、大浴場をイメージしてください。AさんBさんCさんがそれぞれ離れた場所でお湯をかき混ぜています。このとき、お風呂の大きさが一定だったら（お風呂が膨張してなかったら）、AさんBさんCさんのかき混ぜたお湯はやがて干渉し合って、ABCは同じ温度になりますよね。

ところが、もしこの大浴場がすごい速度で膨張していた場合、AさんBさんCさんがかき混ぜたそばからお風呂全体が広がっていくので、Aさんがかき混ぜたお湯は、BさんとCさんのところまで届きません。大浴場のお湯は均一に混ざり合わない。

というわけで、実際膨張している宇宙は、温度が均一になるはずはない……というわけです。

でも先ほどのWMAPが捕らえた宇宙背景輻射を見てみると、こんなにも——10万分の1の差で均一にかき混ざっているんです。おかしい……本来、混ざらないはずの領域が無数にあってしかるべきなのに、なんでどこもこんなにきれいに混ざっているのか？ その理由を単純なビッグバン宇宙論では説明できないのです。

これが「地平線問題」です。

ビッグバン理論では説明できない② 平坦性問題

2つめは「平坦性問題」です。

宇宙はどうしてこんなに平坦なのか？　先ほど膨らませた風船の表面は平坦じゃなかったですよね。曲がった平面でした。地球の表面だって、このへんを歩いているぐらいだったら気がつかないですけれど、たとえば遠くの水平線から上がってくる船や太陽を見たらわかるように、地球の表面も曲がっています。曲がっていると、そこから先は見えないという、「地平線（水平線）」があるはずなのです。

ここで言う「表面」は2次元のことで、風船や地平線の例は、あくまで2次元で考えた場合なのですが、3次元空間でも「地平線」はあるはずです。我々は想像できないのですが……。

そういう宇宙の地平線、空間が曲がっている証拠を我々はまったく観測できていません。宇宙は極めて平坦な空間なのです。実際、宇宙背景輻射のようなはるか遠い世界（137億年前の光）だって見えているわけですからね。

宇宙空間が平坦か、それとも曲がっているかは、実は宇宙の未来に関わってきます。曲がっていると、宇宙は収縮する、あるいは広がり続けて割れてしまうのです。

図2－21　平坦性問題

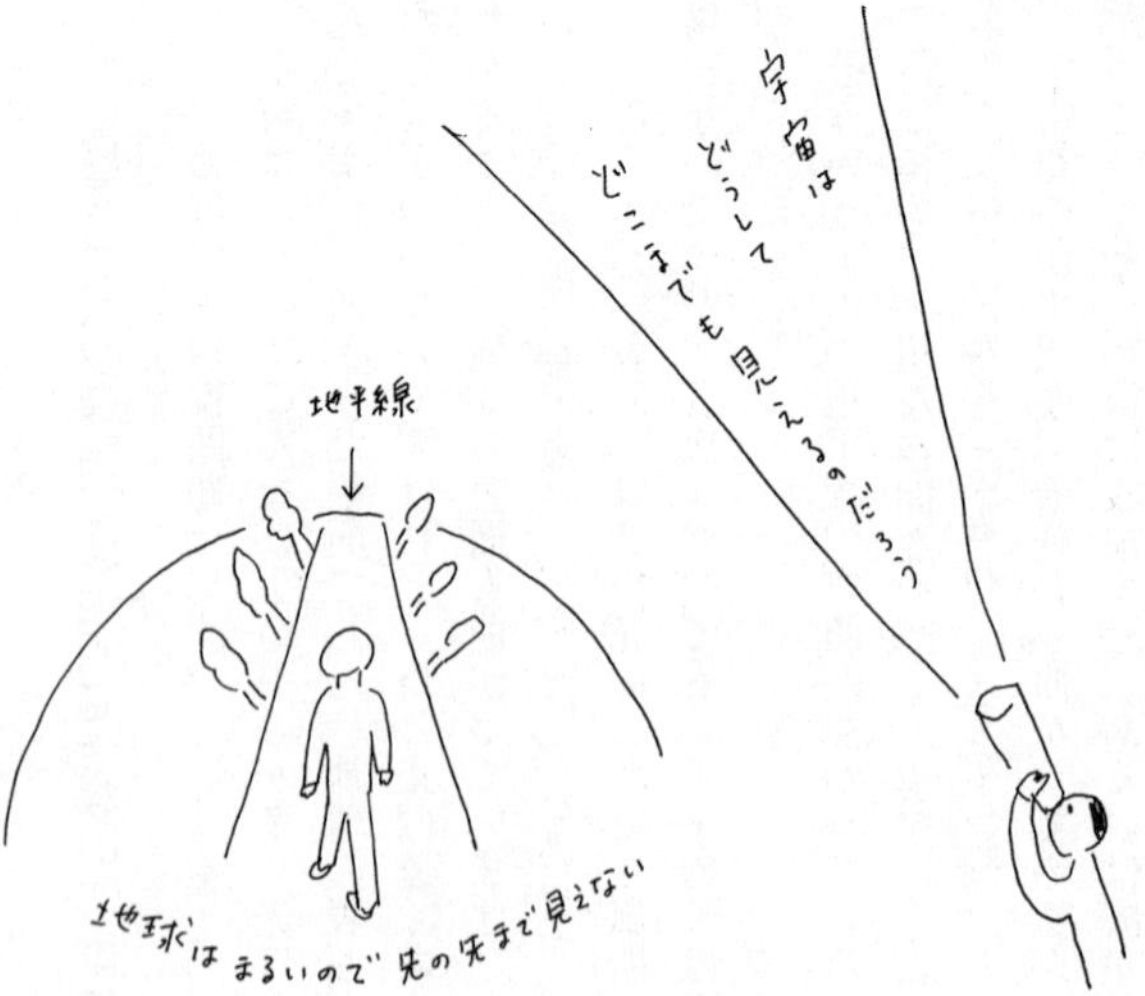

空間の曲がり具合の求め方は、前回説明しましたよね。

空間の曲がり方というのは、その空間に入っている物質の量によって決まるんでした。物質が多ければ（質量が大きければ）、重力は大きくなって空間は大きく曲がる。それを表したものがアインシュタイン方程式でした。

そのような「宇宙の重さ（物質の量）」を、宇宙論から計算した「臨界密度」と呼ばれる数値と比較します。

そして、もし「宇宙の重さ」と「臨界密度」がぴったりと同じであれば――つまり宇宙には物質（重力）がちょうどの量だけ含まれていれば――空間は平坦になる。でも、ちょっとでも違っていたら（臨界密度よりも重かったり、あるいは軽かったりすると）空間は曲がる（この部分は後ほど詳しくお話しします）。

そして宇宙は、今言ったように、まったく曲がっていません。ということは、重さ（物質の量）がぴったりなんですね。だから宇宙は137億年もこんなに安定しているんです。

なぜこんなに臨界密度ぴったりなのか？　なぜ宇宙空間はまったく曲がっておらず、これほどまでに平坦なのか？　まあ、「たまたまそうなってるんですよ」って言ってもいいんですけれど、物理学者たちはそれだと納得しないんです。平坦になっている理由が必要なんですが、ビッグバン宇宙論はそれに答えてくれません。

これがビッグバン理論で説明ができないことの2つめ、「平坦性問題」です。

ビッグバン理論では説明できない③ モノポール問題

3つめは「モノポール問題」と呼ばれるものです。

「モノ（mono）」は「ひとつ」という意味、モノラルのモノです。「ポール（pole）」は「極」、北極や南極の極です。つまり「モノポール」とは、極がひとつ、という意味です。

磁石は必ずN極とS極がセットになっていますよね。これを「磁《じ》気《き》双極《そうきょく》子《し》」と呼びます。小学校のときに習ったかもしれませんが、磁石を割ったとしても、必ず割った口が逆

図2－22　磁力線とモノポール

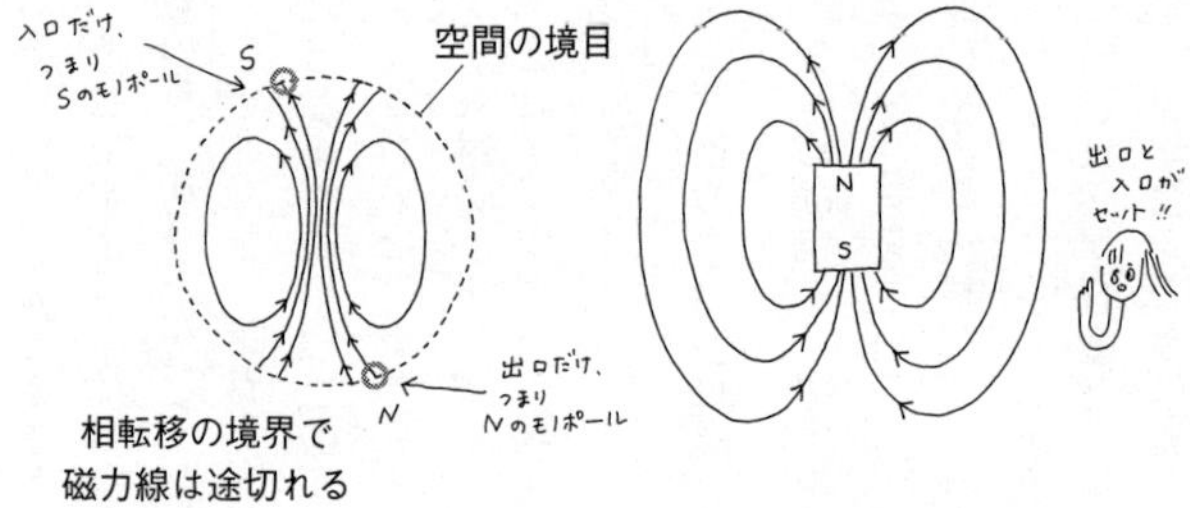
入口だけ、つまりSのモノポール
S
空間の境目
出口だけ、つまりNのモノポール
N
相転移の境界で磁力線は途切れる
N
S
出口と入口がセット!!

の極になって、どんなに細かく砕いても、必ずN極とS極の対になって、N極だけの磁石、S極だけの磁石は作れません。

ところが宇宙初期には、極がひとつの磁石、モノポール（磁《じ》気《き》単《たん》極《きょく》子《し》）が大量に作られたはずだと考えられています。ビッグバン理論が正しければ、そのときに作られたモノポールは、現在もそこら中にあっても構わない、という結論が出てしまうのです。

宇宙初期に作られたモノポールとは、いったいどういうものなのか？

磁気双極子だと、磁力線はN極から出て、S極に入っています（図2－22右）。磁力線は常になめらかでないといけません。枝分かれしたり、どこかから急に発生したり、急になくなったりしてはいけません。要するに、閉じていなければならないのです。N極という「出口」とS極という「入口」が常に対となっていなければならない。「出口」から出ていった磁力線の数だけ、「入口」に戻って来なければならないのです。

ところがですね、これはあくまでも連続した空間の中ではという条件が付くんです。磁力線が閉じてなければならないのは、連続した空間の中である限り、ということです。不連続な空間では閉じていなくてもいい。

「連続した空間」とはどういうことか？

詳しくは第四章でご説明しますが、自然界には「相転移」という現象がありまして、簡単に言うと、「状態が変化すること」です。身近な例で言うと、水が氷に変わったり水蒸気になったりすることがまさに「相転移」です。

水の状態であれば、分子同士は結合していないので、自由な向きに動いているんですが、氷になると、H_2Oという分子同士が結合して同じ方向を向いて、きれいに整列しなければなりません。結晶にならなければならない。そこが重要なんですね。

水として自由な方向を向いていた分子が、一斉に同じ方向を向く際、「一斉」とは言っても、ある時間がかかります。このとき「この向きに並べ」という情報と、実際に冷却されて氷になる速度がぴったり一致するとは限らないのです。つまり、各部分でそれぞれが、それぞれの方向を向いて結晶になるんです（図2‐23）。

氷をよく見たらわかると思いますが、全体がひとつのきれいな結晶（単結晶）にはなっていなくて、小さな結晶の集まりになっているはずです。Aという結晶と、Bという結晶は違う向きを向いて並んでいます。その間はつながっていない。欠陥があるのです。

図2－23　結晶の向き

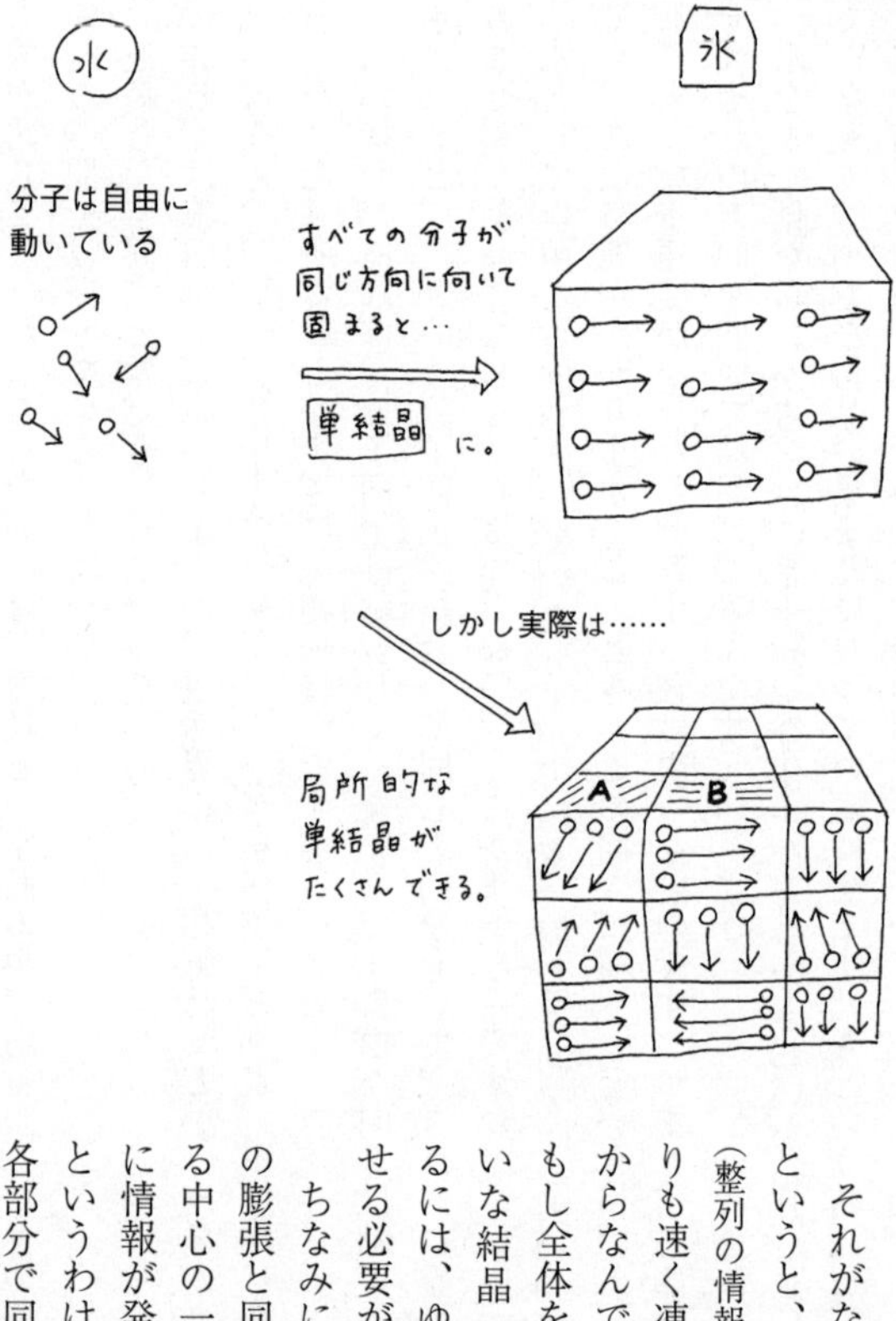

水
氷
分子は自由に
動いている
すべての分子が
同じ方向に向いて
固まると…
単結晶
に。
しかし実際は……
局所的な
単結晶が
たくさんできる。
A
B

それがなぜ起こるのかというと、相転移の情報（整列の情報）が伝わるよりも速く凍ってしまったからなんですが、だからもし全体をひとつのきれいな結晶（単結晶）にするには、ゆっくりと凍らせる必要があるんです。

ちなみに、これも宇宙の膨張と同じように、ある中心の一点から全方向に情報が発信されている、というわけではなくて、各部分で同時に情報が発信されているんですよ。

それぞれの部分でそれぞれの情報が伝わった範囲で結晶になります。それぞれの結晶と結晶の間には境目があり、その結晶同士は「不連続な空間」になっている。これが「空間の欠陥」です。

ちなみにこういった現象は、水にだけ起こるわけではなくて、たとえば、目の前にあるこういった金属（コップ）でも起こっています。これって単結晶になっていないんです。顕微鏡で見ると、非常に小さなつぶつぶに分かれているんですが、それは冷えて固まるときの向きがバラバラ、つまり整列情報の速度が追いつかなかったからです。これも、きれいに全体を単結晶にするには、ゆっくりと固めるための技術が必要なので、金属でも単結晶で買おうとするとすごく高い。

コップを作るのであれば別に単結晶である必要はないのですが、たとえば半導体を作るときのシリコンウエハースなどは、単結晶じゃないと駄目なんですね。結晶の欠陥が、そのまま半導体素子の欠陥となるからです。

モノポールは本当に見つかった？

宇宙初期における相転移でも、同じことが起こります。同じ状態になる領域（単結晶の領域）は狭い範囲に限られ、その領域と別の領域は「不連続な空間」になるんです。

そして、この「不連続な空間」では、磁力線は途切れてしまうのです。磁力が伝わる速さだって、ある有限の値(電磁力=光速)ですから、それよりも相転移が速ければ――相転移は宇宙初期のほんの一瞬の間に起きたわけですが、詳しくは第四章でお話しします――空間は不連続になり、磁力線が切れてしまう。「相転移の情報が伝わる速さ」に加えて宇宙そのものの「膨張の速さ」も混ざっているのでややこしいのですが。

というわけで、その不連続な空間の境目では、あたかも磁力線が突然発生していたり、あるいは、突然消えてしまっているかのように見えるわけです。それらはN極のモノポールやS極のモノポールとして観測されるはずです(図2‐22左/174ページ)。

この宇宙初期の「相転移」によってモノポールが作られるメカニズムを、単純なビッグバン宇宙論で計算してみると、モノポールは、我々の周囲にもたくさんあることになってしまうんです。要するに、ひとつの結晶がどれくらいの大きさなのか、という問題ですが、どうもそんなに大きくなさそうだと……(図2‐24)。

だったら見つかるのではないか? ということで、これまでにモノポールを探索する実験が行われたのですが、未だ発見されていません。

正確に言うと、過去に1個だけ見つかっています。1982年2月14日にブラス・キャブレラという物理学者が見つけています。バレンタインデーに実験しているなんて負け組だと思いますけれど(笑)、それでも本物であれば世紀の発見です。しかし結局その1個

図2－24　空間の欠陥

結晶ひとつが小さいと……
欠陥が見える
結晶ひとつが大きいと……
欠陥が見えない

だけで、その後見つかっていませんので、物理学では「発見」とは言いません。再現可能な実験で繰り返し確認されてこそ、「発見」と呼べるわけですから。

　また、その宇宙初期に出来たモノポールは極めて重く（陽子の10,000,000,000,000,000倍）、こんなものがそこらじゅうにあったとしたら、宇宙全体の重さが、観測結果と大きく異なってしまい、これまた大問題です。ほとんど存在しない（従って発見もできない）と考えるのが自然です。

　では、宇宙初期に大量に作られたはずのモノポールは、なぜ消えたのか？　これが、「モノポール問題」と呼ばれるものです。

ビッグバンの前に起きたインフレイション

というように、単純なビッグバン宇宙論では、説明できない問題が出てきました。

ところが、これを解決する方法を考え出した人がいます。佐藤勝彦という宇宙物理学者です。彼が1980年代に提唱したのが、「インフレイション理論」です。

簡単に言うと、宇宙は誕生して間もない、ほんのわずかな一瞬に、途轍もない勢いで膨張した、という理論です。

先ほどお話しした3つの問題は、いずれも、宇宙の膨張速度は、宇宙が誕生してから現在まで、常に同じという仮定のもとに起こっています。その仮定のもとに時間を遡っていくと、先ほどの3つの問題にぶつかってしまうのです。

では、その仮定が間違っていたら?と考えたわけです。

つまり、宇宙のごく初期——宇宙が誕生してから10^{-36}秒後から10^{-34}秒後までという、ごくごくわずかな時間の間に、宇宙の大きさは、10^{30}倍にもなるという、桁違いの急激な膨張が起こった、と言うのです。宇宙は誕生してから常に同じ速度で膨張したのではなく、誕生直後の一瞬、ものすごい速さで膨張してから、その後に今の膨張速度(ハッブル定数)に落ち着いた。この急激な膨張のことを、「インフレイション」と呼んでいます。

このモデルの巧みなところは、従来のビッグバン宇宙論そのものは改変せず、そのビッグバンよりも前の時期に、「インフレイション期」を付け足したことです。そのため、これまでの観測から「いくつか問題点はあるけれども概ね正しい」とされてきたビッグバン宇宙論の良さはそのままに、問題点だけを解決することができたのです（ちなみに「ビッグバン」という言葉は、正確には、この「インフレイションが終わったとき」から「晴れ上がり＝宇宙背景輻射」までの間を意味するものです）。

インフレイションはなぜ起きたのか？　そのメカニズムについては第四章でお話しするとして、ここでは、このインフレイションを導入することで、なぜ先ほどの3つの問題が解決できるのかをお話ししましょう。

インフレイション理論はこう説明した

まず「地平線問題」――なぜこんなに均一にかき混ぜられているのか？――については、インフレイションがあったと考えれば、宇宙の大きさは最初、それまでのビッグバン宇宙論から考えられていたよりも、はるかに小さかったことになります。つまり、宇宙はそこそこの大きさの大浴場から始まったのではなく、家庭用のお風呂から始まったのです。

図2－25　インフレイション理論

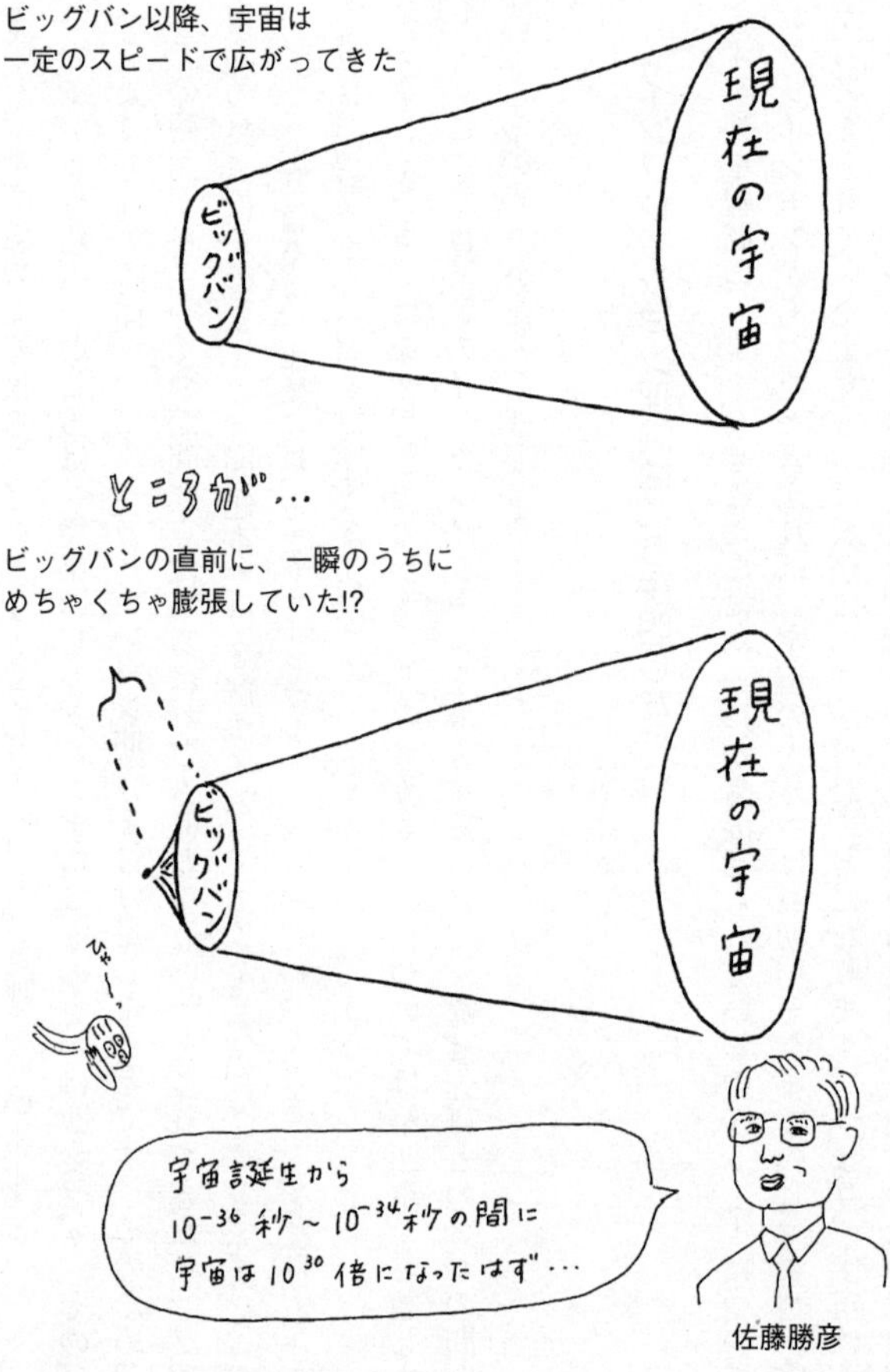

ビッグバン以降、宇宙は
一定のスピードで広がってきた
ビッグバン
現在の宇宙
ところが…
ビッグバンの直前に、一瞬のうちに
めちゃくちゃ膨張していた!?
ビッグバン
現在の宇宙
ひゃ〜っ
宇宙誕生から
10^{-36}秒～10^{-34}秒の間に
宇宙は10^{30}倍になったはず…
佐藤勝彦

宇宙は最初一人で全体を充分かき混ぜられるくらい小さかった。この小さいお風呂の時期に充分かき混ぜて温度を均一にしてから、インフレイションによっていっきに膨らんだのなら、遠く離れた場所が同じ温度なのも納得、というわけです（図２‐26上）。

次に「平坦性問題」――なぜこんなに平坦なのか？――については、インフレイションによってものすごい速さで膨らんだため、もし宇宙がもともと曲がっていたとしても、空間がいっきに引っ張られたおかげで、我々が観測できるスケールでは「平坦になった」というわけです（図２‐26下）。

たとえば、地平線の例で考えた場合、仮にもし地球が今くらいの大きさではなく、太陽の何倍もある超巨大な惑星で、その地平線が人間の視力が及ばないほどに遠くにあったとしたら、地面が曲がっていることが実感できませんよね？　つまり宇宙の地平線も、インフレイションによる圧倒的な膨張のせいで、はるか遠くに――観測できないくらい遠くにいってしまったのではないか、というわけです。

もし観測技術が発達して、さらに遠くを見られるようになったら、宇宙の地平線が見られるかもしれません……と言いたいところですが、ただ宇宙背景輻射より先（過去）は曇ってて見えないですから、ちょっと調べようがないと思います。

そして「モノポール問題」――なぜ空間の欠陥（磁力線が途切れているところ）が見つか

図2－26　地平線問題と平坦性問題を解決！

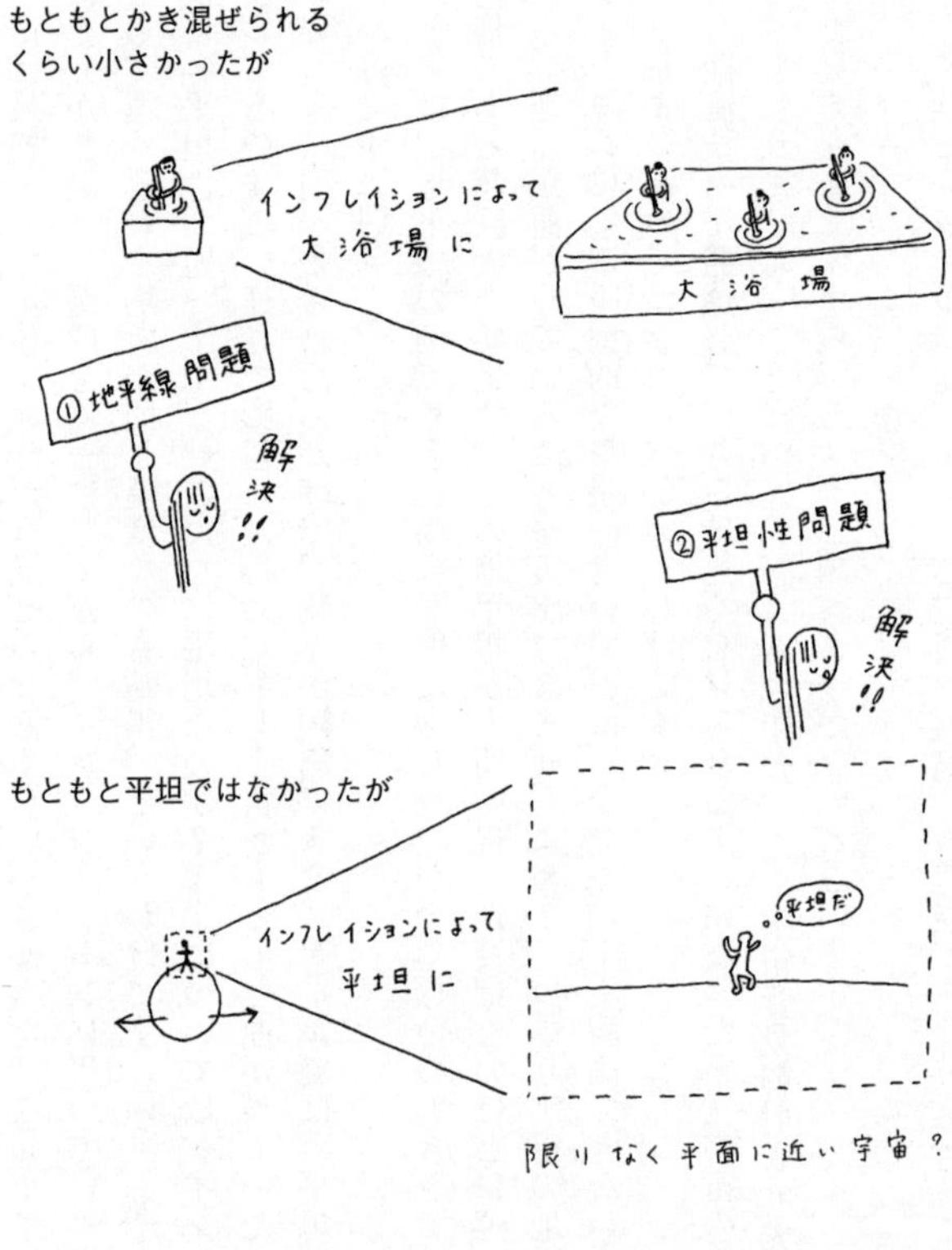

らないのか？——については、インフレイションがあったと考えれば、もともとの宇宙のサイズはめちゃくちゃ小さかったことになるので、相転移の際、ほとんど単結晶に近い状態できれいに固まったのではないか、ということです。もしそこ宇宙が大きければ相転移によって単結晶が無数に出来てしまう——結晶のムラが出来る。つまりモノポールが無数にできるはずですが、全体が非常に小さいのであれば、きれいに固まるはずです。なので、結晶と結晶の境目＝「空間の欠陥」はほとんど出来なかったのではないか？　そして宇宙はインフレイションによっていっきに広がったため、その欠陥は、今は我々がいる場所よりもはるか遠くのほうにある（図2－27）。

というように、「インフレイション」って言ったらなんでも解決できるという……よくそんなものを考え出したなって感心してしまいますが、今の宇宙論の主流では、この「インフレイション」は実際に起こったであろうと考えられています。

宇宙の3つの未来

では今日の最後に、宇宙の未来について考えてみましょう。これからどうなっていくのか？　宇宙に終わりはあるんでしょうか？

このとき考えるのが、先ほども少し触れました「宇宙の重さ」です。正確には、「宇宙

図2－27　モノポール問題を解決！

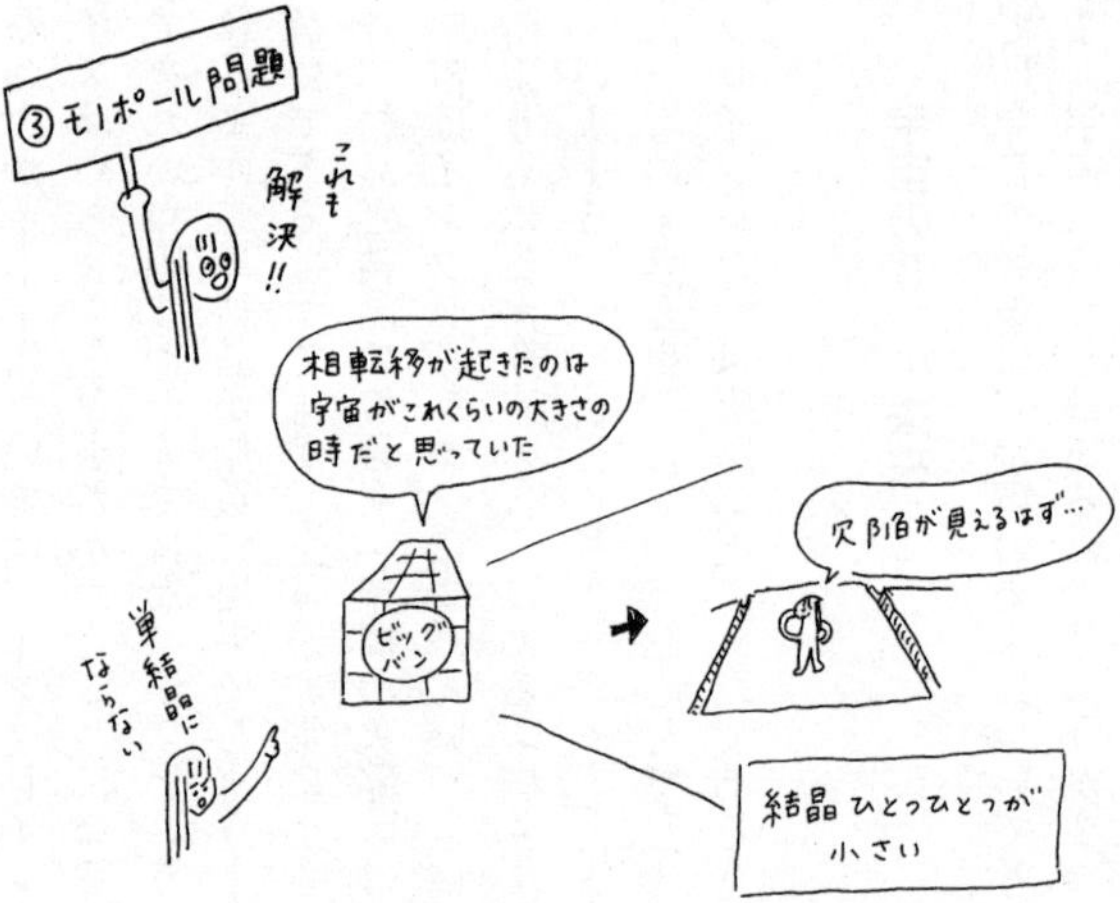

ところが、インフレイションが起きたのであれば、

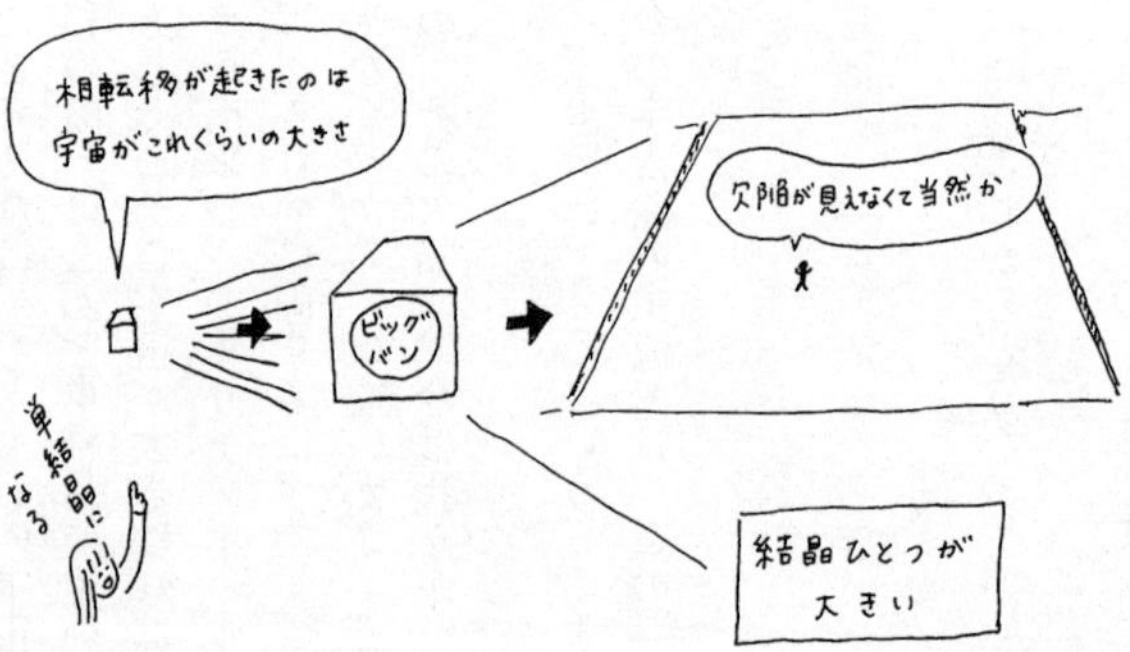

の密度」。密度とは、質量を体積で割ったものですから、「宇宙の密度」とはすなわち、「宇宙全体の質量」を「宇宙全体の体積」で割った値のことです。これが、宇宙にはどれだけの物質があるか、宇宙はどれだけの重さのものを含んでいるのか、ということを示します。

この密度が、宇宙論から計算される「臨界密度」と呼ばれるものに対して、大きいか小さいかで宇宙の未来が変わります。

まず「宇宙の密度」が「臨界密度」より大きかった場合、つまり宇宙が重かった場合。宇宙は、今は膨張しているけれども、そのうちその重さによって収縮します。たとえばこういうイメージです。

地球の重力に逆らってボールを投げ上げてみます（ボールの質量が「宇宙の重さ」、投げ上げる速度がビッグバンの際の「宇宙の膨張速度」だと思ってください）。投げ上げる速度に比べ、ボールが重いために、いつかは落ちてくるんです（図2‐28❶）。

一方で、「宇宙の密度」が「臨界密度」より小さかった場合、つまり宇宙が軽かった場合は永遠に膨張し続けます。ボールが軽いために地球の重力を振り切って彼方まで飛んでいき、帰ってきません（❷）。

ところが、宇宙が重くもなく、軽くもなく、ちょうど「臨界密度」に等しい重さだった場合、膨張がある地点で止まってそのままになるんです。ちょうどボールの運動と重力が釣り合って、衛星として地球を回りだす感じです（❸）。徐々に膨張速度が小さくなって、無限の時間が経つと膨張速度がゼロになる、すなわち膨張が止まってしまう。

では実際、宇宙の密度はいくらなのか？　未来はどうなるのか？

❶重い→宇宙はやがて膨張が止まって、その後収縮する。
❷軽い→永遠に膨張し続ける。
❸ちょうど→果てしない未来に膨張が止まり、そのままの状態となる。

これを調べる方法が、先ほどの空間の平坦度です。アインシュタイン方程式――ある質量が空間をどれくらい歪めるか――を解くことで答えが出るわけですが、臨界密度ちょうどの重さだったら、平坦な宇宙。臨界密度より重かったら、あるいは軽かったら、空間は歪む。で、先ほど言ったように、宇宙は驚くほど平坦なんですね。

つまり「臨界密度ちょうど」なんです。なんでちょうどなのか不思議なぐらいなんですけども……。先ほどのボールの例えで考えても、衛星の軌道に乗せるような、ちょうどの速度で投げるのってすごい難しいでしょう？　たまたま始まった宇宙で、なんでそんなことが起こるのか？

図2－28 「宇宙の密度」と「臨界密度」

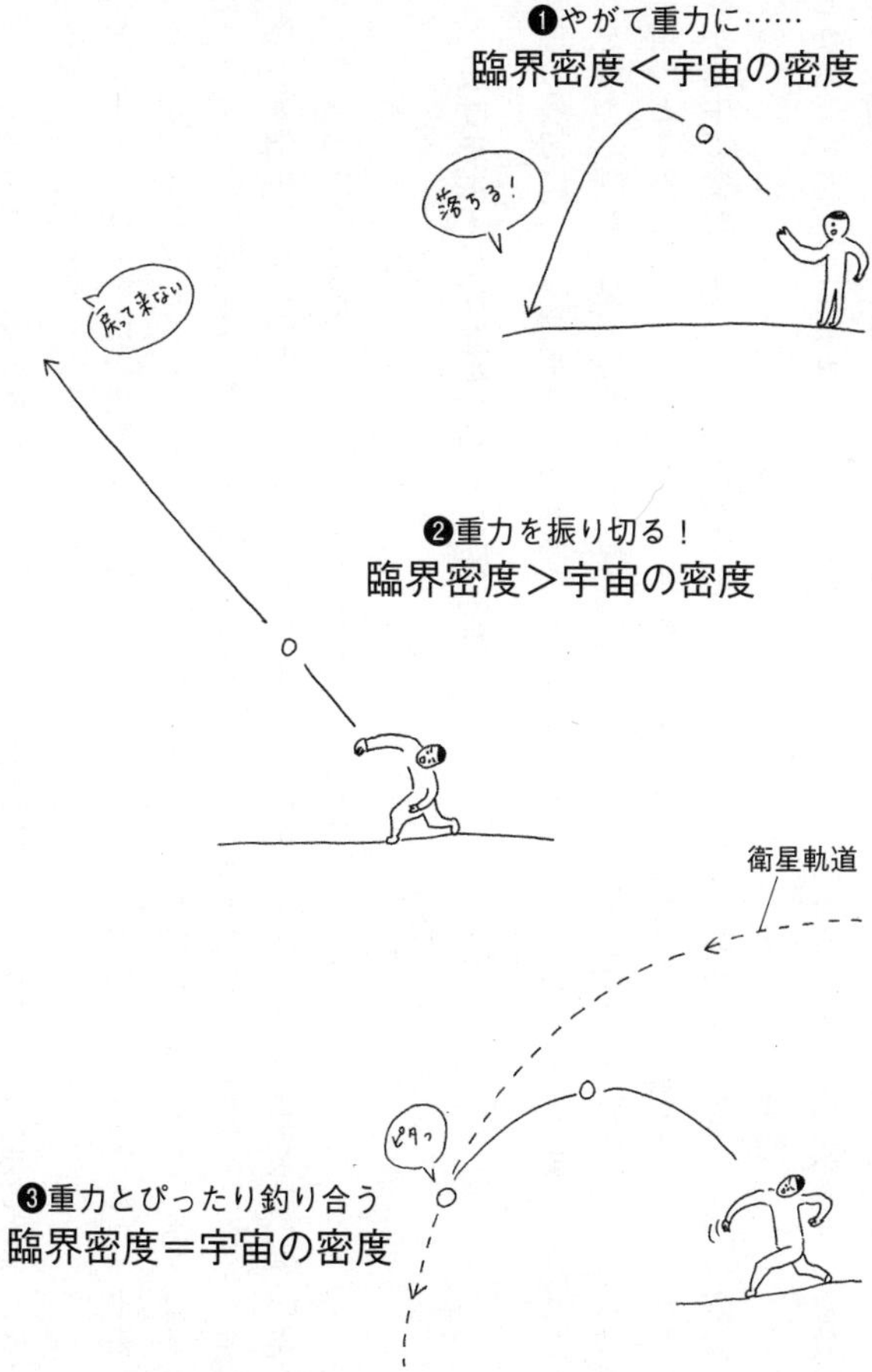

ところがですね、最近の研究では、宇宙はこの❶❷❸のどれかに当てはまるなどという簡単な進化はしていないらしい、ということがわかってきました。

ハッブル定数は、宇宙が出来てからずっと一定ではない、という話をしました。出来て間もない頃、インフレイションによってハッブル定数は爆発的に大きくなり、あとは下がったままずっと一定だよ、というインフレイションモデルを基に計算されていたんですが——僕が大学生ぐらいのときはそうでした——ところが、実はハッブル定数は、その後もなんと、減ったり増えたりしていることがわかったんです。

投げたボールが途中で加速し始めた?

今日の最初に、ハッブルさんが気持ちよく直線を引いた、という話をしましたけれども、あれをもっと細かく見ていくとわかるんですよ。近い宇宙のところでは傾きはいくら、遠い宇宙のところではいくら——ハッブル定数がずっといつまでも一直線なのか、それとも傾きが途中で変わっているのかがわかるわけですが、どうも変わっている……。一直線じゃない。

しかもですね、ここ最近は膨張が加速していることがわかったんです。ハッブル定数がどんどん増えていってる……これは不思議ですよね?「あ、そうですか」って思うだけかもしれませんけど、ものすごく不思議なことなんですよ。

たとえば先ほどのボールを投げた例で言うと、途中で加速していくなんてあり得ないでしょ？　加速させる力がないから、最初に放り投げた状態から減速する一方です。

野球でよくバッターの手前でボールが伸びるとか言いますよね？　あれはね、あり得ないんです。目の錯覚でそう感じるだけなんです。途中で速くなることは絶対にない。ところが宇宙はなんと、途中で加速し始めたんですよ。

最新のデータでは、宇宙が出来てから50億年くらいまではだんだんと減速していって、50億年から現在までは加速していることがわかっています。不思議ですよね？　なんで加速と減速を繰り返すんだろう？

これは、宇宙が「重力だけで成り立っている」という理論では絶対に説明がつかない。物質だけでは説明がつかない。つまり、これはもしや……ヤツがいるのでは？

加速膨張ってけっこう危険なことなんですよ。風船も割れると怖いからあんまり大きく膨らますことができないわけですが、宇宙も同じです。つまり、あまりにも加速膨張の力が大きいと、空間が裂けてしまうのではないか、と言われています。「ビッグリップ」と言うんですが、宇宙はそうやって滅びるんじゃないかって。

ごく最近こういうことがわかってきたので、今後どうなるかわかりません。まだまだ解明途中なんですよ。今後の宇宙論が非常に気になるところですよね。

で、まとめ。

「みんな、そんな先のことをくよくよ考えずに、今を楽しく生きようぜ！」(*°∀°)b

大丈夫ですよ。宇宙はいつか裂けるかもしれませんが、それよりも早く、太陽の膨張で地球が飲み込まれると思いますから（今は膨張してませんが、寿命の最後のほうで赤色巨星化して表面はいっきに膨張します）。

それでは今日はここまでです。次回は「暗黒物質」についてお話しします。ヤツもいよいよ登場します。

column Ⅱ

星までの距離の測り方——その星は、地球からどれくらい遠くにあるのか?

①年周視差　0~300光年

地球から星までの距離をどうやって求めるのか?　その話を簡単にしておきましょう。

まず、地球から近いところにある天体は、「年周視差」というものを使って求めます。

年周視差とはこういうことです。太陽の周りを地球が回っています(図2C-1)。

たとえば夏と冬では地球は太陽に対して正反対の位置にありますので、もし地

図2C－1　年周視差

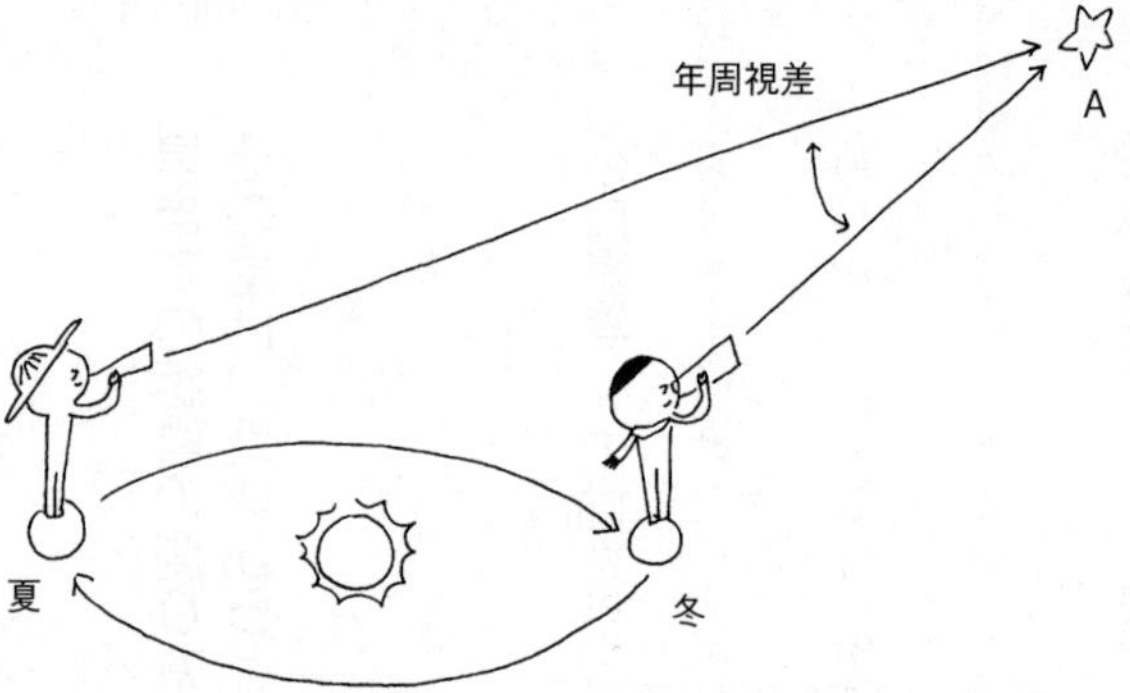

球からAという星を観測したとすれば、夏と冬で見える角度が違うはずですよね。この角度の違い（正確にはその半分）を年周視差と言います。

これを測定することで、三角形の底辺の長さ（地球――太陽間の距離）と頂角（年周視差）から長辺（星までの距離）を求めることができます。三角測量と同じです。

ちなみに、年周視差は「秒」で表します。「1秒」が「3600分の1度」で、これが約3光年の距離に相当します。天文学的には、「光年」よりも「パーセク（pc）」という単位を使うんですが、「1秒＝3600分の1度＝3光年」が、1パーセクに相当します。

年周視差を使えば、100パーセクまで……つまり300光年くらい先にある星までの距離が測れます。300光年って宇宙ではけっこう短い距離なんです。銀河系が直径10万光年くらいですから。

この方法では、「どれくらいの精度で天体の位置（角度）を測定できるか？」が、そのまま、「どのくらいの距離まで測定できるか？」を決めます。90年代に入ってからは人工衛星を打ち上げて、大気圏外からより正確に年周視差を測ることができるようになりました。大気中だと、天体からの光が大気を通るときにぼやけてしまうんですが、大気圏外であれば、その影響がない分、天体はより鮮明に観測できるので、地上の10倍くらい——１０００パーセクくらいまで測ることができます。将来的には、１００００パーセクくらいまで測定可能になるだろう、と言われています。

②ＨＲ図　～3万光年

では、年周視差では測れない、もっと遠くの星に対してはどういう方法を使うかと言えば、「絶対等級との比較」です。

難しそうな言葉ですけれど、簡単に言うと、星ごとに「地球から見た明るさ」

と「実際の明るさ」を比較してやろう、ということです。たとえば、地球から見ると太陽より明るい星なんて存在しませんが、実際には太陽より大きな（明るい）星なんて宇宙にいくらでもあります。太陽がなぜ一番明るいかというと、他の星に比べてはるかに近い位置にいるからです。「実際の明るさ」に対して、「地球から見た明るさ」が暗ければ遠い、明るければ近い、それを定量的に求めるわけです。

「絶対等級」というのは、この「実際の明るさ」のことを表しています（恒星を10パーセク先に置いた場合の等級で表します。たとえば太陽なら、地球から見れば「-26・8等星」ですが——0等星より明るい星の場合はマイナスになります——10パーセクの距離から見ると「4.8等星」です）。

さて、ここで問題が生じます。年周視差すら測定できない遠い星の「実際の明るさ」をどうやって調べるのでしょうか。

実は、「実際の明るさ」と、その星の「色（スペクトル）」の間には、相関関係があることがわかっているのです。恒星の光は、水素を燃やすことによって（核融合反応によって）発生しているのですが、それぞれの星の反応の活発さの度合いによって、温度（反応熱）が違うのです。温度が高い星だと色は青く、温度が低い星だと色は赤いのです。

こちらの図は、ヘルツシュプルング・ラッセル図（HR図）と言いまして（図2C‐2）、ヘルツシュプルングとラッセルという二人の天文学者が作った図ですが、縦軸が「絶対等級」、横軸が「星の色（スペクトル）」です。まず年周視差が測れるほど地球から近いところにある、「絶対等級」も「スペクトル」も両方わかっている星を、この表の中に当てはめていきました。すると、ほとんどの星はこの線上（主系列）に位置していることがわかりました（図中の↖）。星の色（温度）と、星の明るさには相関関係があったのです。

ここで注意していただきたいのは、その星が地球から遠いところにあろうが近いところにあろうが、星の色には影響がない、ということです（確かに赤方偏移によって色がずれますが、そのズレはごくわずかなので無視して構いません。ものすごく遠い天体は無視できないくらいズレが大きくなるのですが、その場合、そもそもこのHR図の範囲に入りませんので気にしなくて大丈夫です）。あくまで星の色は、地球からの距離に関係なく、その星の活動具合によって決まっているのです。

通常の星は、その生涯のほとんど――最後の瞬間を除いたほとんどの時間――を、このような主系列にある星（主系列星）として過ごします。地球から観測できる範囲で、星がこのような性質を持っていることがわかれば、もっと遠くにあ

図2C－2　HR図

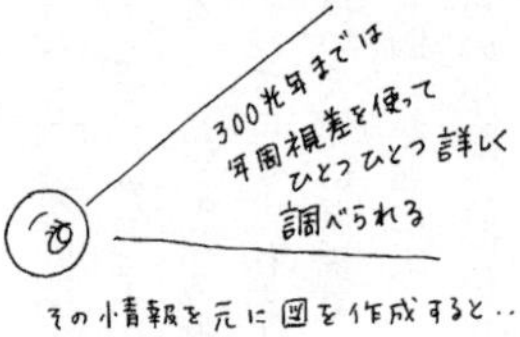

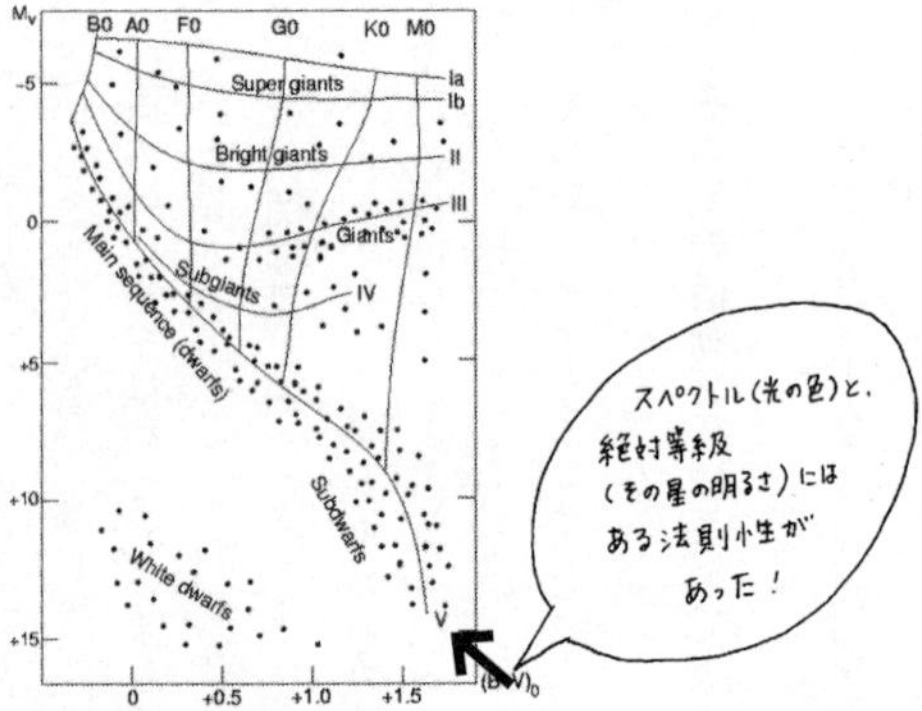

ヘルツシュプルング・
ラッセル図

この図の法則性を用いれば、
3万光年くらい先の星の
絶対等級もわかる!

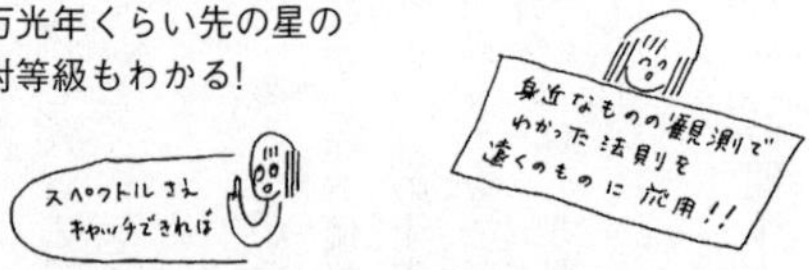

る星だって、同じような性質を持っているに違いありません。恒星はどれも同じように水素から出来ていて、同じような仕組みで燃えて光を発していますので。

年周視差が測定できない遠い星も、色（スペクトル）さえ測定できれば、このHR図に当てはめることで、実際の明るさ（絶対等級）がわかる。絶対等級がわかれば、あとは先に述べたように、地球から見た明るさ（見かけの等級）との比較によって距離がわかる、というわけです。

ただしこの方法は、年周視差のような正確さで距離を求めることはできませんし、観測できる範囲も、星がひとつひとつバラバラに観測できるような、それほど遠くはない天体に限ります。この方法が通用するのは、だいたい10キロパーセク程度（3万光年程度）。我々の銀河は直径10万光年ですから、その外にある別の銀河の星などは、この方法が適用できないのです。

重要なのは、遠い星の距離を求めたい場合に、いきなりそれを求めるのではなく、近い星についていろいろ調べた上でわかった関係を応用していることです。天文学に限らず、科学というものは必ず、まずわかるところから順番に調べ上げ、そこでの法則性を使って、さらに一段一段ステップを踏んで、遠くのものを追い求めていくものなのです。

③セファイド型変光星　～6000万光年

さらに遠い天体の距離の求め方は、これも皆さんには聞き慣れない言葉だと思いますが、「セファイド型変光星」を使う方法です。「変光星」とは、ある周期で明るくなったり、暗くなったりする星のことです。

太陽などは変光星ではなく、いつでも同じくらいの明るさなのですが、宇宙は広いもので、明るくなったり暗くなったりする星もあるわけですね。その明暗の「周期」と「実際の明るさ」に、非常にきれいな相関関係があるのが、このセファイド型変光星と言われる星なのです（この型の変光星が初めて見つかったのが、ケフェウス座〈Cepheus〉という星座だったので、そこからこの名前が採られています）。

セファイド型変光星は、明暗の周期が長いほど絶対等級（実際の明るさ）が明るいことがわかっています。中には、我々の銀河の外にある別の銀河内の星でも、個別に識別できるほど明るいものもありまして、その周期から絶対等級を求めれば、あとは、先ほど述べた、絶対等級と地球から見た明るさ（見かけの等級）との比較によって距離がわかります。この変光星の周期を利用すれば、別の銀河ま

図2C－3　セファイド型変光星

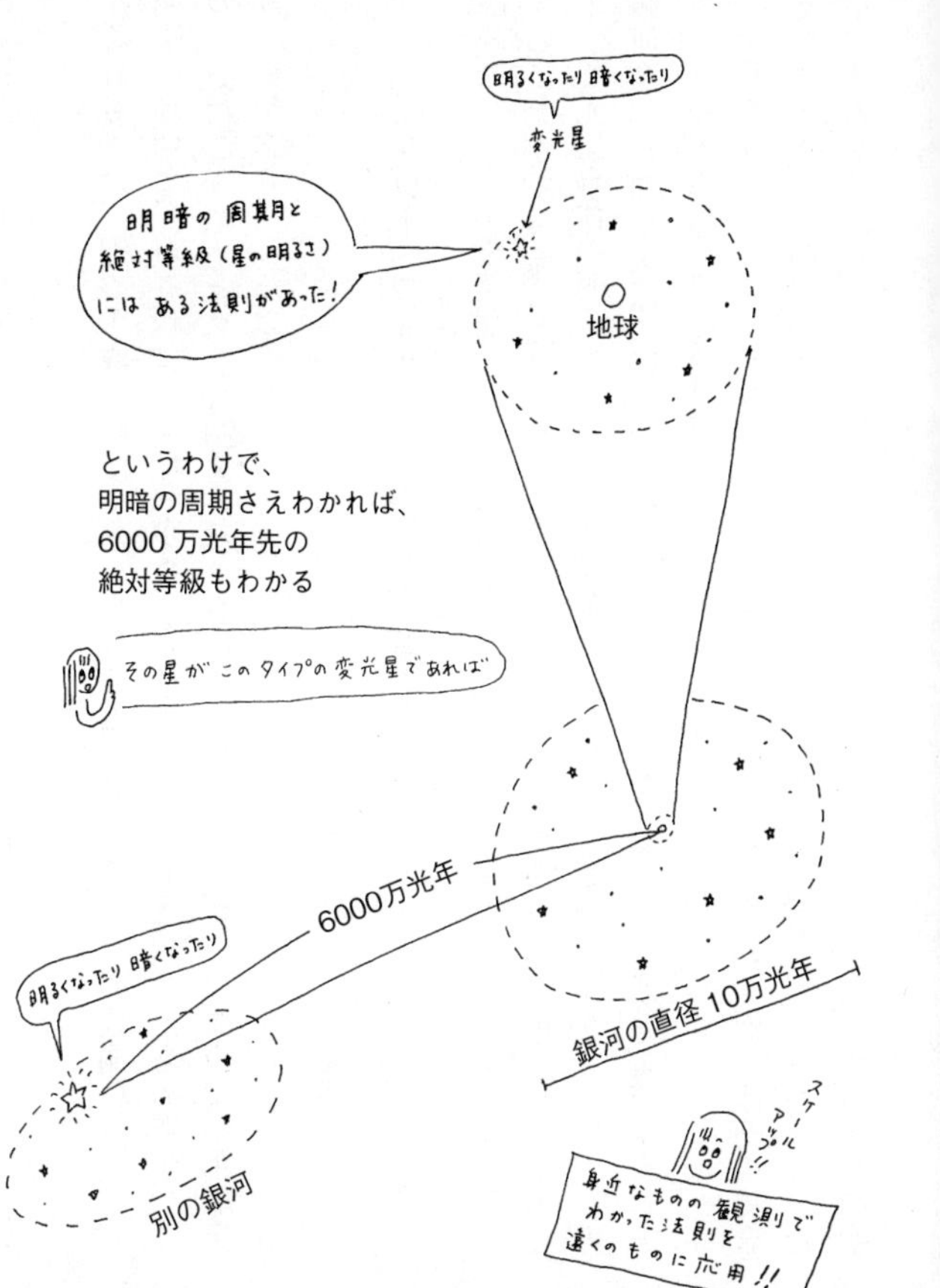
明るくなったり 暗くなったり
変光星
明暗の 周期と
絶対等級（星の明るさ）
には ある法則があった！
地球
というわけで、
明暗の周期さえわかれば、
6000 万光年先の
絶対等級もわかる
その星が このタイプの変光星であれば
6000万光年
明るくなったり 暗くなったり
銀河の直径 10万光年
別の銀河
スケールアップ!!
身近なものの観測で
わかった法則を
遠くのものに応用!!

での距離という、非常に遠い距離を測ることができるわけです。

これもまた、別の手段で距離が求められる近い星（変光星）の観測によって、明暗の周期と絶対等級との関係を求め、それを遠い星へと適用したものです。この方法だと130パーセクから20メガパーセク（6000万光年）程度までの距離を測定できます。

④タリー・フィッシャー法　〜3億光年

セファイド型変光星を使うことで、我々の銀河とは別の銀河までの距離を測定することができました。その距離がわかれば、地球から見た銀河全体の明るさ――変光星単体の明るさでなく、銀河全体の明るさ――を測定することで、その銀河全体が放つ実際の明るさ（つまり銀河の「絶対等級」→「絶対光度」と言います）を求めることができます。

それを研究していたタリーとフィッシャーという天文学者が、渦巻銀河の場合、その絶対光度と回転速度の間には、きれいな相関関係があることを見つけました。星は水素が核融合して輝いているわけですから、大雑把に言えば、銀河全体の明

図2C－4　タリー・フィッシャー法

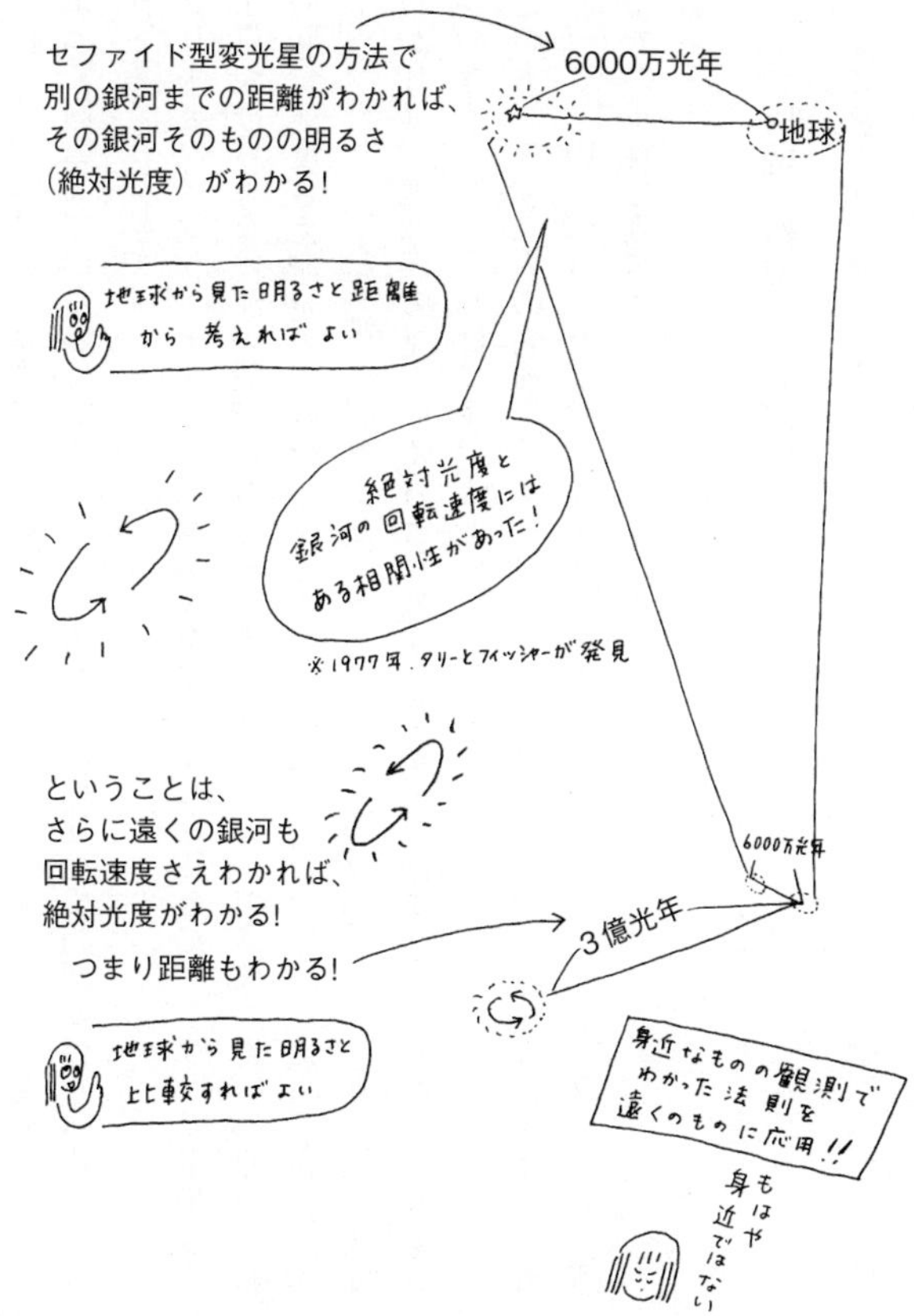
セファイド型変光星の方法で
別の銀河までの距離がわかれば、
その銀河そのものの明るさ
（絶対光度）がわかる！
6000万光年
地球
地球から見た明るさと距離から考えればよい
絶対光度と銀河の回転速度にはある相関性があった！
※1977年、タリーとフィッシャーが発見
ということは、
さらに遠くの銀河も
回転速度さえわかれば、
絶対光度がわかる！
つまり距離もわかる！
6000万光年
3億光年
地球から見た明るさと比較すればよい
身近なものの観測でわかった法則を遠くのものに応用!!
もはや
身近ではない

るさは、銀河全体の質量を表しています。銀河は、その中に含まれる物質の重力によって回転しているわけですから、明るさと回転速度に相関関係があることは、当然と言えば当然です。

タリーとフィッシャーがその相関関係を定量化したことで、セファイド型変光星を見つけられない遠い銀河にもそれを応用することができました。つまり、銀河の回転速度さえ測定できれば――天体の速度は第二章で述べた赤方偏移（スペクトルのズレ）から正確に測ることができます――絶対光度がわかり、絶対光度がわかれば、地球から見た明るさと比較することで、地球からの距離を求めることができる、というわけです。

この方法を、二人の名前を採って、タリー・フィッシャー法と呼びます。これによって、10メガパーセク（3000万光年）から100メガパーセク（3億光年）程度までの距離を測定することができます。

⑤Ia型超新星　~30億光年

さらに遠くまで測る方法は、「Ia《アイエー》型超新星」を利用した方法です。超新星とは――第一章でご説明しましたが――巨大な恒星が死を迎えるときに起こす爆発の

図2C－5　Ia型超新星爆発

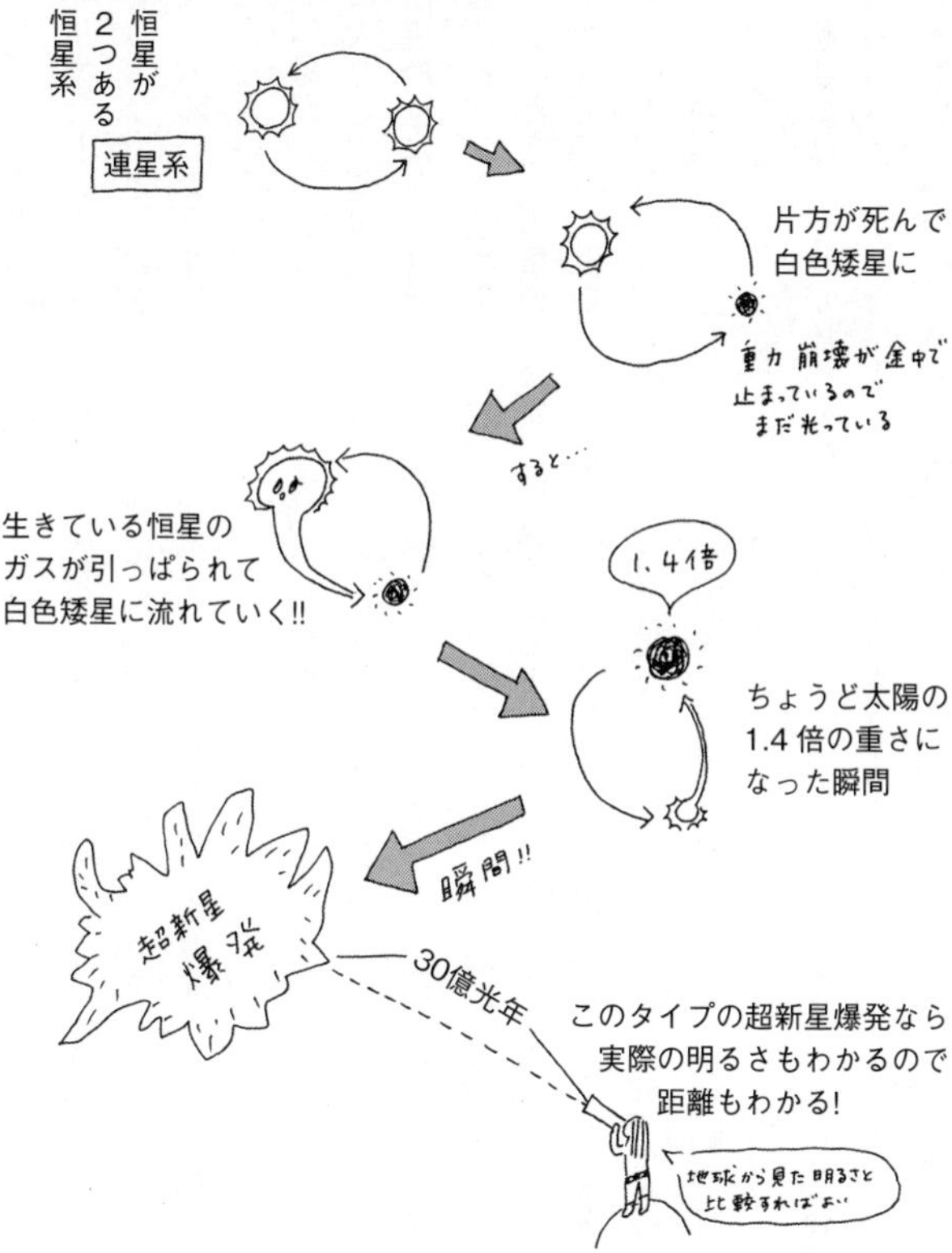
恒星が2つある恒星系
連星系
片方が死んで白色矮星に
重力崩壊が途中で止まっているのでまだ光っている
すると…
生きている恒星のガスが引っぱられて白色矮星に流れていく!!
1.4倍
ちょうど太陽の1.4倍の重さになった瞬間
瞬間!!
超新星爆発
30億光年
このタイプの超新星爆発なら実際の明るさもわかるので距離もわかる!
地球から見た明るさと比較すればよい

ことです。この超新星には、いくつか種類があるんです。

「Ia型」というのは、連星系の超新星のことを言いまして、「連星」とは何かというと、たとえば我々の太陽系だと、恒星は太陽1つしかありませんが、宇宙には、太陽のような恒星が2つある、そういう恒星系もありまして、それを「連星系」と言います。

恒星が2つあって、仮に片方が先に死んだとします。それが太陽程度の標準的な大きさの恒星だった場合、どうなるか覚えていますか？　そういう星が死ぬと白色矮星になります（図1-12／45ページ）。すると、その白色矮星と残りの恒星は、ペアになってお互いにぐるぐる回り合う――そういう「連星系」になります。

そのとき、恒星のガスが、白色矮星の重力に引っ張られて、白色矮星のほうに流れ落ちていきます。そして、白色矮星はそのガスを吸収してどんどん大きくなっていき、ちょうど太陽の1.4倍の重さになったそのとき、超新星爆発を起こします。この「太陽の1.4倍の質量」のことを、最初に提唱した学者の名前を採って、「チャンドラセカール質量」と呼びます。

超新星は、それが放つ光のスペクトルによって分類されるのですが、Ia型超新星のスペクトルには、水素の吸収線が見られず、代わりにケイ素の吸収線が見られるという特徴があります（吸収線とは、原子特有の「吸収しやすい波長」のところだけスペクトルが欠けてしまうことで、その吸収線の波長を測定することで、どんな原子が含まれているかがわかります)。つまりそういうスペクトルが観測できれば、前述のようなメカニズムでちょうど太陽の1.4倍の質量で爆発が起きた、そういう超新星だとわかるわけで、であれば、実際はどれくらいの光が出ているか(絶対光度)もわかり(太陽の1.4倍ちょうどの重さで爆発しているので)、あとは、これまで同様、地球から見えている明るさと比べることで、距離もわかる、というわけです。

超新星は極めて明るいので、1ギガパーセク、30億光年先までの距離を測ることができます。

これより遠い天体の場合は、ちゃんとした距離の測り方はもうないです。あとは、ハッブル定数の傾きが正しいと信じて、後退速度から逆算するわけですね。天体の距離dと、後退速度vとには、比例関係があり、ハッブル定数をHとすると、「v=Hd」となります。このハッブル定数が現在測定されているもので正しいとすれば、その後退速度を測定することで、「d=v/H」で求めることができます(後退速度は、赤方偏移の量から求めることができます)。

このように、天体までの距離は、その遠さに応じて、様々な方法を駆使して測定することになります。そのどれもが、それよりも近い距離の天体の挙動を観測して得られた知見を基に、少しずつステップアップしていったものなのです。

第三章

暗黒物質
そこにいるのに捕まえられないものを、いかに捕まえるか？

今日も大勢の方にお越しいただきまして、ありがとうございます。たぶんこれは、僕のせいじゃなくて、「宇宙」の力だと思いますけどね。

僕が働いている筑波には、いろんな研究所が集まっています。我々の研究所は素粒子物理学の実験施設なんですけれども、一方で、宇宙のことを研究するJAXA《ジャクサ》（宇宙航空研究開発機構）のような組織もあるわけです。イベントをやると、お客さんの入りがぜんぜん違う。JAXAはめちゃめちゃ人気なんです。僕らのところはかなり過疎《かそ》ってる……。

宇宙論と素粒子物理学はだいたい似ている分野なんですよ。素粒子のことを知らないと、宇宙のことは理解できないんです。なのにすごく落差があって……宇宙ってほんとに人気があるんですよね。

星は必ず動いている

さて、今日は暗黒物質の話をしていこうと思うんですが、その前に、前回のニュートン

図3－1　人工衛星の運動

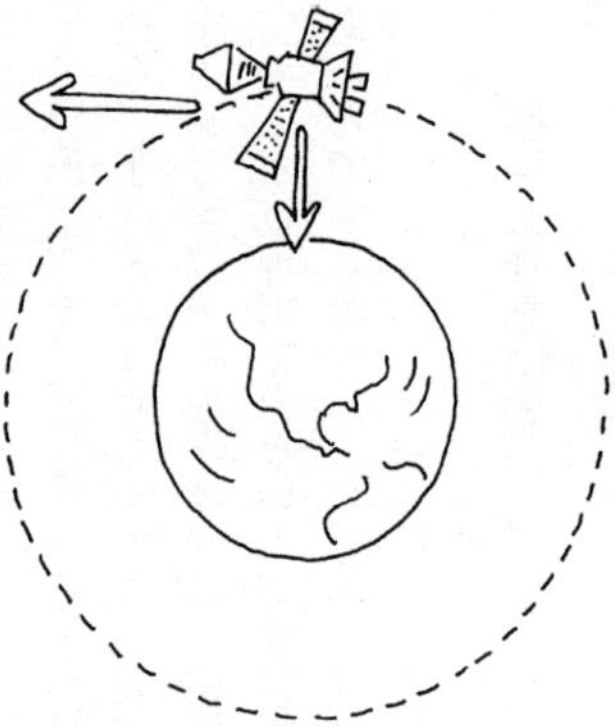

の「運動の法則」の話を思い出してください。「なぜ星が地球に落ちてこないのか」を考えて、ニュートンは「動いているからです」という答えを出したわけです。

もし動くのを止めたら落ちていきます。たとえば、これが人工衛星が地球に落ちる前の状態ですけれども、地球の上に止まった状態で浮かぶことはないんですよ。必ず重力が働いているので、止まってしまったが最後、地球に向かって落ちていくんです。それが落ちてこないのは、重力に対してある方向に運動しているからです。

この図（図3－1）の場合は、人工衛星がちょうどぐるぐると地球の周りを回っている。その飛んでいる運動と、重力とがうまい具合に釣り合って落ちないわけなんです。落ちないように必死に運動しないといけない。

重力と運動は常に表裏一体だということを頭に入れておいてください。重力が働いているところでは、物は運動している。逆に言うと、運動している天体があったとしたら、それは重力が働いている。

これを頭に入れておいてもらうと、今日の話がわかりやすいかと思います。

公転速度は太陽に近いほど速い、遠いほど遅い

ではまず、太陽系の惑星の回転運動から考えてみましょう。

真ん中に太陽があって、惑星がその周りを回っているとしましょう（図3－2）。太陽に向かって落ちていかないということは、ある速度を持っているということです。そしてそれは中心に近い星ほど速いはずなんですね。実際に、水星なんてすごい速さで回っているんですが、一番外側の海王星とかは、かなりゆっくりと回っています。

中心からの距離が遠いほど回転速度は遅くなる――これをグラフにしてみましょう。縦軸が「速度」、横軸が「太陽からの距離」です。惑星の速度をそれぞれ書いてみると、こんな感じになります。太陽に近い惑星は速度が大きい。遠いと速度が小さい。その理由は、太陽に近いほど、その重力の影響を強く受けるからです。重力こそが、回転の原動力なんでしたよね。グラフにすると、こういう曲線を描く、ということを覚えておいてください。

このことを踏まえて、今度は銀河の話をしてみましょう。

これはアンドロメダ銀河です（図3－3）。宇宙戦艦ヤマトが旅立っていったところ

――我々の住んでいる銀河の隣にある銀河なので、よく出てくるんですね。

この銀河を横から見たら、こんなかたちになっています（図3‐3下）。写真のほうでも、真ん中が丸く膨らんだみたいになってますよね？　しかも明るい。なぜなら、真ん中あたりに星がいっぱい集まっていて、周りは星が薄く円盤状に広がっているからです。

これは「渦巻銀河」と言われる銀河の特徴なんですけれども、真ん中の星が集まったと

図3－2　惑星の回転速度

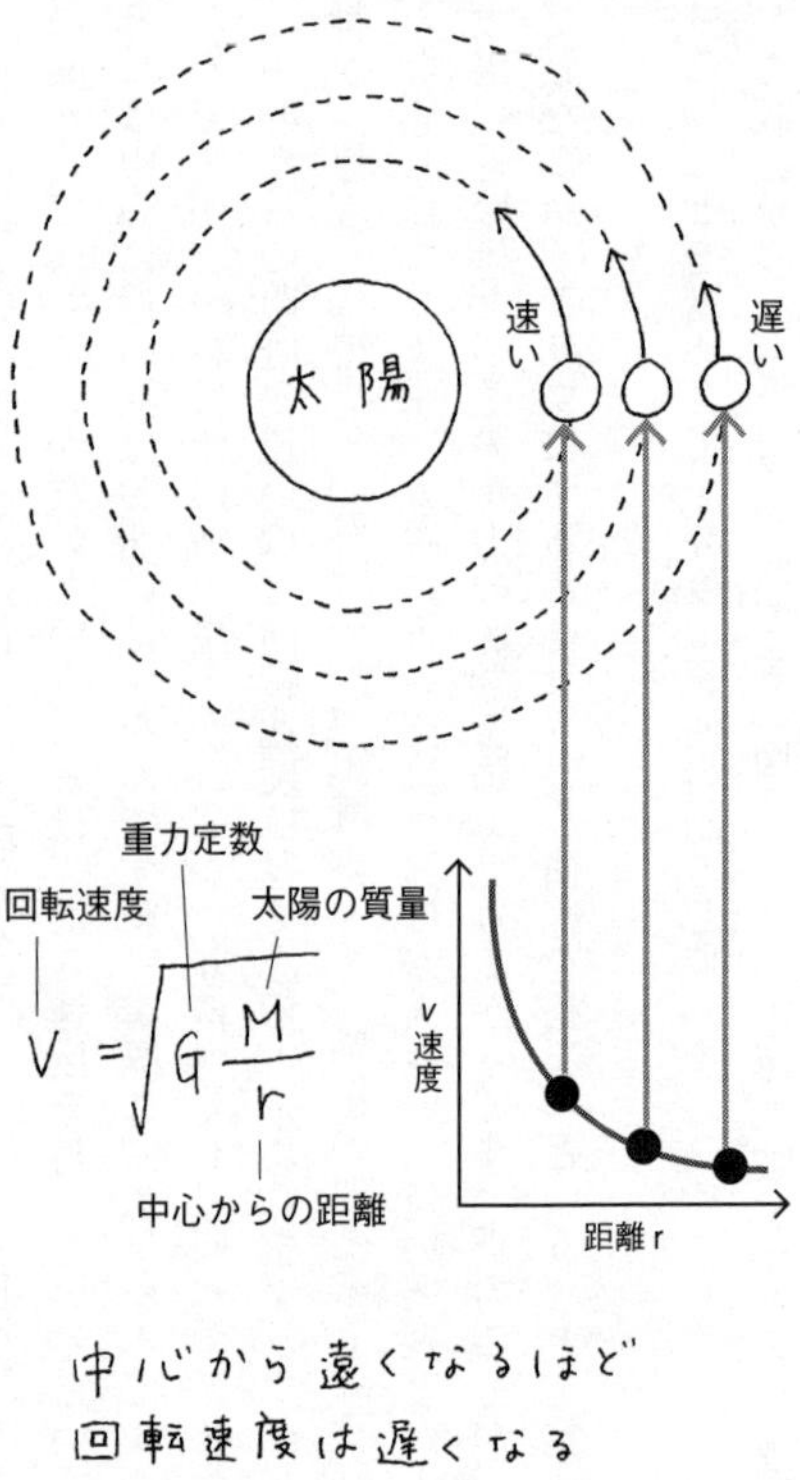

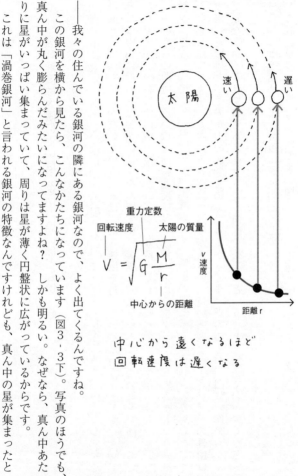

図3－3　銀河の構造

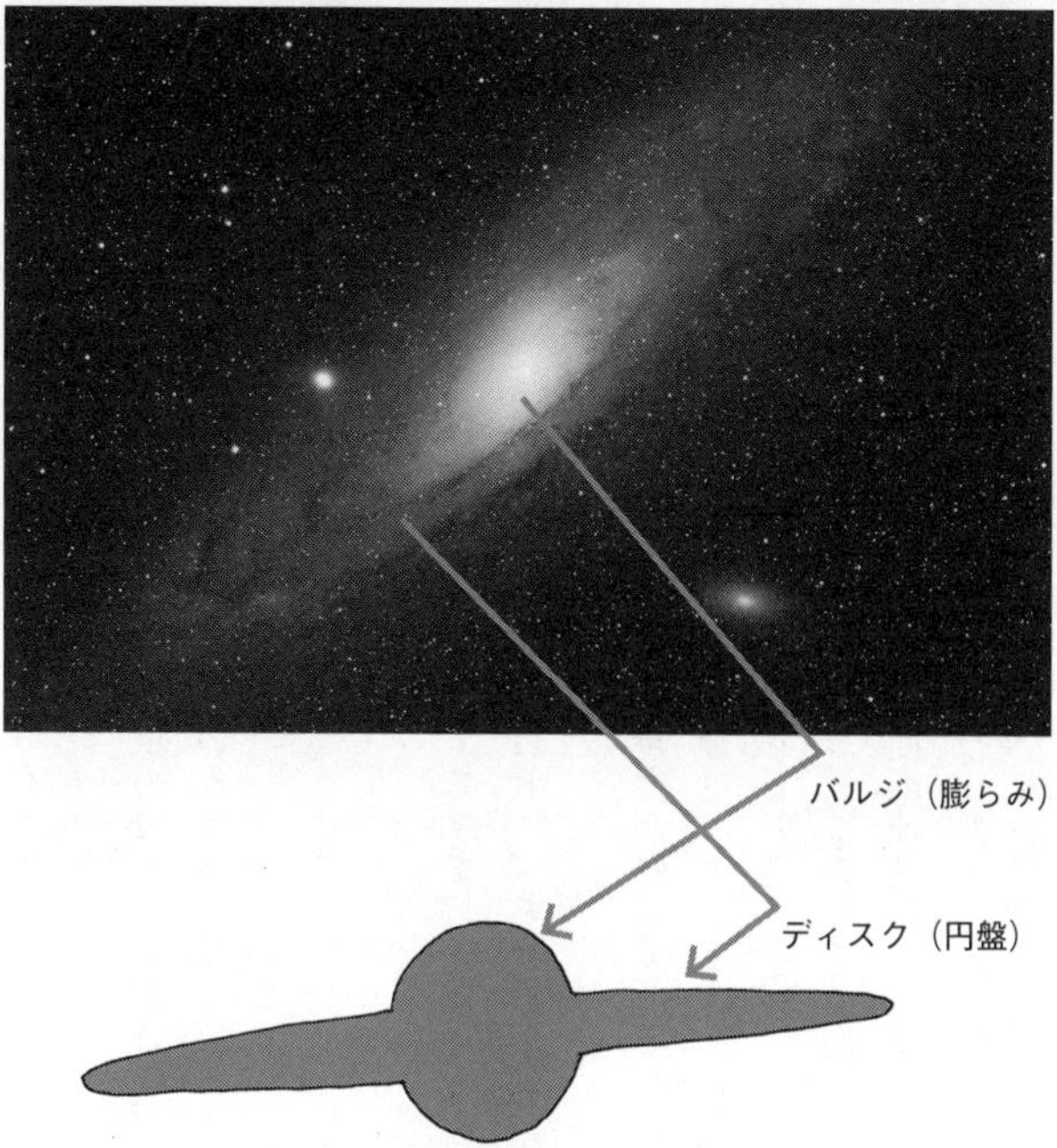

銀河の中で、明るく輝いているところほど、
星がたくさん集まっている。

ころを「バルジ（bulge＝膨らみ）」と呼んでいます。周りは「ディスク（disk＝円盤）」と言います。

そして、この明るさから考えると、星のほとんどがこのバルジに集まっていて、周りのディスクにはあまりない。銀河はそういう構造になっています。

銀河の回転速度がおかしい……

さて、今度は銀河の運動について考えてみましょう。

銀河は止まっているように見えますけれど、ちゃんと観測すると回転していることがわかります。

銀河は星が集まっているので、当然重力が働いているわけですが、最初に言ったように、重力が働いているところでは星は常に運動しています。もし運動を止めたら、バルジに向かって落ちていきますから、必ず回転している。

ディスク上の星の運動について考えてみましょう（図3‐4）。これらの星がどれくらいの速さで動いているか、それぞれの回転速度を測ってみます。

実際にこの測定を行った学者にヴェラ・ルービンという人がいますが――前回出てきたガモフの生徒です――この人が利用した方法は、ドップラー効果です。前回やりましたけ

図3－4　銀河の回転速度（予想）

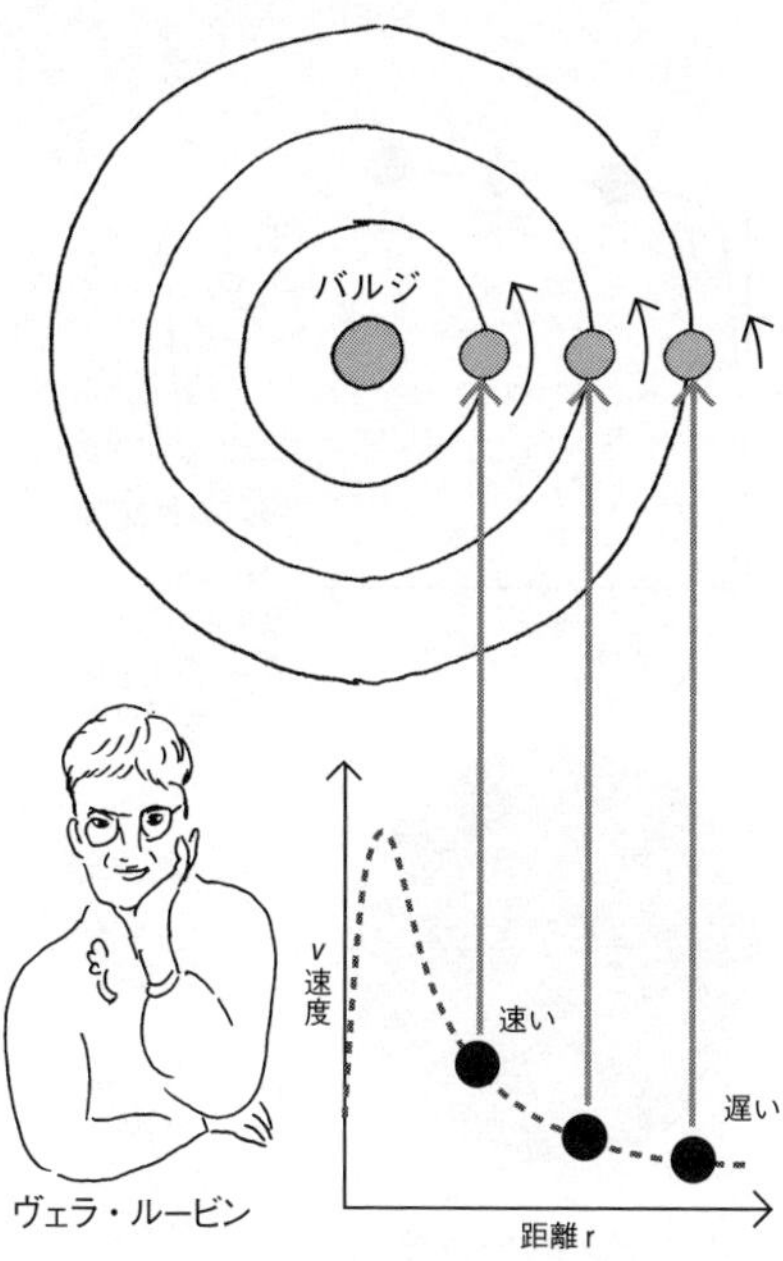

れども、波では必ず起こる現象で、遠ざかっていくとき波長は長くなるんでしたよね？

光の場合、「波長が長い」というのは、色としては赤い方向に動く（赤方偏移）、この偏移量を測定することで星の速度を測ることができる――これが前回のお話でした。

このやり方で、ルービンはディスク上の星の速さを測ってみました。

予想としてはこう（図3－4下）なんですね。バルジに近いほうが速いはずですよね？

ほとんどの質量がバルジに固まっていますから、太陽系と同じで、近ければ速い、遠かったら遅いはずです。こうならないとおかしいわけですね。

ところが。

実際は、どれも回転速度はほとんど同じだった（図3－5）。中心から離れても速度は変わらない、という驚くべきことをこ

図3－5　銀河の回転速度（実際）

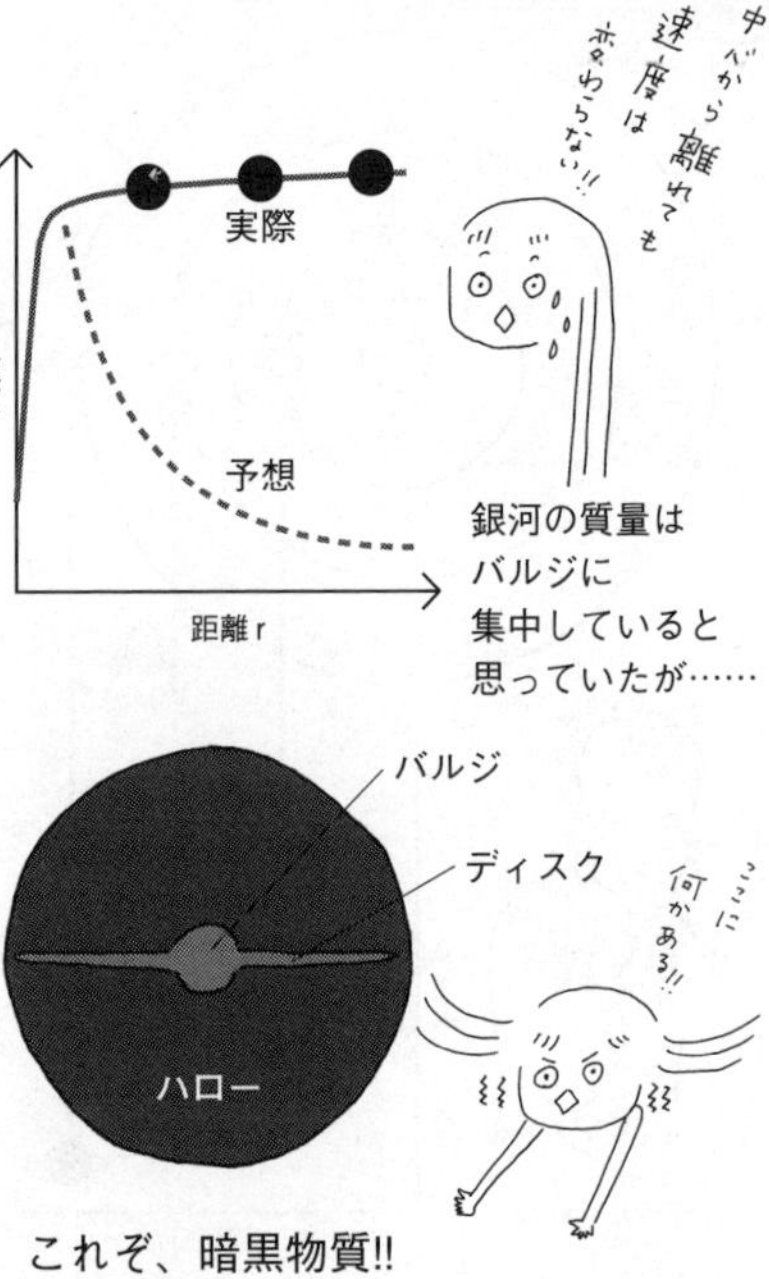
中心から離れても速度は変わらない!!
実際
予想
v 速度
距離 r
銀河の質量はバルジに集中していると思っていたが……
バルジ
ディスク
ハロー
ここに何かある!!
これぞ、暗黒物質!!

の人は発見したんです。これはニュートン力学から考えたらおかしいわけですね。

端っこに行けば行くほど速度は落ちるはずなのに、落ちていないということは、恐らくこんなことが起こってるんじゃないか？　つまり、星はバルジに固まっていて、周りのディスクにはほとんどない状態だと思っていたけれど、そうではなくて、星以外の何かが、この［黒］で囲ったところに詰まっているんじゃないか？（図3－5下）大きな質量を持つ何か――光では見えていない何かがここにあるはず……。

この［黒］で示した領域を「ハロー（halo＝後光）」と呼びます。このハローの中に詰まっている何か――それが暗黒物質だと考えられています。今日の主役です。「ハロー」って名前はかわいいのに、「暗黒」なんです。
宇宙の謎のひとつ、今日はその謎のお話です。

球形の愚か者!

こちらはツヴィッキーという学者です（図3-6上）。この人は超新星の大家で、フリッツという名前からもおわかりのとおり、ドイツ系なんですが、スイス人です。研究はアメリカで行っていました。

頑固親父というか、自分は頭がいいからなんでしょうけど、よく人を罵倒したらしいんですよ。その罵倒の仕方にバリエーションがあって、お気に入りだったのが、「球形《きゅうけい》の愚か者」というフレーズだったみたいです。なぜ「球形」かというと、どこから見ても愚か者だという……頭が良くないと笑えないジョークですよね。ドイツのジョークってそういうのが多いんですよ。よく考えられているんだけど、面白くない。

先ほどのルービンは、70年代くらいに銀河の回転速度を調べて、「どうも暗黒物質があるらしい」という結論を出したんですが、このツヴィッキーは、さらにその40年くらい前——1930年代に、ある驚くべき発見をしていたんですね。「暗黒物質」なんていう名前も概念もなかった時代です。何かというと、この人は銀河の中の星一個一個の回転運動

図3－6　銀河団の運動

フリッツ・ツヴィッキー

かみのけ座銀河団　NASA

ではなくて、銀河そのものの動きを調べたんです。

これは「かみのけ座銀河団」と言って、このぼやっと光ってる円盤状のもの一個ずつがすべて銀河です（図3-6下）。銀河がたくさん集まっているものを「銀河団」と呼んでいます。

当然ながら一個一個は、銀河なのでめちゃくちゃ重いわけですが、その重い銀河がたくさん集まっているので——集まっていると言っても相当な距離のなかで集まっているわけですが——とんでもない重力が働いています。重力が働いている、ということは当然ながら運動しているんでしたよね。ツヴィッキーはその、銀河の運動を調べたんですよ。

ニュートンの運動の法則を使えば、速さを調べることで、質量を見積もることができるわけです。厳密に銀河一個一個を計算しようとすると、ものすごく難しい計算が必要なんですけれども、統計力学という、そういうものをまとめて扱う学問がありまして、それを使えば比較的簡単に求められます。

星にあなたの名前を付けて差し上げます

ちなみになぜ「かみのけ座」という名前かと言えば、星座は「あれとあれを結んだらこんなかたちしてるね」と言うところから始まったんですが、世界中で違うことを言っていたら混乱するので、「統一しましょう」ということになって、これはオリオン座、これは小熊座——どう見ても熊に見えないですがね——と国際天文学連合という組織が決めたんですね。「髪の毛」みたい、というのも不思議ですけれど、その組織が「かみのけ座」と名付けたわけです。

またぜんぜん関係ない話ですが、そのように星には、星座と、あと一等星だけは名前が決められているんです。ベガとかアルタイルとか聞いたことがありますよね？　ところが二等星以下は基本的に名前がない。二等星で名前が付いているのは、北極星だけです。後は決められていないから、勝手に名付けてもいいんですね。

それで、実はそういう商売があって、「星にあなたの名前を付けて差し上げます」って、いくらか払うと認定書みたいなものをくれるんです。でも実際は国際天文学連合から承認を得ているわけでもなく、まったく勝手に名前を付けているだけですからね。お金なんて払わなくても、自分で勝手に名前を付けても同じです。知らない人は騙されてしまうんですけれど。

失われた質量《ミッシング・マス》

横道に逸れましたが、ツヴィッキーは銀河の動きを調べて、それらの速度から、銀河団の全質量を計算しました。

一方で、銀河は星の集まりなので、太陽何個分の明るさだから、太陽何個分の重さ、というように、明るさからも質量は求められるんです。

それぞれ違う方法で銀河団の質量を求めることができるわけですが、本来はこれがある程度合っていないとおかしいですよね？　ところが、ぜんぜん違っていた。どれくらい違ったかというと、2倍とかそんなレベルではなくて、400倍……。違いすぎですよね？

何らかの理由で400倍の差がある。なぜこんなにも合っていないのか？

それで、当時は「暗黒物質」という考え方がなかったので、ツヴィッキーはこういうふうに名付けたんですね。「missing mass（失われた質量）」。つまり、どこかに消えてる質量があると。しかも400倍も……。

先ほどのルービンと同じで、運動の法則から考えると、輝く星以外の部分にも何らかの質量があるはずなんです。ただ光っていないので、僕らには見えない。ルービンの場合は、銀河の内部に何かがあるという話でしたけれど、銀河の外部にも、やはりあるんですよ、何かが。

暗黒物質以外の解釈① プラズマ宇宙論

ところで、「暗黒物質がある」という解釈は、よく考えたら変な言い方ですよね。何かわからないけど目に見えないものがあるなんていうのは、「そこに霊がいる！」みたいな感じです。なので、「目に見えない何かがある」以外の解釈を考えた人もいるわけです。別の理由があるはずだと。

いろんな解釈がありますが、有名なものを2つ例として挙げてみましょう。

ひとつは、「プラズマ宇宙論」です。

宇宙には、星になれなかった粒子——ガスみたいな状態の粒子が漂っていまして、それらは電離した状態（プラズマ状態）ですよと。「電離」とは、原子の状態ではなく、原子核（+）と電子（−）の状態に分かれている状態です。原子だと、+と−が打ち消し合って中性ですが、電離していれば、当然そこには電磁力が働きます。つまり、重力だけではなくて電磁力分も加算されて、星の運動が速く見えるだけではないのか？　星の重力だけで考えると辻褄が合わないけれど、電磁力が引き起こす運動も考慮すれば、辻褄が合うのでは……これが「プラズマ宇宙論」です。

運動だけを見ると、うまいこと説明したなという気もするんですが、ところがこの理論には欠陥があって、ビッグバン宇宙論と矛盾するんです。つまり電磁力が働いているなら、重力の作用だけで考えたビッグバン宇宙論は成り立たない。でも前回お話ししたように、ビッグバン宇宙論は証拠が次々と見つかっています。というわけで、プラズマ宇宙論は理論としては問題ありです。

暗黒物質以外の解釈② ニュートン力学の修正

「暗黒物質」以外の解釈のもうひとつはニュートン力学の修正です。ニュートン力学が成り立っていない、とする説です。

ニュートン力学は、太陽系のなかの運動を説明するには非常によく出来ているんです。運動の状態から重力を求めたり、重力から運動の状態を求めたりする理論ですけれども、我々の地球上の世界は基本的にニュートン力学に従って設計されていますから、それが「合っていない」って言われると、「明日からどうしようか?」ということになってしまいます。

たとえば、地球の質量を「運動から求めたもの」と、地震波の伝わり方といった「密度から求めたもの」を比べても、ものすごい精度で合っているんです。だから惑星ぐらいだったら、ニュートン力学は非常にうまく説明できるんですけれど、もっと大きな銀河になると、成り立たないんじゃないのか？

そう言われたら、実際に先ほどの問題があるから、そうなのかな？という気もしますけど、ただですね、理由がないんですよね。惑星の大きさだったら成り立つのに、銀河だと成り立たない、ではどこから成り立たなくなるのか？　大きなスケールでのニュートン力学を否定するための根拠がない。

もうひとつ、「重力レンズ効果」という、前々回ブラックホールのときに話しましたが、重力によって光が曲がるというあの現象を、一切説明できないんですね。ニュートン力学の修正で説明しようとすると、「暗黒物質があるだろうと思われる空間」には何もなくてもよい、ということになります。でも実際は重力レンズ効果でそこには確かに質量があることがわかっています。相対性理論という、重力の最も基本的な理論と矛盾してしまう、ということで「これもちょっとなあ」と思われています。


というわけで、従来の理論や法則——ニュートン力学や相対性理論がやはり正しい、とするなら、「目に見えない暗黒物質というものがあるからこんな現象が起こっているんだ」と解釈したほうが自然だ、そういう流れに今はなっているんですね。

基本法則を疑うな、というパウリの教え

これも余談なんですけれど、この「何かわからないものが出てきたからといって、従来の理論や法則を疑わず……」と言いながら、僕は「はっ！」とあることに気付いたんです。拙著『すごい実験』に書いたことなんですが、ニュートリノという粒子が最初に提唱されたときと似ているなあって。

どういう話かというと、中性子に関することなんですが、その中性子は原子核の外に単独でいると自然に壊れて、陽子と電子に変わります。そのとき、最初に中性子が持っていたエネルギーと、陽子と電子になってからのエネルギーを比べると計算が合わない……。わずかにエネルギーがどこかに消えているんです。

エネルギー保存則（加えて運動量保存則）という非常に重要な基本法則が破れているので、当時話題になったんですね。「エネルギー保存則は素粒子のような小さな世界だと、成り立たないんじゃないのか？」。これ、さっきの話と一緒ですよね。「ニュートン力学は我々のサイズの世界では成り立っているけど、銀河のような大きな世界では成り立たないんじゃないか」と。

ところがそのとき、パウリという偉大な学者が、「エネルギー保存則のような基本法則

を安易に疑ってはならない」と言ったんです。「ではどうやって説明するんですか？」と訊かれたパウリはこう答えたわけです。「まだ見つかってない粒子があるはずだ、それがエネルギーを持ち去っているに違いない」と。

これも先ほどの話と似てますよね。「目には見えない暗黒物質というものがあるはずだ」。つまり、法則は正しい、単に我々が観測できていないだけで、まだ見つけられない何かがあると考えるべき、というわけです。

パウリが言った、そのエネルギーを持ち去っている粒子は、なんと、それから26年後に本当に見つかりました。その粒子が、ニュートリノです。ものすごく小さい、電気も帯びていない。反応性に乏しい。なので、非常に見つけにくかったわけですが、遂に見つかりました。もともとは、パウリがエネルギー保存則を成り立たせるために勝手に考え出したものなんですが、本当に見つかった。

だから暗黒物質も、そういうものではないかな、ということなんですね。

ハッブル宇宙望遠鏡で、宇宙の質量分布を観測する

では、暗黒物質の正体は何なのか？　という話の前に、先ほど暗黒物質が宇宙に詰まっ

図３－７　銀河の光が歪んでいる……（重力レンズ効果）

©W.Couch, R.Ellis and NASA

ている、ハローに詰まってる、銀河団に詰まってるという話をしましたが、どういうふうに詰まっているのか、ちょっと見てみましょう。面白い絵がありますので。

「重力レンズ効果」、重力によって空間が歪んでしまって、光がまっすぐ進まなくなるという現象は、宇宙全体で起こっているはず……暗黒物質は大きな質量を持っていますから、その周りを通る光は歪んでいるはずですよね。

これは、とある銀河団ですが、銀河の円盤が本当に歪んでますよね？（図３－７）

このように、宇宙のあちこちの光の曲がり具合、空間の歪み具合を調べていきます。このへんはよく歪んでいるから暗黒物質がいっぱいある、このへんは歪み方が小さいからあんまりないと……。

図3－8　暗黒物質の分布

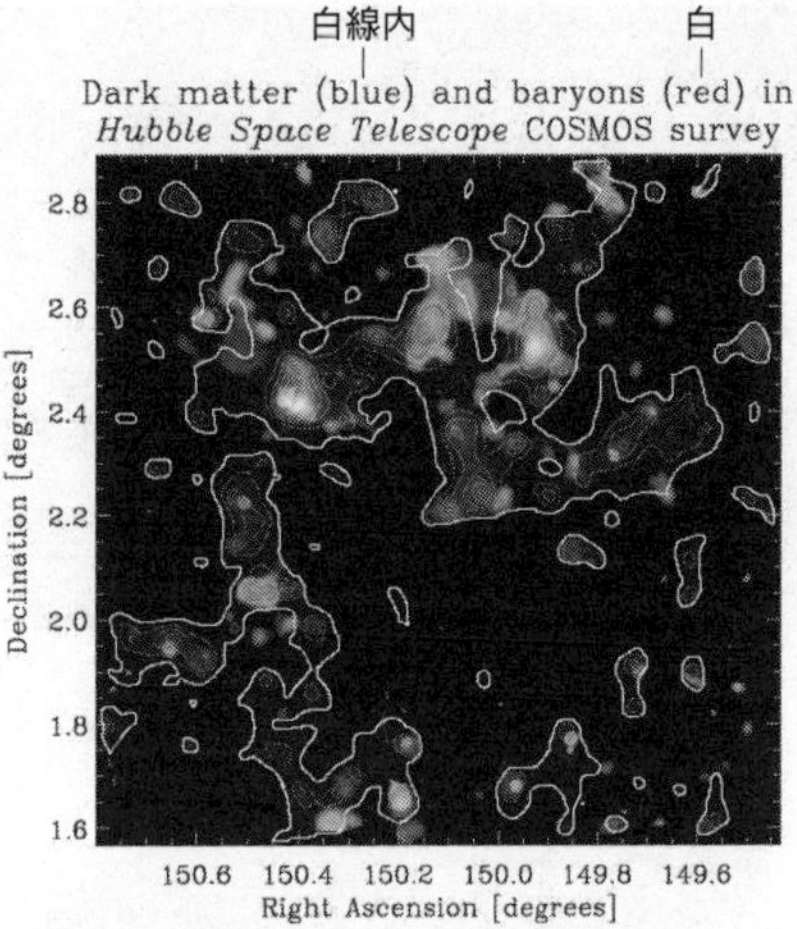

通常の物質と暗黒物質の分布（２次元）

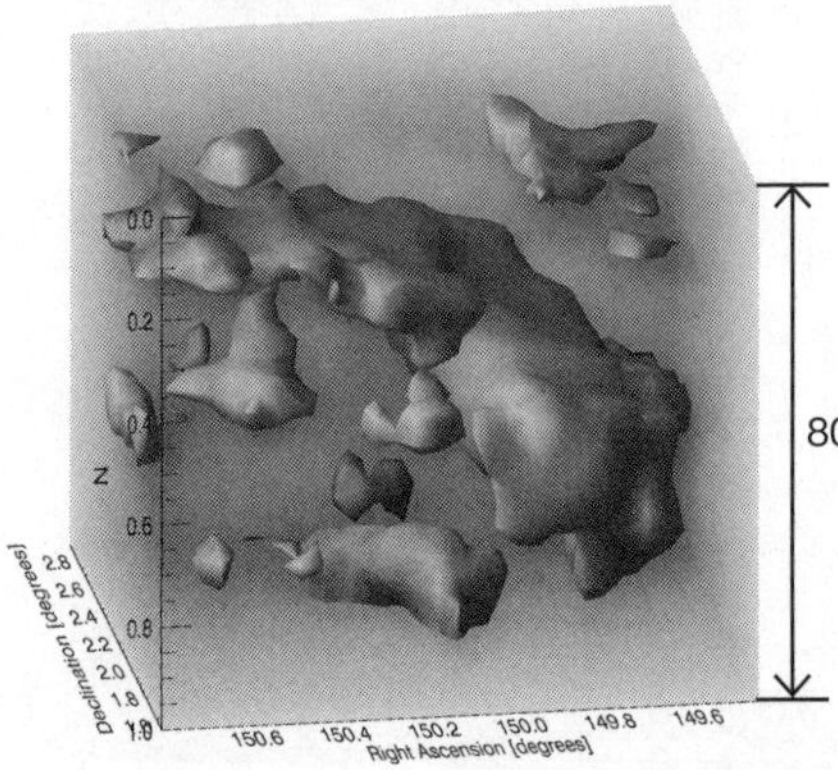

暗黒物質の分布（３次元）　©国立天文台（上図も）

その結果をまとめたのがこれです（図3‐8上）。白くにじんでいる部分が、実際に光として見えるもの。つまり星です。白線で囲んだ内側が、光っていないけれど、空間の歪みから考えると質量が集中しているだろうという部分。つまりここに暗黒物質があると考えられています。これを3Dで表したのが下の図です。スポンジをちぎったみたいな、生姜みたいな状態。暗黒物質はこのように宇宙に分布していると考えられています。均一というより、偏って存在しているんですね。前回の話を覚えておられる方は、ここであることを思い出されるかもしれませんが、また後ほどお話しします。

暗黒物質の分布もこんなにわかってきた。では正体は何なのか？

暗黒物質は宇宙にどれくらいあるのか？

正体についてはもうちょっと焦《じ》らしてですね、暗黒物質が宇宙にどれくらいあるのか？その量を見積もってみます。

最初にご紹介した銀河の回転速度から、我々の銀河にはどれくらいの暗黒物質が詰まっているかを推測できるのですが、たとえば、地球と同じ体積の中に、暗黒物質はどれくらいあると思いますか？　これが意外なほど少なくて、500グラム程度なんですね。驚くほど少ないですよね。

地球はめちゃくちゃ大きいですよ。地球の質量は6×10^{27}グラム。ゼロが27個。それに比べて暗黒物質はゼロが2つ。桁が違い過ぎますよね。

でもこれは、宇宙の中でも極めて特異な場所——地球のように物質がみっちり集まっているところと比べるから少ないと感じるんですよね。暗黒物質が宇宙全体に及ぼす影響を考える際には、通常の物質も暗黒物質も、宇宙全体で考える必要があります。

そこで、宇宙全体の全物質（全質量）を平均密度で考えてみましょう。宇宙全体を粉々にして完全に均《なら》して、その空間から1立方メーターを切り取った場合、その中に含まれるすべての物質の質量はどれくらいか？　それは、陽子の質量に換算して、たった6個分程度です。

さらにそのなかで、陽子などの通常の物質——暗黒でない物質はどれくらいかと言うと、たった0.2個程度に過ぎないのです。

地球のように、物質が極端に集まっているところは宇宙でも非常に限られている一方、暗黒物質は、局所的に見れば量が少ないのですが、薄く、しかも宇宙の至る所に広がっているために、宇宙全体で考えれば、相当な量となるのです。

暗黒物質は消費税のように分布している

ところで皆さん、もうすぐ消費税が上がりますよね。どうしていろんな税のなかから、消費税をアップしようとするかわかりますか？

あれは、税金の取り方の原則に従っているんです。税金は金持ちから取ってはいけないんです。金持ちから多く取ろうとしたところで、金持ちなんて世の中に大していないんです。なので、圧倒的に多い庶民から、ちょっとずつ搾り取るというのが正解なんです。薄く広く取る。そうするとたくさん集まる。

暗黒物質も同じです。局所的に見ると薄いんですが、宇宙全体に広がっている。薄く広く存在している。宇宙のなかで通常の物質が固まっているところなんてほんのわずかです。それよりも、宇宙のあらゆる場所にいる「庶民」から、ちょっとずつ集めたほうが、量ははるかに多くなる。

消費税以外にも最近住民税も上がって、さらに僕は公務員なので、「8％減額」もくらって給料がいっきに減ったんです。震災による研究施設の復旧のため寝る間もなく働いて、ちゃんと成果も出したのに減額。哀しいものを感じますよね。暗黒政治です。

暗黒物質の候補①マッチョ

さあ、ようやく暗黒物質の正体です。結論を言いましょう。

わかっていません。わかった人はノーベル賞がもらえます。わかっていないから「暗黒」なんですね。何かわかったら――たとえば○○という粒子だとわかったら、みんな○○と呼ぶんですよ。わかるまで「暗黒」のままです。

もちろん「わかりません、ははは」で終わってもあれなので、いくつか候補は考えられているんです。暗黒物質は探索もされていますが、闇雲に探しているわけではなく、「○○ではないか？」と推測して、それが検知できる装置を使って探すわけです。

暗黒物質でわかっていることは、まず光を出していない。光っていないから、我々の目には観測できない。仮に光を出していたとしても、可視光ではなく赤外線や電波のような光だろう――だから今まで見つかっていない。

でも、よく考えると世の中には自分で光っているもののほうがめずらしいですよね。地球も光っていませんし、ここにあるコップだって光っていないでしょう？　これが今見えるのは、太陽の光、あるいはライトの光を浴びて、反射して光っているだけで、これ自体が光っているわけではないんです。

というわけでまず最初に考えたのは、「光を出さない天体」です。恒星みたいに輝いていない天体なんて、いくらでもありますよね？　太陽系で言えば太陽以外の星、全部そうです。そういう輝いていない星をかき集めたものが暗黒物質の正体なんじゃないか？　というとても自然な考え方です。

惑星以外にも、たとえば中性子星とかブラックホールとか褐色矮星——ガスが集まって塊になったけれども、核融合の火がつかなかった、恒星になれなかった星です——とかも光っていないわけですから、これらが候補でもいいんじゃないか。

そのような、光っていないけれどもある質量を持っている天体を、「マッチョ（MACHO：Massive Compact Halo Object）」と呼んでます。このマッチョが暗黒物質の正体なのではないか、というわけです。

ただですね、これだとぜんぜん量が足りないんです。最初に説明した銀河の回転速度だとか、銀河の動きとか、ああいうことを説明できるほどの量（質量）がない。少なすぎる……。

太陽系だって、質量の割合を見ると太陽がほとんど全部で、木星が大きいと言ってもごくわずかです。光っていない星を集めても、ぜんぜん数が追いつかない。マッチョって、所詮物質が一カ所に集まった状態、先ほど言った少数の金持ちですからね。暗黒物質の肝は、広く薄く分布していることなので、数が足りないのは当然なんです。

なので、もっと広く薄く分散しているものを考えましょう。

暗黒物質の候補② 素粒子

そこで候補として挙がったのが、「宇宙に広く薄く分布する素粒子」です。星のように固まることができない素粒子——そういう素粒子が宇宙にはたくさんあるはずなので、それを考えてみましょう。

素粒子なら何でもいいわけではなくて、たとえば電気を帯びているものだったら、すでに見つかっているはずです。あるいは、既存の粒子（例えば陽子）と反応するものも、この100年以上の物理学の歴史から見つかっているはずです。これまで見つかっていない、ということは、電気も帯びてなければ、他の粒子ともほとんど反応しない、そういう素粒子です。

「電気的に中性で、通常の物質との反応性に乏しい素粒子」と聞いて何かが思い浮かびませんか？

熱い素粒子の候補――ニュートリノ

素粒子の候補を考えるとき、まず大きく2つに分けて考えます。

HDM（Hot Dark Matter）…ホットダークマターと言われる「熱い」暗黒物質
CDM（Cold Dark Matter）…コールドダークマターと言われる「冷たい」暗黒物質

「熱い」というのは、粒子のエネルギーが高い＝速い、という意味です。たとえば飲み物でも、冷たいものは、中で分子がゆっくり動いていて、速く動き始めると熱くなる。「熱い」「冷たい」とは要するに、中の粒子の速さ（エネルギー）を意味しています。

「ホットダークマター」は非常に速く動いている暗黒物質で、「コールドダークマター」は、ゆっくり動いている（ほとんど動いていない）暗黒物質のことなんですが、このホットダークマターの一番の候補が、ニュートリノなんですね。ニュートリノはほぼ光の速さで動きますから非常に速い（＝熱い）。

しかもニュートリノは、宇宙のなかでは光の次に多いので、数としては大量にあります。もしニュートリノがわずかに質量を持っていたら、宇宙全体としてはものすごい質量になります。

　そして、ニュートリノに質量があることが、今世紀に入ってから確定的になりました。まさに暗黒物質の候補として有望なわけなんですが、ところがですね、これが違っていたんですね。理由は後で説明します。

冷たい素粒子の候補――WIMPとアクシオン

　では、暗黒物質が熱い素粒子（ＨＤＭ）ではなくて、冷たい素粒子（ＣＤＭ）だった場合――ほとんど動いてない素粒子を考えましょう。

　そういう素粒子の候補はいろいろあるんですが、ここでは「重くて冷たい暗黒物質」と「軽くて冷たい暗黒物質」の２つの候補を取り上げます（図３・９）。

　重くて冷たい暗黒物質は「ＷＩＭＰ《ウィンプ》」と呼ばれます。英語で「弱虫」という意味らしいですが、「Weakly（弱く）Interacting（反応する）Massive（質量のある）Particle（粒子）」という、そのままのネーミングですけれど、つまり、こんな呼び方をしている段階でおわかりのとおり、ＷＩＭＰの正体が何なのかがわかっていないんですね。重くて冷たい素粒子の総称です。正体がわかっていません。

　もちろんＷＩＭＰの候補というものはあって、たとえば「ニュートラリーノ」なんてい

図3－9　冷たい素粒子の候補

- 重くて冷たい暗黒物質

  WIMP（Weakly Interacting Massive Particle）

  重い（ニュートラリーノの場合、陽子の 30 倍以上）×少ない

- 軽くて冷たい暗黒物質

  axion：強い力の理論（量子色力学）から想定される粒子

  軽い（陽子の 0.00000000000001 倍程度）×多い

WIMPとaxionの詳しい話は
コラムⅢにのってるよー！

う超対称性粒子——超対称性理論からその存在が予言される粒子——が最も有望です（詳しくはコラムⅢをお読みください）。

軽くて冷たい暗黒物質の候補は、アクシオン（axion）と呼ばれるものです。こちらの素性はわりとはっきりしているんです。

「WIMP」も「アクシオン」も「ほとんど動かない＝冷たい」という共通点があるんですが、WIMPが極端に重いのに対して、アクシオンは極端に軽い。WIMPは、陽子の30倍よりも重い（WIMPがニュートラリーノだった場合）。それに対してアクシオンは、陽子の100兆分の1。素粒子のなかでも断トツに軽い。ただ、アクシオンは数がむちゃくちゃある。WIMP（ニュートラリーノ）は、数はそんなにはない。というように、冷たい暗黒物質の候補は、対照的な在り方をしています。

暗黒物質の探索方法

では暗黒物質を実際に探してみましょう。正体不明なものは探しようがありませんが、今のように候補がわかれば探せます。

たとえば、暗黒物質はニュートリノだと思いましょう。あるいは、アクシオンだと思いましょう。「暗黒物質は○○である」と仮定するわけです。すると、それぞれの粒子の性質の違いをうまく利用すれば見つけることができるかもしれない。

たとえば、ＷＩＭＰの場合は、ほとんど動かない非常に重い何か、ということまでわかっている。そこで――あとで原理を説明しますが――ＷＩＭＰを原子核にぶつけて、原子核が飛び跳ねる様を観察すればいいんじゃないか。

一方でアクシオンの場合は、磁場をかけると光に変わります。光と言っても、可視光ではなくて、周波数で言うと2ギガヘルツ（GHz）くらいの電磁波です。電子レンジの電磁波と同じくらい。電磁波だったら我々も扱えるわけなので、その電磁波を捕まえましょう。

こういうふうに、それぞれ候補を仮定したら、探すことは可能なんですね。

暗黒物質の実験の強みは、わざわざ暗黒物質を人工的に作るマシンを用意しなくても――って何かわからないので作りようがないわけですけれど――測定器さえ用意すればい

図3－10　XMASSの検出器

©東京大学宇宙線研究所 神岡宇宙素粒子研究施設

い、ということです。先ほども言いましたように、宇宙に充満しているので、たとえばここに測定器を置いたら、暗黒物質は自然に入ってくるはずなんです。

液体キセノンを使ったXMASS実験

では、それぞれの実験について代表的なものを簡単にご説明しましょう。

こちらが、WIMPを見つける「XMASS《エックスマス》」という実験の検出器です（図3－10）。きれいな銅の色をした球体がありますが、ここに液体キセノンが入っています。

キセノンは、ヘリウムやネオンなどと同じような、空気中に存在するガスです。このガスの温度を下げていくと、マイナス100℃くらいで、液体になります。液体キセノンにはいろんな特徴がありますが、ひとつは「シンチレーター」になることです。「シンチレーター」とは何かというと、電気を帯びた粒子が通ると、光を出すものです。たとえば、放射線の測定器（サーベイメーター）ってありますよね？　あれも何種類かあるんですが、そのうちのひとつ、ＮａＩ《エヌエーアイ》と僕らは呼んでいるんですが、ヨウ化ナトリウムという結晶を使ったものがあるんですよ。それは固体のシンチレーターです。

放射線（電気を帯びた粒子）がシンチレーターに入ると、光を出します。そこで、光を検出する装置で取り囲んでおけば、光るたびにカウントし、放射線を計測する、という仕組みなんですね。

地球は秒速200キロメーターで動いている

この球体の検出装置は、そういうシンチレーター（液体キセノン）でいっぱいに満たしてあります。

ところがＷＩＭＰというのは、先ほども言ったとおり電気を帯びていません。ですからＷＩＭＰがシンチレーターを直接光らせることは無理なんですけれども、次のように間接的に光らせることができます。

キセノンがいっぱい入っているところに、ＷＩＭＰが飛び込んだとしましょう。ＷＩＭ

Pはキセノンの原子核にぶつかります。

ここが重要なんですけど、先ほども言ったように、冷たい暗黒物質はほとんど動いてないんです。そんな止まっているようなものがどうやってキセノンの原子核にぶつかるかというと、答えは簡単で、地球が動いているからなんですね。しかもけっこう速くて、地球の公転速度は、秒速30キロメーター。人間なんて、全力で走っても秒速10メーターくらいでしょ？　地球は非常に速い速度で太陽の周りを回っているんです。

さらに、銀河そのものも回転していますから、その回転速度は地球の位置では、秒速200キロメーターくらい。めちゃくちゃ速いスピードで今も動いているんですよ。あまり感じませんけれども。

ですから、WIMP自体は止まっているんですが、地球がものすごい速さで動いているので、地球側から見ると、逆にWIMPのほうがどんどん突っ込んできているように見えるわけです。ですので、とりあえずこの検出器を置いておけば、どんどんWIMPが入ってきてくれる。

WIMPがキセノン原子核にぶつかると……

突っ込んできても、反応が弱いのでほとんどが通り抜けてしまうんですが、ごくまれに、

図3－11　XMASSの仕組み

WIMP
キセノン原子核
衝突
1日に1個
あるかないか!!
ピカッ
WIMPがキセノンの原子核に衝突
↓
弾かれたキセノン原子核は
荷電粒子なので、その飛跡は発光！
↓
その光を光電子増倍管で検出

キセノンの原子核に衝突します（図3－11）。

ＷＩＭＰは「重い」――ここがポイントです。もしこれが、たとえばアクシオンやニュートリノみたいに軽かったら、当たってもキセノンの原子核はそのまま動かないんです。軽いものが当たってもびくともしない。

ところがＷＩＭＰは重いために、当たるとキセノン原子核が弾き飛ばされます。原子核というのは、電気を帯びてますよね（＋の電気です）。電気を帯びたものが動くわけですから、シンチレーターの中では当然光が発生します。そしたら、この光を捕まえてやれば、「お、ＷＩＭＰが当たったな」とわかるわけですね。

跳ね飛ばされたキセノン原子核がシンチレーターを光らせる。飛ばされた原子核が玉突きになっているので、光（原子核の軌跡）が四方八方に飛んでいきます。この光を、光電子増倍管を使って検出すれば、おそらくＷＩＭＰを見つけられるだろう、ということなんですね。

水が雑音をシャットアウトする

これが実験装置全体の概念図です（図3-12）。

図のようにコアとなる液体キセノンの検出器を水のタンクで覆っています。この装置は電気を帯びた粒子が突っ込んできたら何でも光ってしまうわけですから、それらを遮蔽する必要があります。

たとえば放射線です。放射線は太陽からも来ますし、そのへんにあるあらゆるもの――人間からも出ていますから、どんどんカウントしてしまうわけです。それに対して、WIMPなんてぶつかるのはごくまれで、1日に1個あるかないか。

そこでそれら放射線のような荷電粒子を遮蔽するために、検出器を水のタンクで覆って、さらに地下深くに埋めています。場所は岐阜県神岡町の旧神岡鉱山の坑道の中です。ここにはニュートリノ検出器のスーパーカミオカンデなど、いろんなものが埋まっています。

ちなみになぜ水かというと、なによりも安いので膨大な量でも簡単に用意できる、ということと、あと水の遮蔽は、この実験で想定されている雑音――除きたい放射線の遮蔽に適しているんですね。水は体積が大きくなることを除けば、最高の遮蔽体なんです。

図3－12　XMASS（全景）

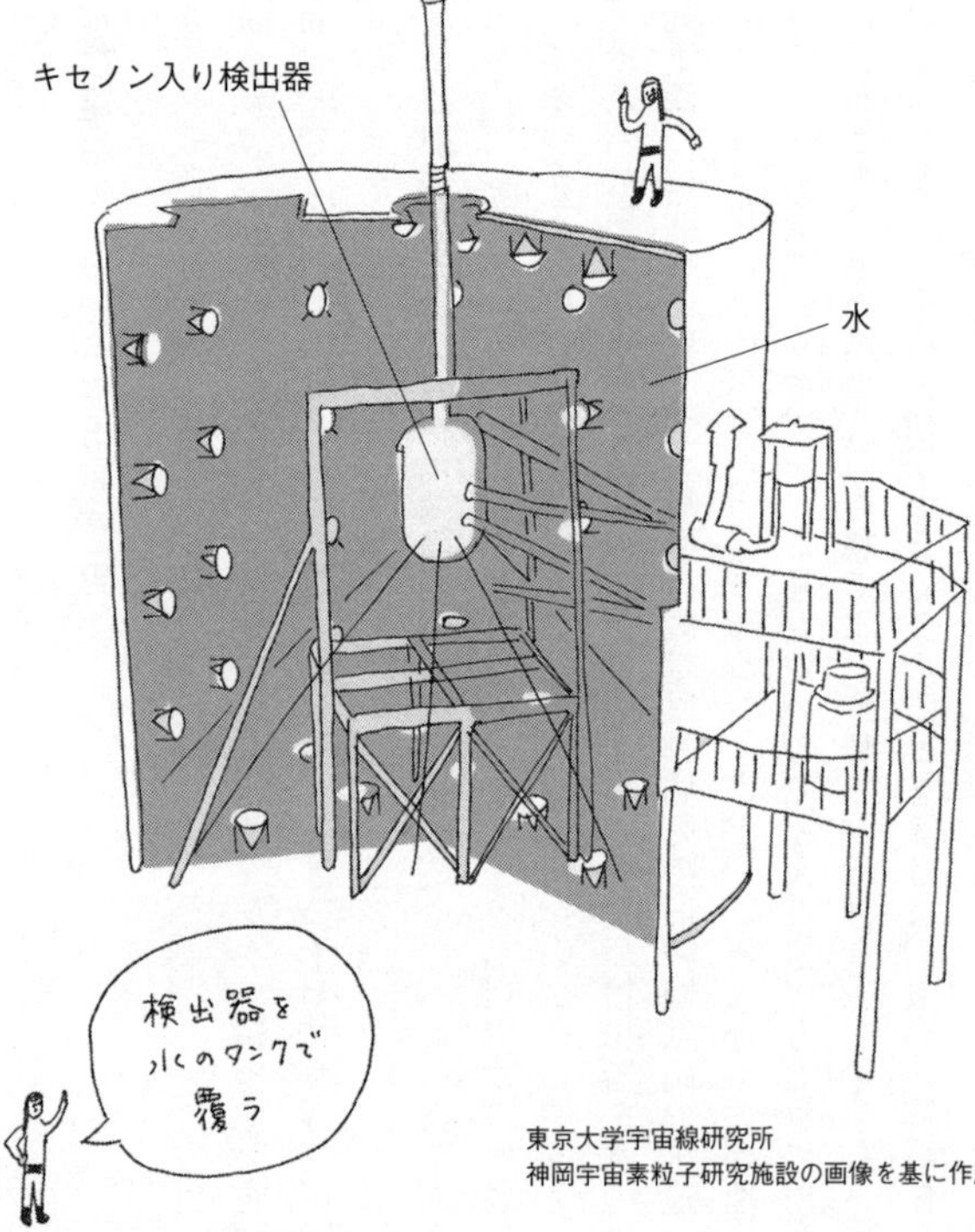

東京大学宇宙線研究所
神岡宇宙素粒子研究施設の画像を基に作成

夏と冬でぶつかり方は違うはず

そうやってＷＩＭＰを見つけよう、というわけなんですが、ここでけっこう面白いことがあるんですよ。

先ほど地球は止まっているのではなく、太陽の周りを公転していると言いましたが、動いている向きが夏と冬では逆向きになりますよね？

もし暗黒物質が宇宙のなかで静止している状態だったら、地球がぶつかる向きは、夏と冬で違うはずです。なので、もしこの検出器で夏と冬でぶつかり方の違いが見えたとしたら、これは間違いなく冷たい暗黒物質（ＷＩＭＰ）だと……。別の原因ではあり得ない、という証拠にもなるんですよ。季節の変化を見るのは非常に重要なんですね。

第一回の相対性理論の話のとき、「エーテルは存在しない」という話をしましたが、それと似てますよね。

つまり、エーテルという静止したものがもし宇宙に満ちているとしたら、エーテルのなかを通る光の速さは装置の向きによって変わるはずだと。ところが違いがなかったから、「エーテルなんて存在しない」という結論になりました（図1‐19／73ページ）。

これも同じように、地球の動いている向きを利用した実験です。
ＸＭＡＳＳの実験は始まったばかりですので、結果を楽しみに待ちましょう。

いろんなものを拾ってしまうアクシオンの実験

もうひとつ、冷たい暗黒物質の軽いほう――アクシオンの探し方も簡単に説明します。ＷＩＭＰの実験に比べるとかなりニッチな……というのも検出がめちゃくちゃ難しいんですよ。難しいのでアクシオンの探索実験を行っているグループは少ないのですが、ところがかつて、僕はこの実験に携わっていましたのでご説明します。

なぜ難しいか？　先ほど言いましたように、アクシオンは、磁場をかければ光（電磁波）に変わるんでしたよね。その電磁波を捕まえるわけです。「電磁波だったら簡単やん」、アンテナがあってアンプがあったら簡単に捕まえられますよね。無線機を持ってきたら入るんですよ。２ギガヘルツ（ＧＨｚ）程度なので、ちょうど無線ＬＡＮや電子レンジと同じくらいの周波数帯です。それくらいの電磁波なら、捕まえるのは簡単だと思うでしょ？

そこが問題なんです。捕まえるのが簡単すぎるので、周りのいろんな電磁波も簡単に拾ってしまうんです。アクシオン以外のものを大量に……電磁波なんてそこらじゅうにありますから。

その昔、僕が深夜ラジオを聴いていたときに、突然ぜんぜん聞いたこともない言葉が入ることがあったんですよ。それは北朝鮮のラジオなんです。北朝鮮のラジオって、すごく電波が強いんでしょうね。夜になると電波は届きやすくなるので、クリアに入るんです。僕は関西に住んでいて、深夜は東京の文化放送とかも聴くことができたんですけれど、それよりも平壌からのほうが強かった。暗黒ですよね(笑)。

そういうわけで、電磁波のいやらしいのはそこで、何でも入ってきてしまう。

アクシオン探索実験「CARRACK」

それだったら外からの電磁波が入らないように、鉄の遮蔽体ででも囲ったらいいと思うでしょう? 確かにそれによって外からやってくる電磁波は防げます。

ところが、黒体輻射という現象がありまして——前回の講義でも触れました(147ページ)——どんなものでも、ある温度を持ってるものからは、必ず電磁波が出ているんでしたよね。温度がすごく高くなると、ランプのように目に見える光が出るわけですが、温度が低いと、赤外線だったり、電波だったり、エネルギーの低い光が出ています。

つまり、実験装置そのものが電磁波を出すノイズ源となってしまうんです。実験装置自身が出す電磁波（ノイズ）の中に、アクシオンが変化した電磁波（シグナル）が埋もれてしまいます。ちょうど平壌からの電波に、文化放送の電波が埋もれてしまったように……。

このノイズを抑えるにはどうしたらいいのか？

実験装置を冷やすしかないんです。どんどん温度を下げていって、これは実際には不可能なんですが、仮に絶対温度で零度（摂氏マイナス273・15℃）にまで冷やすことができたら、ノイズは全くなくなります。

つまり、この実験でノイズを減らそうと思ったら、装置の温度を下げるしかない。外部からのノイズが入らないように遮蔽体で覆っていたとしても、装置そのものの温度を下げる必要がある。

そうして作られた実験装置がこちらです（図3‐13）。

金髪が写っているでしょ？（笑）このときは30歳くらいだったと思います。

この探索実験には「CARRACK《キャラック》」という名前が付いています。「キャラック」とは帆柱が3本の帆船のことです。コロンブスが初の大西洋横断航海の際に乗っていたサンタ・マリア号なんかが有名ですね。

実験の愛称は、こうやって一般にある言葉、先ほどの「マッチョ」とか「WIMP（弱虫）」と同様に、略語が意味を持つように無理やり作るんですよね。この「CARRAC

図3－13　CARRACK

Cosmic Axion Research with Rydberg Atoms in the Cavity in Kyoto

宇宙アクシオン　探索　リドベルグ原子　金属の空胴　京都

K」も、頭文字から採られていまして、最後の「in Kyoto」なんていかにも付け足しですよね。CARRACKにしたいために無理やり付けた感じです。

「リドベルグ原子」というのは、これは物性物理学とかを勉強していないと聞いたことがないと思うんですが、簡単に説明しますと、原子核の周りを回っている電子、この電子がものすごく高いエネルギーを持った状態（のその原子）のことを言います。ちょうど、拙著『すごい実験』のなかに、原子核の周りを回っている電子がエネルギーを得るとそれが飛び出す、という話が出てきますが、その飛び出すギリギリのところで留まっている――飛び出すか飛び出さないかギリギリの状態、これをリドベルグ状態と言います。そういう原子を無理やり作り出します。

この実験の原理はあまり説明したくなかったんですが、一応ご紹介します。同じ物理学者に説明しても、「複雑すぎる！」と言われるくらいなので、もし何のことかわからなくても気にしないでください。

複雑で緻密な実験装置

先ほど、アクシオンは磁場をかけると電磁波に変わる、という話をしました。そこでまずBの空胴（金属で出来た円筒）に磁場をかけます（図3‐14）。磁場を発生させるのが、周囲の超伝導電磁石Aです。7テスラという非常に強い磁場でして、ピップエレキバンの60倍くらい――と言うとあまり大したことなさそうな感じですけれど、電磁石としては世界最高レベルです。

磁場をかけることで、アクシオンが電磁波に変わります（❶）。

一方で、リドベルグ原子をCの空胴に入れます（❷）。原子（捕えたい電磁波の周波数に合わせて原子を選ぶのですが、我々はルビジウムを使っていました）にレーザーを照射してやることで、リドベルグ状態にします。電離ギリギリの状態――電子が飛び出すギリギリの状態のリドベルグ原子が、アクシオンから変化した電磁波を捕まえることで、もっとギリギリの状態になります（❸）。この、電磁波を吸収したリドベルグ原子と、吸収しなかったリドベルグ原子は、わずかに状態が違うのですが（電離させるために必要なエネルギーがわずかに違う）、その違いがわかるように電離させて、リドベルグ原子を検出することで、アクシオンから変化した電磁波を捕らえたかどうかがわかる、というわけです（❹）。

先ほど「ノイズを抑えるために実験装置を冷やす」と言いましたが、それがDの冷凍機です。これによってBとCの空胴を10ミリ・ケルビン（mK）くらいに冷やします。摂氏で言うとマイナス273・14℃ですね。

このように、この実験装置には「超伝導電磁石の技術」「空胴の技術」「冷凍機の技術」

図3－14　CARRACKの仕組み

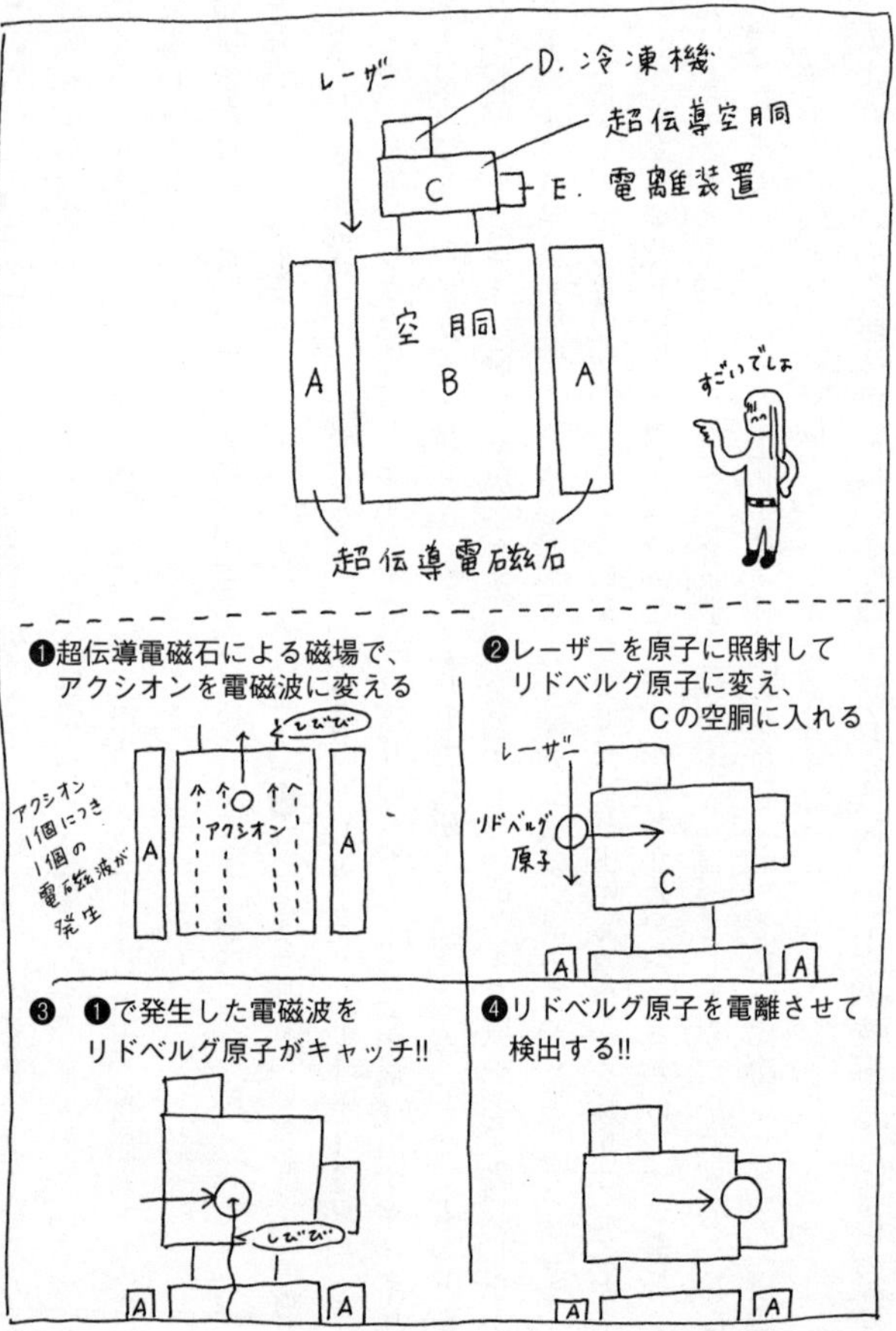

「レーザーの技術」「リドベルグ原子を作り、検出する技術」といった、ありとあらゆる技術が詰まっていますので、僕はここで働いたおかげでいろんなことを身につけることができました。

先ほどの写真の、僕のすぐ後ろにいらっしゃるのが松木教授といって、この実験を考え出された方です。もう退官されましたけれども、よくこんな原理を考えたなと本当に感心するばかりの、非常に緻密なシステムなんです。

ただこの実験は、あまりにも複雑すぎてうまくいかなかった例なんですね。うまくいかない理由は、稼働時間がとにかく短かったからです。素粒子の実験は時間を長くとることがポイントなんです。ずっと延々24時間、できれば365日動かしっぱなしで、とにかくデータをたくさん採ることが重要なんですけれど、これは複雑すぎてなかなか安定して動かないんですね。

暗黒物質がなかったら、星は生まれなかった

さて、「重くて冷たい暗黒物質（WIMP）」と「軽くて冷たい暗黒物質（アクシオン）」の探索実験の例をそれぞれご紹介したところで、次は暗黒物質の果たした役割について話してみましょう。暗黒物質っていかにも悪そうな感じですけれど、実は、暗黒物質がなか

ったら、今我々が住んでいる宇宙はなかったんですよ。

前回、「宇宙の大規模構造」というものをご紹介しましたが、宇宙には星が完全に均一に散らばっているわけではなくて、星がいっぱい集まっている（銀河がいっぱい集まっている）ところと、何もないところとがあり、まだらになっているという話をしましたよね（図2‐17／161ページ）。星が集まっている部分が「グレートウォール」、何にもないところが「ボイド」です。宇宙はどうしてこんなふうに、物質がまだらな状態で存在するようになったのか？

もし宇宙が通常の物質（陽子や電子など）だけで成り立っていたら、宇宙はこんな構造にならないはずなんです。陽子や電子は数が少ない上にいろんな力に反応するので、それらだけだと自然に固まることができない。星になるためには、材料を固めるための力、つまり重力が必要なんですが、固まったり、あるいは散らばったりするためには、普通の物質（陽子や電子）以外にも、もっともっと多くの、できれば重力にだけ反応する物質がないといけない。そのことがシミュレーションなどからわかっています。そこで、暗黒物質の登場です。

先ほど暗黒物質の分布の絵をお見せしましたね（図3‐8／230ページ）。暗黒物質がこのようにまだらに分布しているおかげで、星や銀河もまだらになっているんです。

もし均一に陽子がばら撒かれていたら、宇宙全体の平均密度は1立方メーターに陽子が

0.2個程度でしたから、星なんて作られないですよね。まだらだからこそ、密に集まっているところ（星）と、スカスカなところができるわけです。

星のような、物質が詰まった状態を作ってくれたのが、暗黒物質というわけです。さすが暗黒なだけに宇宙を支配しています。

今の宇宙になるように、暗黒物質の量を計算すると……

最近はコンピューターの能力が上がってシミュレーションの技術がすごく発達して、現在の宇宙がどのように作られてきたのか、現在の銀河や銀河団などがどのように形成されたのかを、コンピューター上で再現できるんです。「どのような種類の物質が、どれくらいあれば、宇宙はどのような姿へと進化していくか」ということがシミュレーションでわかるわけです。

その結果と、今現在の宇宙を観測した結果とを照らし合わせることで、暗黒物質がどういうものなのか――というより、どういうものであったらいいのか？――先ほどお話ししたように、熱い暗黒物質や冷たい暗黒物質などいろんな候補がありましたけど、どの候補がどれだけあればいいのか？　ということを絞り込んでいくことができるんです。

では宇宙には、どんな割合で「暗黒物質」と「通常の物質（陽子など）」が満たされて

図3－15　宇宙の構成比

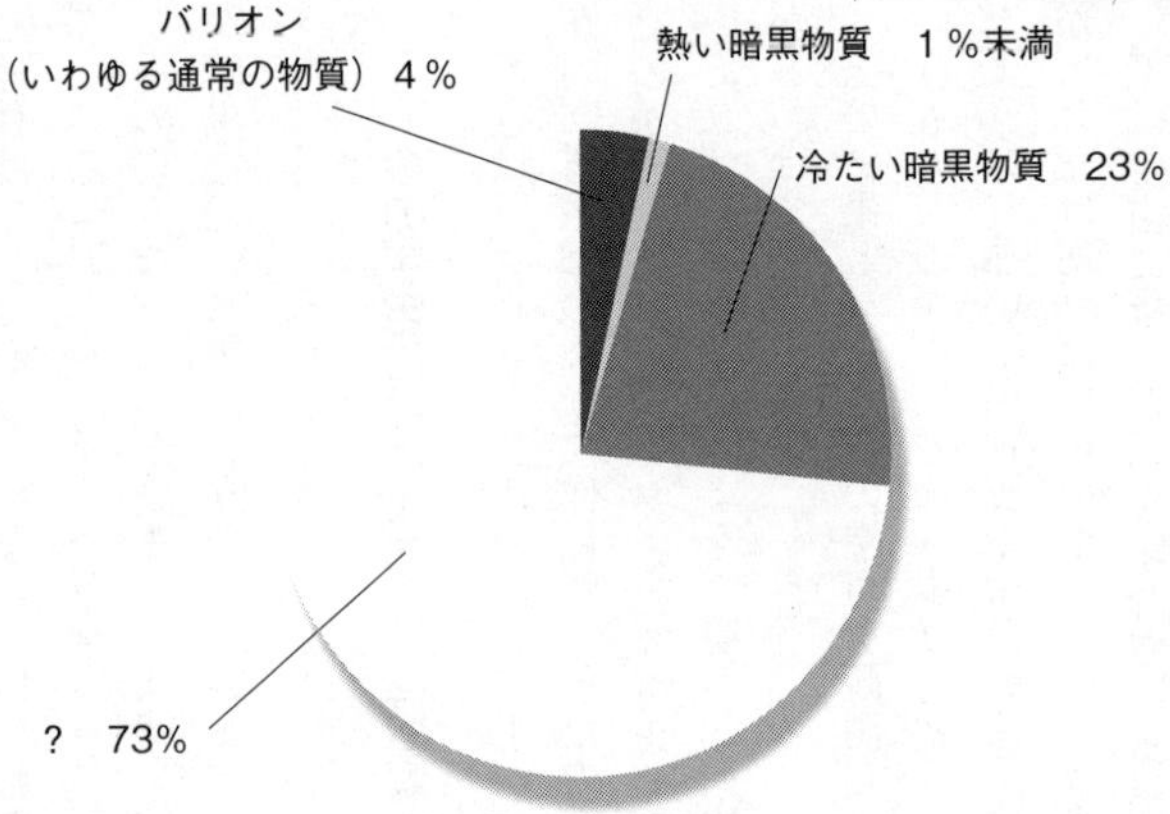

いれば、現在の宇宙の姿になるのか？　シミュレートの結果を見てみましょう。

本日の講義の時点で、最も確からしい宇宙の構成比（質量比）は、陽子やその仲間（「バリオン」と呼ばれる、いわゆる通常の物質）が４％。熱い暗黒物質、これはないほうがいい。熱い暗黒物質が多かったらシミュレーション上は今の宇宙の状態と矛盾してしまうんです。

そして、冷たい暗黒物質、これが23％。こういう割合であれば、今の状態の宇宙を説明できるらしいんですね。

この比率が狂うと、宇宙はぜんぜん違う姿になるらしいので、けっこう厳密に決められています。

ところがこれだと、まだ100％になっていませんよね。

「100％」とは何を意味するかというと、前回説明した「宇宙の臨界密度」——現在観測されている平坦な宇宙になるための、ちょうどの重さのことです。これが100％のことなので、残りの73％、何か——何らかの質量が存在しないと矛盾するんです。理論家はそういう矛盾を嫌がりますから、何らかのかたちで、残り73％の理由を付けるんです。

そして考えられたのが、これなんですね。

「暗黒エネルギー」

怪しいでしょ？　これはね、怪しさいっぱいなんですよ。

本当に暗黒の暗黒エネルギー

暗黒物質は、先ほど言ったような候補があるわけです。まだ何かは確定されてないけれども、候補を絞り込んで、探索実験も実際に行っています。「暗黒」と言いながら、かなりその正体に迫っているわけです。そして、近い将来に正体が明らかになるだろうと思われています。

なのに、この暗黒エネルギーに至っては、候補すらわかっていないんです。「なかったら困るから書きました」みたいな感じのものですね。
僕がまだ大学院生の頃、マイケル・ターナーという宇宙論の偉い学者が「宇宙の構成比が決定された」という論文を書いたんですよ。そのときは、通常の物質が１％以下で、冷たい暗黒物質が35％、暗黒エネルギーが65％だったんですね。ところが10年経てばもう変わってるやん（笑）。だからこの数値もまた変わることでしょう。

というわけで、これまでいろいろ丁寧に説明してきたのに、「宇宙の大部分はわけのわからないものでした」という結論が出てしまいました。

我々がわかっているのは宇宙のなかのたった４％程度。たぶんこうじゃないかと推定できる領域が23％、他の４分の３は、得体の知れない何か、としか言えない。宇宙は本当に暗黒なんです。

ここでご紹介した宇宙の構成比のモデルは、「Λ《ラムダ》-ＣＤＭ《シーディーエム》モデル」と言いまして――Λ《ラムダ》はギリシャ文字、ＣＤＭは「コールドダークマター（Cold Dark Matter）」の略です――これによれば、暗黒物質は、熱いものはないほうがいい、できたら冷たいものばかりのほうがいい、というわけでＣＤＭなんですが、ではΛとは何かと言えば、これが「暗黒エネルギー」のことなんです。「暗黒エネルギー」と「冷たい暗黒物質」の複合モデル、という

図3－16　アインシュタイン方程式

$$G_{\mu\nu} + \Lambda g_{\mu\nu} = \frac{8\pi G}{c^4} T_{\mu\nu}$$

空間の歪み　宇宙項　質量・エネルギー

意味です。

このΛ、どこかで見た覚えがありませんか？

上は、これまで何度も出てきた一般相対性理論のアインシュタイン方程式です。ある質量によって空間がどれくらい歪むか、ということを表した式でしたね。よく見ると真ん中にΛってありますよね。このΛって何だったか、覚えていますか？

これは、アインシュタインが「宇宙は膨張している、動いている」ということが許せなくて、怒りにまかせて入れちゃった宇宙項ですよね。

宇宙は安定した状態であるはずだ。でも重力だけが支配する宇宙だと、重力によってやがてすべては引き合って一カ所に固まってしまう……まずい。だったら「宇宙項」という斥力《せきりょく》（反発する力）を入れたれ、そしたら宇宙は安定するやろ、と考えたんですが、後になって、「人生最大の失敗だった」と後悔した……そういう話をしました。

宇宙は実際安定などしていなくて、膨張していることが明らかになったので、宇宙項なんて入れる必要がなかったんです。それで皆、このアインシュタイン方程式を、この宇宙項を無視して使っていたんです。

ところが、先ほどお話ししたとおり、最新の観測とシミュレーションの結果から、宇宙の4分の3は、謎のエネルギーであるとわかりました。

つまり、アインシュタインが入れたこの「宇宙項」は……実は「暗黒エネルギー」のことなんじゃ……？　そう考えれば、うまく説明できるんです。アインシュタインが死んで数十年経って、21世紀になって、この「宇宙項」が華麗に復活したんです。アインシュタイン、これを知ったら胸熱《むねあつ》だと思いますよね。

ちなみに「宇宙項の正体は何？」と訊かれたら、答えられないですよ。単に数式上現れた値なんです。ただ、これが存在するとすれば、宇宙論は丸く収まる。今の宇宙と寸分違わぬ宇宙を作ることができるんです。

結局宇宙の4分の3は意味不明なものでした。それが何かわかりません、という哀しい結果なんですが、宇宙論というのは、そういうものだと思ってください。

今日のまとめ、

「みんな、そんな細かいことをぐちぐち考えずに、もっと大らかに生きようぜ！」(*ﾟ∀ﾟ)b

暗黒エネルギーって何だろうと気になり始めて寝れなかったら、睡眠不足になってしまいますからね。

次回は、これまでに皆さんにお伝えした知識を駆使して、「宇宙はどうやって生まれたのか」という、宇宙誕生の謎に迫りたいと思います。人間は、宇宙についてどこまで理解しているのか？　何がわかっていないのか？　そういうお話をして、この宇宙シリーズのまとめとしたいと思います。

column Ⅲ

素粒子物理学で考える暗黒物質の姿

宇宙は何で満たされているのか？　暗黒物質の正体は何なのか？　それを考えるためにはまず、「そもそもこの世の中には、どんな物質が存在しているのか？」を知る必要があります。その上ではじめて、それぞれの物質の量を推定し、「〇〇は暗黒物質になり得るのか？」「宇宙を満たせるほど大量に存在しているのか？」について論じることができるのです。

そこで今から、宇宙の話とは少し外れて、この世にはどんな物質（粒子）が存在しているのかという素粒子物理学の話をしてみようと思います。

これ以上砕くことができない素粒子19種

　素粒子物理学とは、この世で最も小さい物質について研究する学問です。現在宇宙に存在しているすべての物質の「素」となる粒子は何か？　それをずっと追い求めてきたのが素粒子物理学の歴史です。

　19世紀までは、原子がその「素」だと思われていました。ところが20世紀になり、原子には中身（原子核）があることがわかり、さらに加速器という装置を開発し、それを用いることによって、その原子核をも砕くことが可能になりました。すると、陽子や電子といったこれまでに知られていた粒子以外に、見たことのない粒子が次々と飛び出してきたのです。「これこそ、あらゆるものの素となる粒子、素粒子だ！」と当時は色めき立ったのですが、でもそれらの粒子は、あまりに次々と発見されてしまうので（その種類は100を超えました……）、結局は、「こんな、100を超える種類の粒子の何が素粒子なものか！」となり、実はこれらの粒子を作るさらに「素」の粒子があり、その組み合わせで、これら100を超える粒子が形成されているのではないか、という結論に至りました。

　ちょうど原子（原子核）の種類が103種類くらいありましたが、それらは陽子と中性子の組み合わせで出来ていましたよね。ですから今回も100種類以上あるけど、何か素《もと》になるものの組み合わせで出来ているんじゃないかと思ったわけです。それを追究した結果、クォークというものに辿り着きました。

物理学者たちは新しい理論を構築し、その理論が本当に正しいかどうかを実験によって検証する、ということを繰り返し、物質の「素」になる粒子をどんどん絞り込んでいくのです。たとえば、加速器でパイ中間子という粒子をたくさん作り、その壊れ方を調べることで、パイ中間子の素の粒子は何なのかを調べていく。クォークは単体で取り出せないので、それが含まれる粒子の壊れ方を調べるのです。

そして現在、辿り着いた最終的な素粒子が、こちらです（図3C‐1）。

・物質を構成する粒子　12種類
・力を伝える粒子　6種類
・質量を与える粒子　1種類

図3C－1　標準理論の素粒子

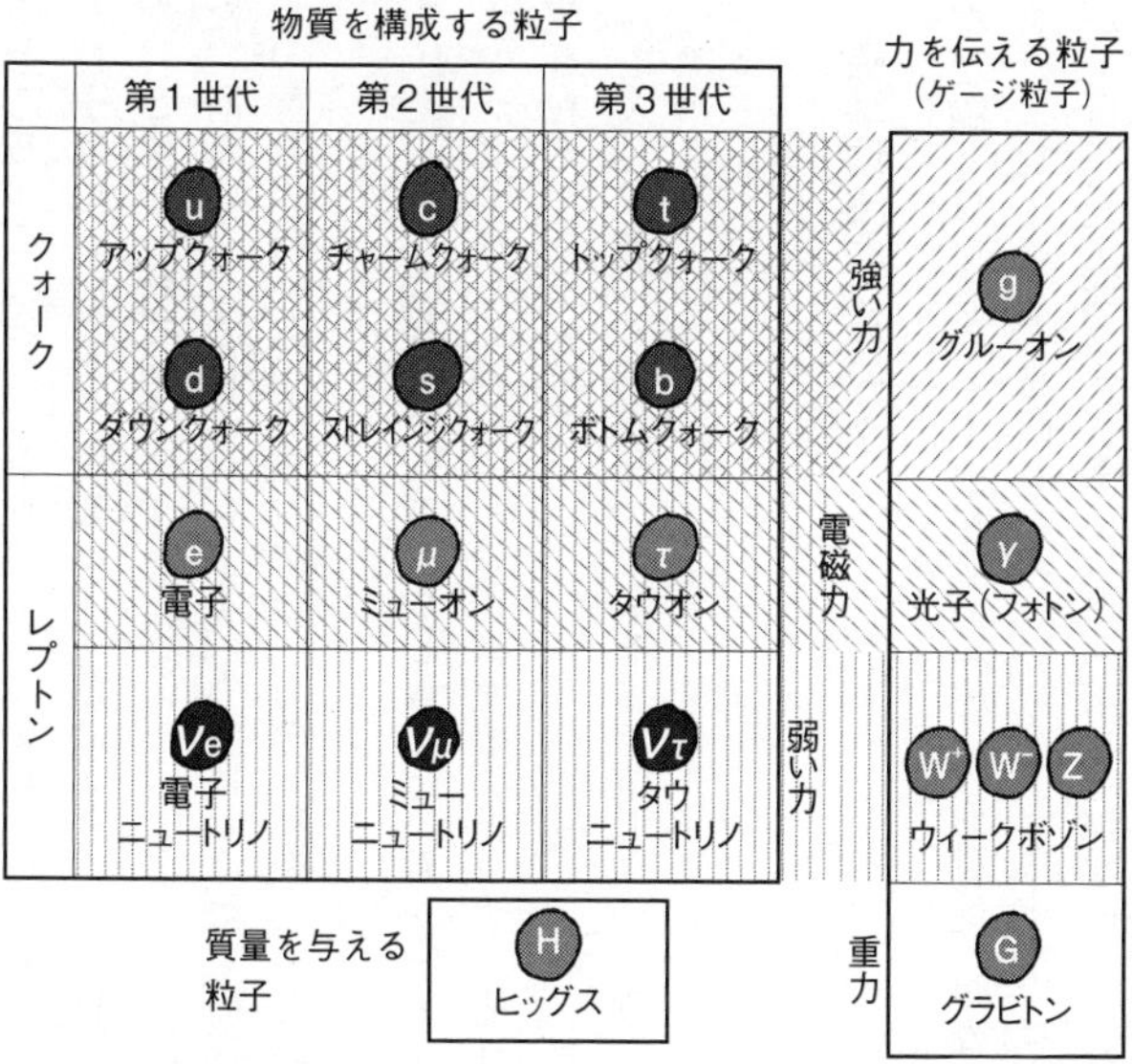

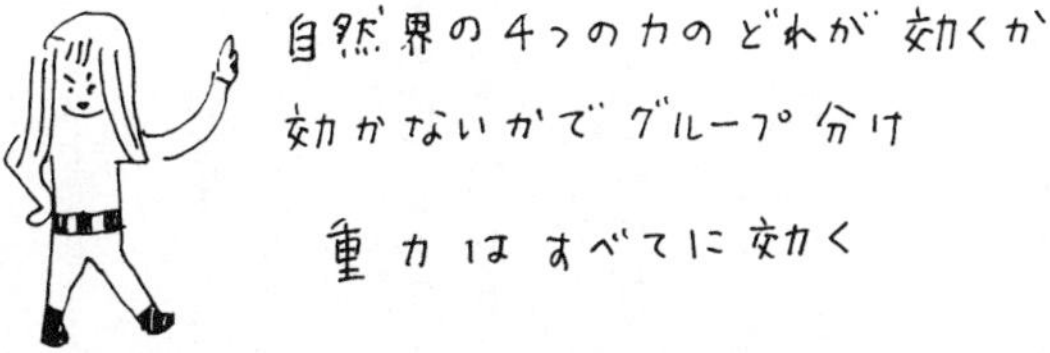

今のところ、これらの「中身」——つまりこれらの粒子を構成しているさらに小さな粒子は見つかっていません。人類はようやく、物質の「素」の状態に辿り着けた、と考えられています。

また、同時に、この世に存在する「力」についても研究を進めていきました。そして、重力、弱い力、電磁力、強い力の4種類にまとめ上げることができました。

「力を伝える」とはどういうことかと言うと、力を伝え合う両者の間で媒介粒子をキャッチボールしている、という状態のことです。それぞれの力には、それぞれの媒介粒子があるのです。

こうして辿り着いた素粒子の世界を書き表している理論の体系を、「標準理論」と呼んでいます。

標準理論とは何か？

標準理論とは、誰か一人が提唱した1つの理論ではなく（たとえば、アインシュタインが相対性理論を提唱した、といったようなものではなく）、これまでの物理学者が、自然界が従うべき基本法則を求めて構築してきた、様々な理論の集合体です。

この標準理論は、自然界で起こるほとんどすべてのことを説明できるすばらしい理論体系ではありますが、現時点で、すべてを完璧に説明できているわけではありませんし、未だ発見されてない素粒子（重力子《グラビトン》）もあります。そういう意味では未完成だとも言えるわけですが、もちろんそれはみな充分に理解していることであり、これから多くの研究によって補完されていくことで、より完璧に近づいていくことになります。

これまでも、理論物理学者たちの様々な「思いつき」や「こんなことがあってもいいかも」という発想（理論）の中から、有望そうなものを、別の学者が検証し、駄目なものは破棄したり修正したりして、検証に成功したものは組み込んでいき……ということを繰り返してきました。ですので、今でも、「検証待ち」「標準理論の体系に組み込み待ち」の状態の理論や発想はいっぱいあるのです。

そしてその中には、現在の標準理論で必要とされている先ほどのような素粒子に加え、さらに新たな素粒子を追加しようとしているものもあります。自然の根源を説明するための理論は、文字通り最少限の素粒子で記述されるはずなのに、どんどん素粒子が増えていくとは、これ如何に？って感じですが（笑）。

ボゾンとフェルミオン

それらの「新たな素粒子」についてお話しする前に、ひとつ知っておいてほしいことがあります。

先ほどの標準理論の素粒子は、「物質を構成する粒子」「力を伝える粒子」「質量を与える粒子」という役割ごとに3グループに分類されていたのですが、実はもうひとつ別のグループ分けもできるのです。

それは「スピン」という物理量によるグループ分けです。

スピンとは、粒子自身の角運動量のことですが、ここではとりあえず、高速でくるくると自転している姿を思い浮かべてください。

自転ですから、向きと大きさがあります。

向きは、その粒子の進行方向に対して、左回りか、右回りか、です。

大きさは、自由な値を取ることができず、飛び飛びのある決まった値を取っています。

どのような値かと言うと、物理学の基本定数に「プランク定数」h（～6.6×

図3C－2　スピンの大きさ

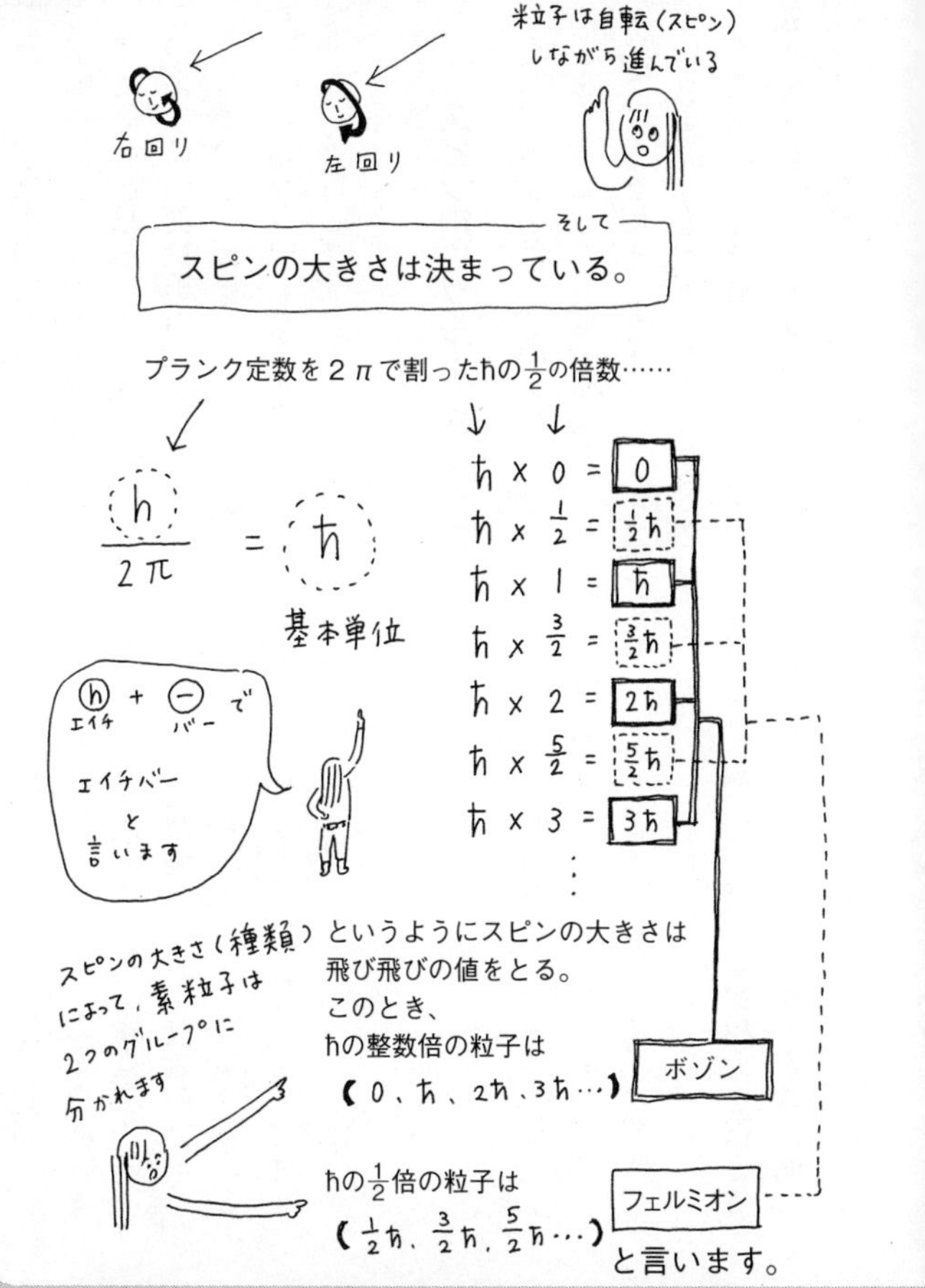

10^{-34} Js）というものがあるのですが、このプランク定数を2πで割った値$\frac{h}{2\pi}=\hbar$を基本単位とし、その$\frac{1}{2}$の整数倍（0、$\frac{1}{2}\hbar$、$\hbar$、$\frac{3}{2}\hbar$、$2\hbar$……）の値を取ります。文章だとわかりにくいので、前ページの図（図3C-2）をご覧ください。このように、素粒子のスピンの大きさというのは、飛び飛びの値を取るのです。

そして、このスピンの大きさが、$\hbar$の整数倍（0、$\hbar$、$2\hbar$……）になっている粒子を「ボゾン」、$\hbar$の半整数倍（$\frac{1}{2}\hbar$、$\frac{3}{2}\hbar$……）になっている粒子を「フェルミオン」と呼びます。

スピン別にグループ分けすると……

そして素粒子は、このスピンの大きさによって、分類されます。質量を与える働きをするヒッグス粒子がスピン0、物質を構成するクォークとレプトンがスピン$\frac{1}{2}\hbar$、力を伝えるゲージ粒子がスピン$\hbar$（ただし、重力子だけはスピンが$2\hbar$）、というようになっています（図3C-3）。

たとえば、電子はレプトンですので、スピンは$\frac{1}{2}\hbar$で、光子は電磁力を伝える粒子ですので、スピンは$\hbar$です。「光が自転している」なんて言うと奇妙に聞こえますが、素粒子の世界ではそうなのです。

図3C－3　標準理論の素粒子をスピンの大きさで分けると……

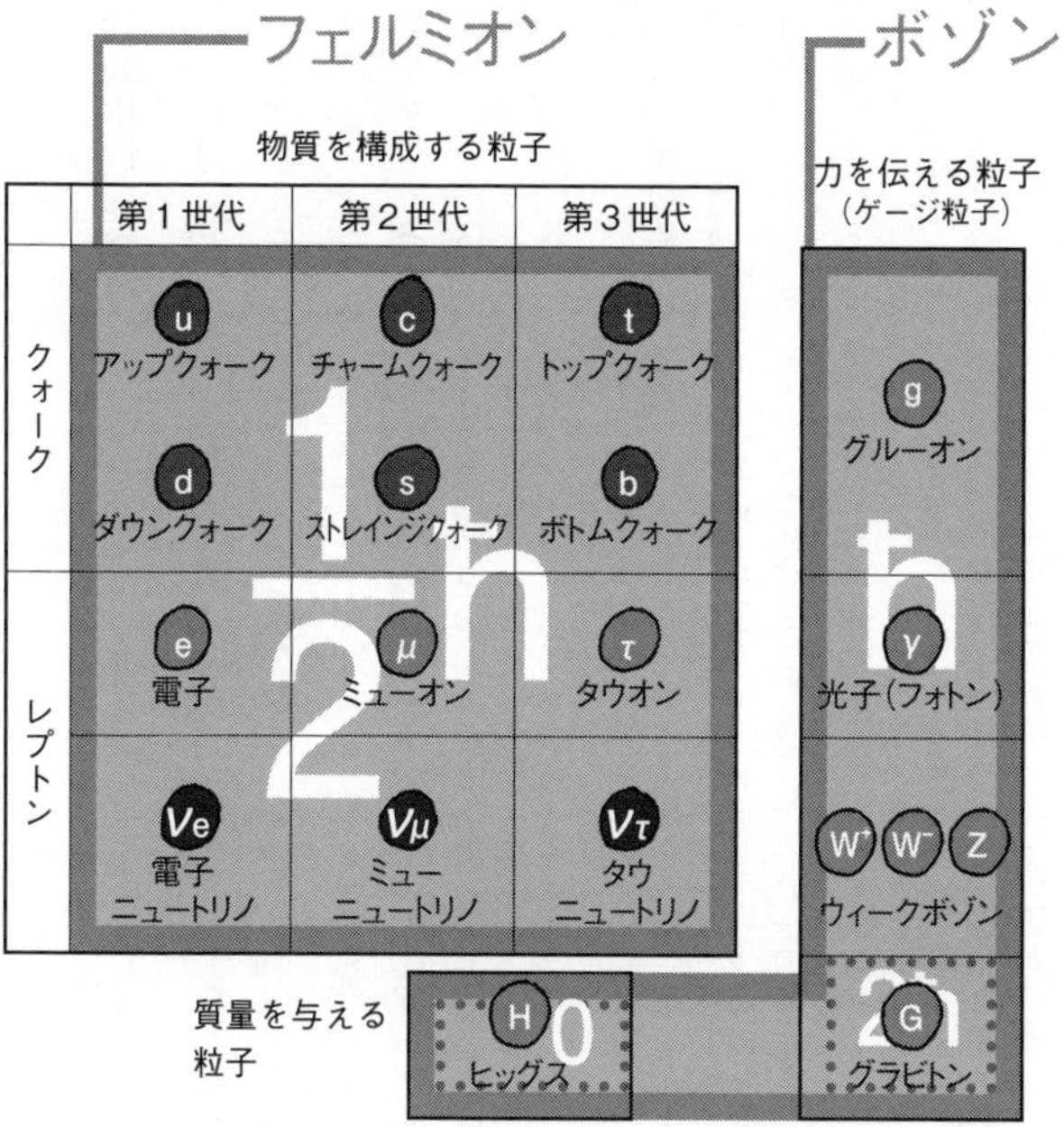

超対称性理論

ではここで、暗黒物質の候補にも挙げられている素粒子をご紹介しましょう。暗黒物質がどんな粒子であるか（どんな粒子であったらいいか）は、第三章でご説明したとおりです。その正体は、我々と馴染みのない粒子である可能性が非常に高いのです。なぜなら、これまで観測できなかった「暗黒」の物質であるわけですので、その正体は、これまでに見つかっている粒子ではないはず、というわけです。

1つめは、超対称性粒子です。

実は、先ほどの標準理論の素粒子にはすべて、「電荷が同じで、スピンが$\frac{1}{2}\hbar$だけずれたパートナー」がいる可能性があると言われています。これらは、「超対称性理論」というものからその存在が予測されている粒子です（図3C-4）。

たとえば、光子（フォトン）に対してフォティーノ、ヒッグス粒子に対してヒグシーノ、重力子（グラビトン）に対してグラビティーノ、というように、名前

図3C－4　標準理論と超対称性理論の素粒子

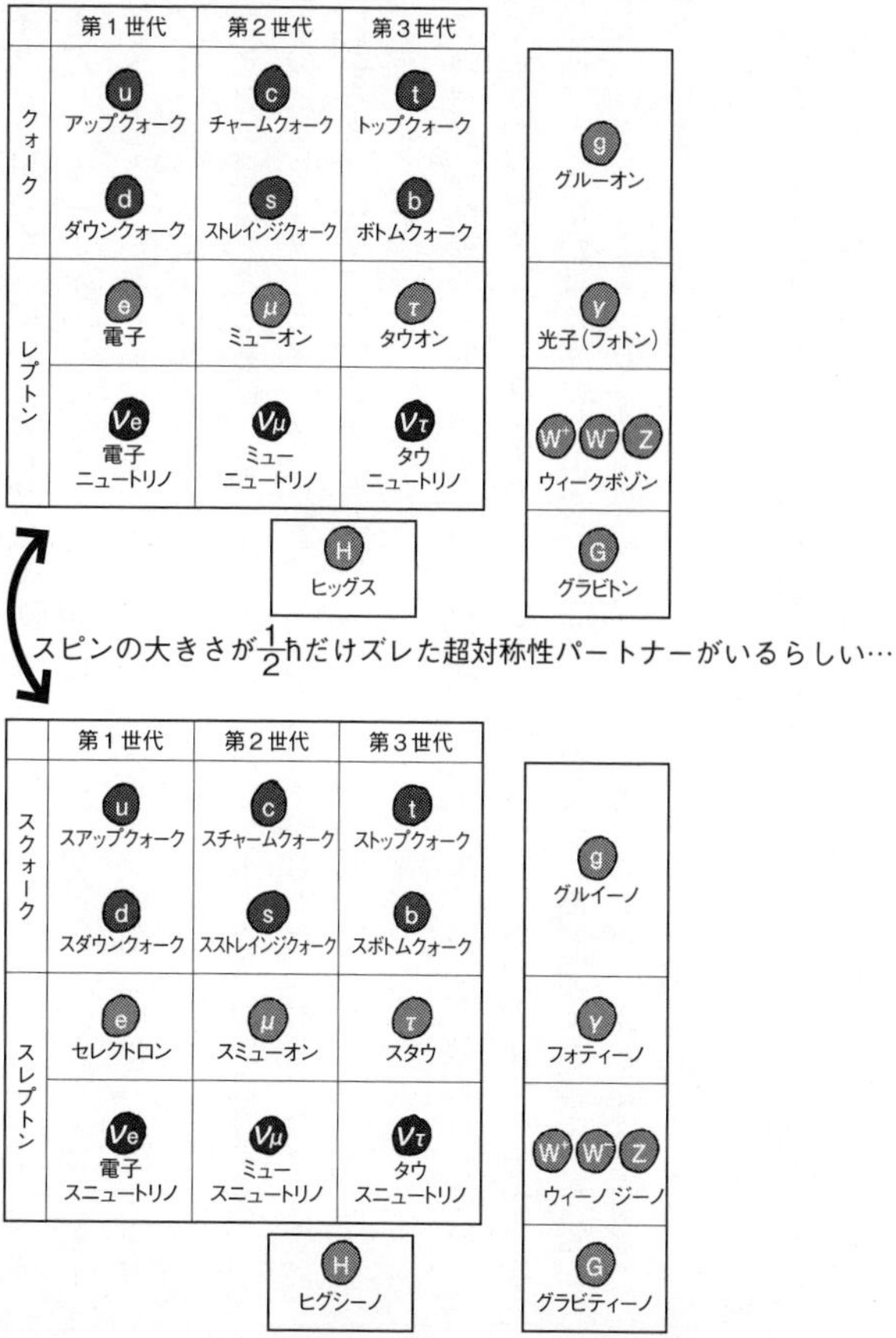
第1世代
第2世代
第3世代
クォーク
u
アップクォーク
c
チャームクォーク
t
トップクォーク
d
ダウンクォーク
s
ストレインジクォーク
b
ボトムクォーク
レプトン
e
電子
μ
ミューオン
τ
タウオン
νe
電子ニュートリノ
νμ
ミューニュートリノ
ντ
タウニュートリノ
g
グルーオン
γ
光子(フォトン)
W+ W- Z
ウィークボゾン
G
グラビトン
H
ヒッグス
スピンの大きさが$\frac{1}{2}\hbar$だけズレた超対称性パートナーがいるらしい…
第1世代
第2世代
第3世代
スクォーク
u
スアップクォーク
c
スチャームクォーク
t
ストップクォーク
d
スダウンクォーク
s
スストレインジクォーク
b
スボトムクォーク
スレプトン
e
セレクトロン
μ
スミューオン
τ
スタウ
νe
電子スニュートリノ
νμ
ミュースニュートリノ
ντ
タウスニュートリノ
g
グルイーノ
γ
フォティーノ
W+ W- Z
ウィーノ ジーノ
G
グラビティーノ
H
ヒグシーノ

がイタリア風になっているのが特徴です（笑）。

ただし、クォークやレプトンに対しては、頭にｓが付いて、たとえば、電子（エレクトロン）に対してはセレクトロン、ニュートリノに対してはスニュートリノ、というように呼ばれています。

スピンの量は、たとえば、電子が$\frac{1}{2}\hbar$なのに対してセレクトロンは０、光子が$\hbar$なのに対してフォティーノは$\frac{1}{2}\hbar$、ヒッグス粒子が０なのに対してヒグシーノは$\frac{1}{2}\hbar$のようになっています（図３Ｃ‐５）。

この超対称性理論を導入すると、「力の統一」がうまくいくと考えられているのです。「力の統一」とは、重力、弱い力、電磁力、強い力、の４つの力が、宇宙初期――宇宙がはるかに高温だったときにはひとつの同じ力であって、宇宙が冷えていくと共に４つの力に分裂した、という考え方ですが、詳しくは第四章でご説明します。

弱い力と電磁力が同じ力であった頃と同じ温度を作り出すことに成功したため、この２つの力を統一できることが、理論的にも実験的にも証明されました（第四章322ページ）。そこで残りの力をも統一する作業に人類は取りかかっているわけ

図3C－5　標準理論と超対称性理論のフェルミオンとボゾン

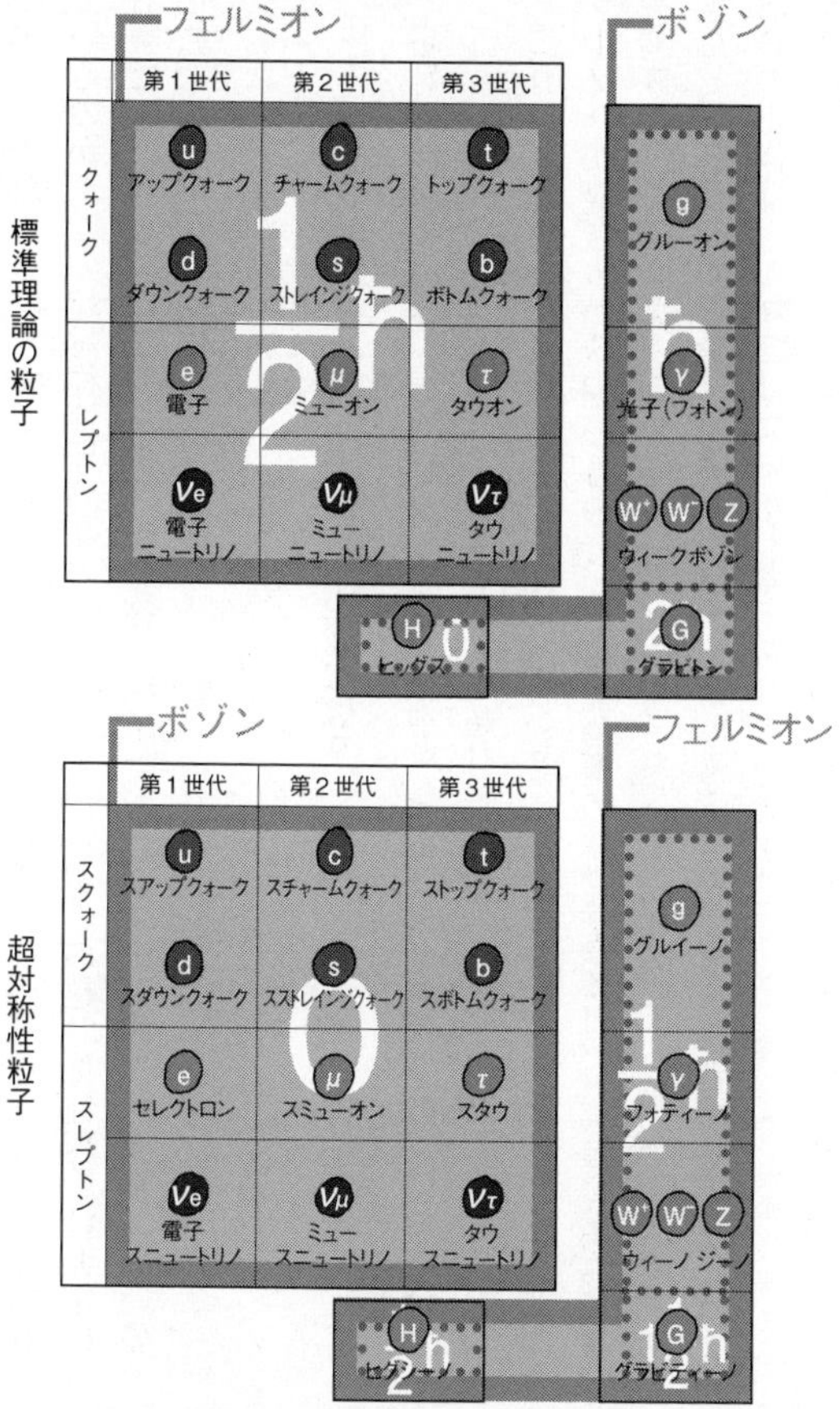

ですが、未だ道半ばです。その「力の統一」に対して、欠かせない鍵と考えられているのが、この超対称性理論なのです。ですから、この超対称性理論は非常に有望で、この理論が予測する「超対称性粒子」が存在する可能性は非常に高いのです。

未知の素粒子ニュートラリーノとは?

超対称性粒子のなかで、暗黒物質の候補として最も有望視されているのは、「ニュートラリーノ」です（ニュートリノの超対称性粒子ではありません）。これは、電荷を持たない3つの超対称性粒子「フォティーノ」「ジーノ」「ヒグシーノ」が混ざった状態のものです（暗黒物質の候補になるほどたくさんある物質が電荷を持っているなら、すでに容易に検出されているはずです）。第三章でお話ししたとおり、その質量は、陽子の数十倍よりも大きいと考えられています。WIMPの正体は、これではないかと考えられています。

2012年に話題となったのでご存じの方もおられるかもしれませんが、CERNという研究所のLHCという加速器を用いて行われている実験は、ヒッグス粒子を発見することが第一目標なのですが、この超対称性粒子を発見することもそれに次ぐ重要な目的です。ヒッグス粒子と超対称性粒子を加速器によって人工的に作り出そう、というわけです。

弱い力ではCP対称性は破れている

暗黒物質の候補の素粒子、2つめはアクシオンです。

アクシオンについてご説明する前に、少々遠回りになりますが、「対称性」というものについて簡単にお話ししましょう。

第一章で「粒子」と「反粒子」についてお話ししました。両者は、電荷が異なるだけで、それ以外は同じ性質を持っていると（図1-1／17ページ）。

このとき反粒子は、粒子に対して電荷を入れ替えただけ、電荷を反転させただけ、と考えることもできます。それを、電荷（Charge）の頭文字を取って、「C反転」と呼びます。

もし仮に、この粒子と反粒子が完全に同じ寿命で同じように壊れるとしましょう。

粒子を壊す力は弱い力です。ですからこの場合、弱い力は、「C反転」に対して対称である。

と言います。

一方で、もしこの粒子と反粒子の寿命が違っていたり、壊れ方が異なっていたり――たとえば粒子のほうは壊れて2個になるのに、反粒子のほうは壊れて3個になる場合が稀にある、というときは、

弱い力は、「C反転」に対して対称でない（＝C対称性が破れている）。

と言います。ある力が同じように働いていない、というわけです。そして実際、C対称性は破れていることが実験からわかりました。

「反転」には、C（電荷）以外にもあります。そのひとつがパリティ（Parity）の反転、「P反転」です。

これは、空間座標を反転させることを意味します。どういうことかと言うと、たとえば、スピンの向きが左回りの粒子を右回りにすることです（正しくは、「左回りか右回りか」ではなく、「左巻きか右巻きか」なのですが――運動方向に対して「左

か右か」は、観測者の相対速度によって変わりますので――ですからそれらによって変わらない「カイラリティ」という量を考える必要があるのですが、長くなるのでここでは省略し、単純化して話を進めます）。

これも「C反転」のときと同様、左回りの粒子と、右回りの粒子とで、力の働き方が違っていたら――たとえば弱い力の場合、壊れ方が違っていたら――「P対称性が破れている」と言います。

この2つの反転を組み合わせた「CP反転」というものがあります。

図3C－6　C反転、P反転、CP反転

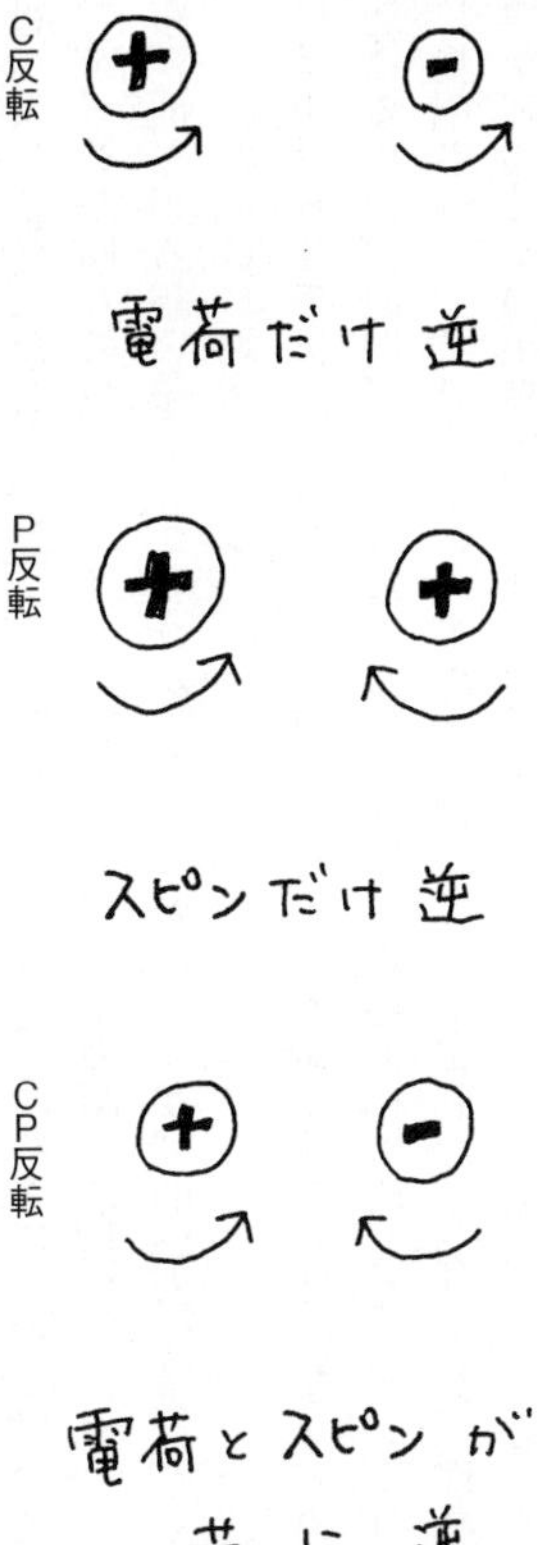

これは、「Ｃ反転」と「Ｐ反転」を同時に行うもので、これまでの例に倣って言うと、スピン左回りの粒子と、スピン右回りの反粒子の関係に相当します。これらが同じ振る舞いをするかどうか、というわけですが、弱い力では、ごくわずかに、この「ＣＰ対称性」は破れていました。

実験では１９６４年に観測されましたが、それまでの標準理論では、なぜその現象が起こるのかが説明できませんでした。それを理論的に解決したのが、１９７３年に提唱され、２００８年にノーベル物理学賞を受賞した、小林・益川理論です。標準理論にこの小林・益川理論を組み込めば、この現象を説明できるのです。

強い力ではCP対称性は守られている

弱い力ではＣＰ対称性は破れているのですが、一方で、強い力では驚くほどの精度で、このＣＰ対称性は守られているのです。強い力の働きについて説明する「量子《りょうし》色力学《いろりきがく》」に於いては、対称である理由は特にない――ＣＰ対称性の「破れ度合い」を表す量をθ《シータ》という量で表すのですが、このθは、量子色力学的にはどんな値を取っても構わない――にもかかわらず、恐ろしいほどの精度で、θ＝０

図3C－7　CP対称性の破れ

CP反転した粒子の振る舞いが同じか否か

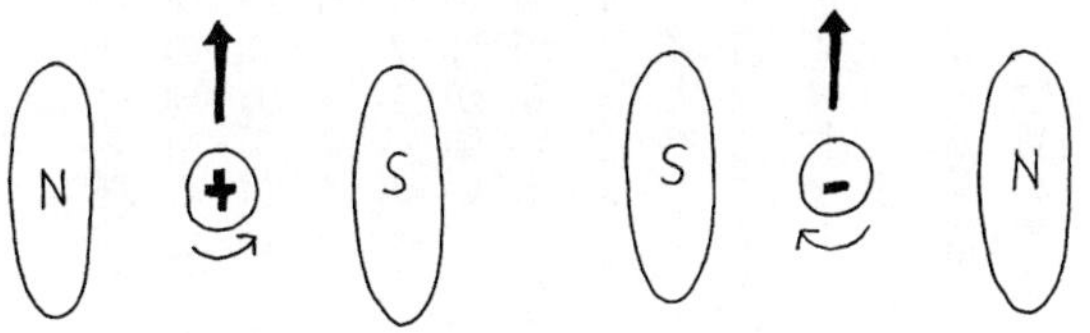

電磁力であれば、例えば磁場中での振る舞いが同じかどうか

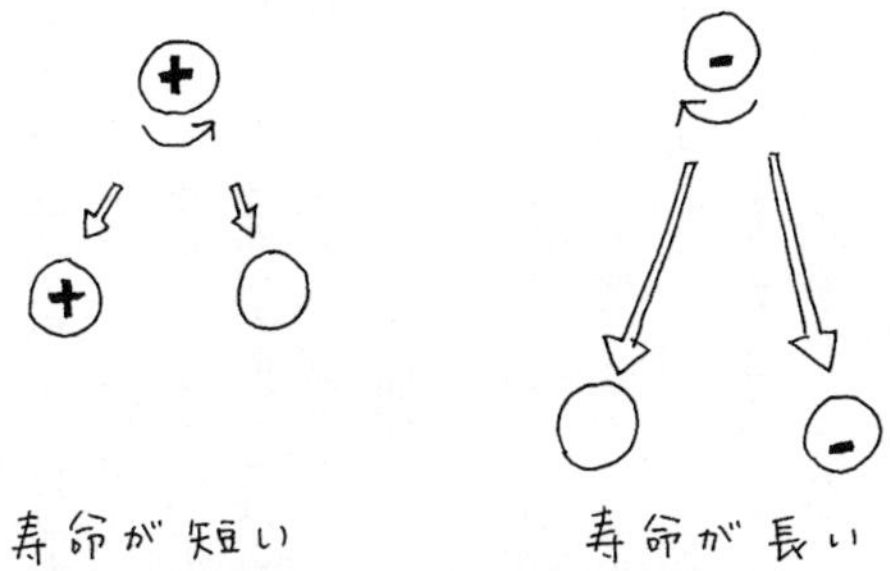

弱い力（粒子を壊す力）であれば、
例えば別の粒子へと壊れる"寿命"が、
同じなら、CP対称性が保存されており、
異なるなら、対称性が破れている！

となっているのです。

第二章でビッグバン理論とインフレイションの説明の際にもお話ししましたが、物理学者は、何の理由もなしに、「たまたまそうなっているのです」などと言って、納得する人たちではありません。なにかそうなるべきメカニズムがあるはずだ、と考えます。あのときは、「宇宙の密度」が「臨界密度」とぴったり一致しているためのメカニズムとして、インフレイション理論を考え出しました。

このCP対称性が強い力では厳格に守られているという問題でも、それが成り立つための理論が考え出されました。

それがペッチェイ・クイン理論（Peccei-Quinn theory）です。ロベルト・ダニエレ・ペッチェイとヘレン・ローダ・クインによって考え出されました。

この理論は、自動的に$\theta=0$となるメカニズムによって、この問題を解決するのですが、その副産物として、アクシオンという粒子が生まれてしまうのです。そしてそのアクシオンは、宇宙初期には、途轍もない数が作られたであろう、ということが計算から導き出されました。これがある一定の条件（質量、数など）を満たせば、暗黒物質の候補と成り得るのです。

ペッチェイ・クイン理論のビリヤード台

ペッチェイ・クイン理論の中で、自動的に$\theta=0$となるメカニズムについて、そのアナロジー（例え話）が非常によく出来ていて面白いので、ちょっとご紹介しましょう。プールテーブル・アナロジーというものです。

プールテーブル、すなわちビリヤード台ですね。ビリヤードの台は傾いているとボールが勝手に転がってしまいますから、非常に精度よく水平に置かれていなければなりません。どうやってあんなに精度よく置くのか？という話なんです。

宇宙というビリヤード台はものすごく精度よく出来ています。完全に水平で傾いていない。つまり左右対称な状態で、これがすなわち、強い力に於けるCP対称性が守られていることを意味します。その傾きの角度が先ほどのθなのですが——θはふつう角度を表すときに使われます——10^{-9}以下の角度でぴったり水平になっている。「誰がこんなに水平に台を置いたのか？」というわけです。

それを、この理論はこう説明したのです。つまり、ビリヤード台はもともと固定されていないのだと。ビリヤード台には支点があり、その下に錘《おもり》が付いていて、全体が回転するようになっている。それならば、振り子のように、ある時間が経てば、自動的に水平になるはず——水平に固定しようとするから難しいのであって、自由に動くようにしておけば、勝手に水平になるんじゃないか。宇宙は、そういうメカニズムになってるんではないか、というわけです。

宇宙は、振り子の付いたビリヤード台のような構造なのか？　それとも固定されたビリヤード台なのか？

これは、ビリヤード台の「揺れ」を観測してやることでわかります。そのように軸によって勝手に動くようにしておくと、自動的にまっすぐ対称になる代わりに、触るだけで揺れるはずです。

この「揺れ」がアクシオンのことなんです。そして、これを調べる方法が、アクシオンの探索実験です。アクシオンが見つかれば、ビリヤード台は振り子になっている、ということです。

では、アクシオン（揺れ）を見つけるためにはどうすればいいのか？

ひとつは、ビリヤード台を揺すってみるんです。実際にビリヤードをやってみる。もしこんなグラグラの台なら、玉がコンと当たっただけで揺れ始めるはずです。揺れ始めたらグラグラの台だとわかる。揺れなかったら台は固定されている

図3C－8　ペッチェイ・クイン理論

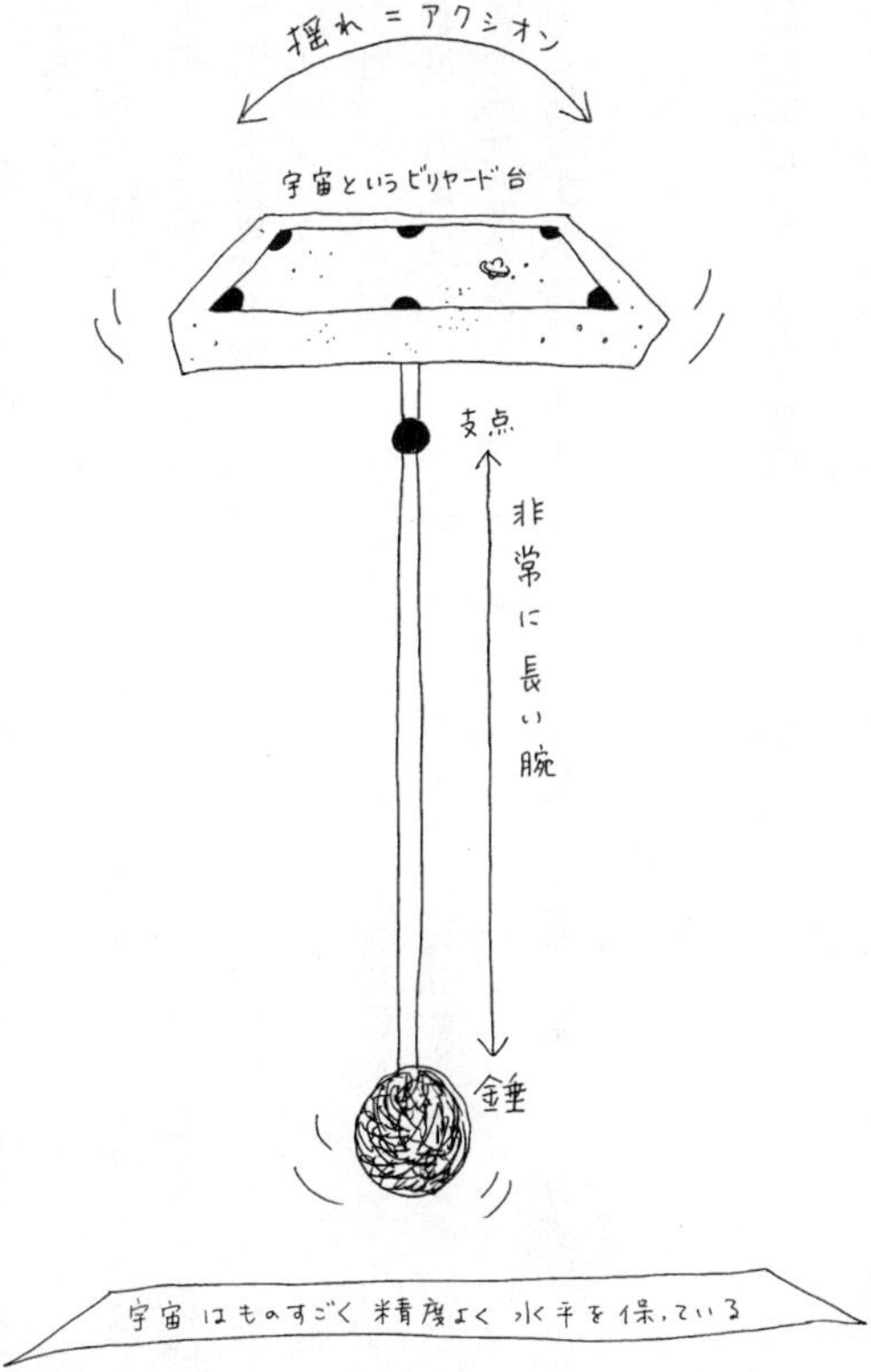

とわかる。

この、「ビリヤードを行う」、すなわち人工的に揺らしてみましょうというのが、加速器で人工的にアクシオン（揺れ）を作る実験です。

しかし、過去に試みた実験では、ひとつも見つからなかった。加速器で作れるようなものではなかったんです。このプールテーブル・アナロジーで言うならば、このビリヤード台は、非常に長い腕の先に、非常に重い錘が付いていたために、加速器では揺らすことができなかったんです。

現在、暗黒物質の候補として有望なアクシオンは、非常に軽くて、陽子の100兆分の1程度の質量だと考えられています。ただ量としては途轍もなくあるので、暗黒物質の候補と成り得ているわけです。

人工的に揺らすことはできなかったわけですが、では他に見つける方法はないのか？

最初にビリヤード台を置いたときの「揺れ」

最初にこの台を置いたとき（つまり強い力が生まれたとき）のことを考えます。そのとき、いくら台を静かに置いたつもりでも、わずかに揺れたはずでしょう。

そして、この台が、非常に長い腕の先に、非常に重い錘が付いている構造であれば、現在でも揺れは収まっていないはずであり、その宇宙初期に生じた「揺れ」を、今でも観測できるはずです。

この宇宙初期に生じた「揺れ」を観測する実験が、第三章でお話しした、暗黒物質としてのアクシオンの探索実験です。加速器で人工的に作るのではなく、天然のアクシオンを捕らえよう、というわけです。


僕は初めてこのビリヤード台の例え話を聞いたとき、「これはすごいアナロジーだ」とすごく感心したんですけれども、これを一般の方に話しても、だいたい「は?」と言われます(笑)。

「揺れ」があまりにも小さいため、アクシオンはまだ見つかっていませんが、近い将来、発見されるかもしれません。アクシオンは絶対存在すると思います。ただ、人類が見つけることができるかどうかはかなり難しい……。宇宙人はいるけど会えない、みたいなものですね。宇宙人は間違いなくいる。でも会うのは遠すぎてまず無理、ということもはっきりしている。

このように、超対称性理論やペッチェイ・クイン理論によって導き出された未知の素粒子こそが、暗黒物質の候補だと考えられています。それらはまだ発見されていませんが、もし発見されれば、ヒッグス粒子のときのような大きなニュースになるはずですので、その報を心待ちにしたいと思います。

第四章

そして宇宙は創られた

想像力と技術力で辿り着いた世界

今日が宇宙に関する講義の最終回です。これまでの3回の話を踏まえた上で、宇宙の始まりの話をしていこうと思います。

これまでお話ししたことを頭に入れておけば、今日の話はかなり理解していただけると思うのですが、もうひとつだけ、皆さんの頭に入れておいてもらいたいことがあります。前々回「ビッグバン」のときに、「温度とはエネルギーの密度である」という話をしました。宇宙はもともと小さかった。小さな領域にすべてが集まっていた。だったら温度も高かっただろう、という話ですが（図2-1／124ページ）、そのときにも少し触れましたが、今日は改めてまず、それがどういう意味かということからご説明しましょう。

温度とは何か？

まず皆さん、「温度とは何か？」と訊かれたら、ちゃんと答えられますか？　高校の物理の授業ではやっているんですよ。でも最近は物理は必修ではないから、ご存じない方のほうが多いかもしれません。

たとえば、ある空間に粒子が漂っているとしましょう。粒子は「粒子」という名前のとおり、子供みたいなもので、じっとしていられないんです。

動き回っているので、それぞれ速度を持っています。速度は、それぞれの粒子によって違います。すごく元気に走り回っている子供もいれば、ややぐったりしている子供もいるように、個人差があるんですが、その個人差をぜんぶ均《なら》した平均値、これが温度なんですね。動き回ってる粒子の速さ（エネルギー）の平均値です。

もし仮に、粒子からエネルギーを奪ってやれば……子供を小突いて、体力を消耗させると、だんだん動きにくくなってくるわけですが（笑）、温度は下がるわけです。それが「冷やす」という行為です。チョロチョロ動いている粒子をおとなしくさせる。

修学旅行のスキーと生徒のエネルギー

ところで皆さん、高校のときの修学旅行ってどこに行きましたか？　僕は秋の北海道という誰得《だれとく》な感じだったんですけれど、その2年くらい後から、僕の高校はそういう観光地じゃなくて、スキーに変わったんです。今はどうなっているかわかりませんけどね。

スキーは修学旅行じゃないですよね？　「学」を「修」めていないでしょ？　それでも

スキーを選ぶのは、教師にとって大きな利点が2つあるからなんですよ。

ひとつは、生徒の管理が楽なんですね。スキー場に押し込めてしまえば、そこから逃げ出さないですし、インストラクターの人を付けて、ずっと滑らせておけばいいわけです。

2つめが重要なんですけれど、生徒は昼間必死に滑るから、夜ぐったりとなっているんですね。修学旅行の夜と言ったら、寝ないで遊んだり、女の子の部屋に行ったり、女風呂覗いたりするのが楽しみでしたけれども、そういうことをする元気を奪ってしまうわけです。エネルギーを奪ってしまう。すると先生たちは安心して、自分たちも遊べるわけですね。

昼間に滑り倒してぐったりした生徒たちは、夜になって寝床で寝てしまうわけなんですが、それと同じことが、粒子にも起こります。飛び回る元気がなくなると、一カ所に固まって静かになってしまうんですね（図4-1）。

水で言うと、水蒸気は温度が高くて飛び回っている状態です。ところが、よく冬の窓に水滴がつきますよね。あれは室内の水蒸気が、冷たい窓に触れて、冷えて、固まった状態です。水蒸気のエネルギーが奪われて、ぐったりしてる状態が結露（水）です。

ただ、ぐったりしていると言っても、止まっているわけではないんですね。ここだけ注意してください。同じ場所にいながら動いているんです。ちょうど夜寝床に入って、ごそごそ動いてるようなもんですね。水蒸気みたいに自由に飛び回ってはいないけれども、窓

図4－1　粒子のエネルギーが落ちると……

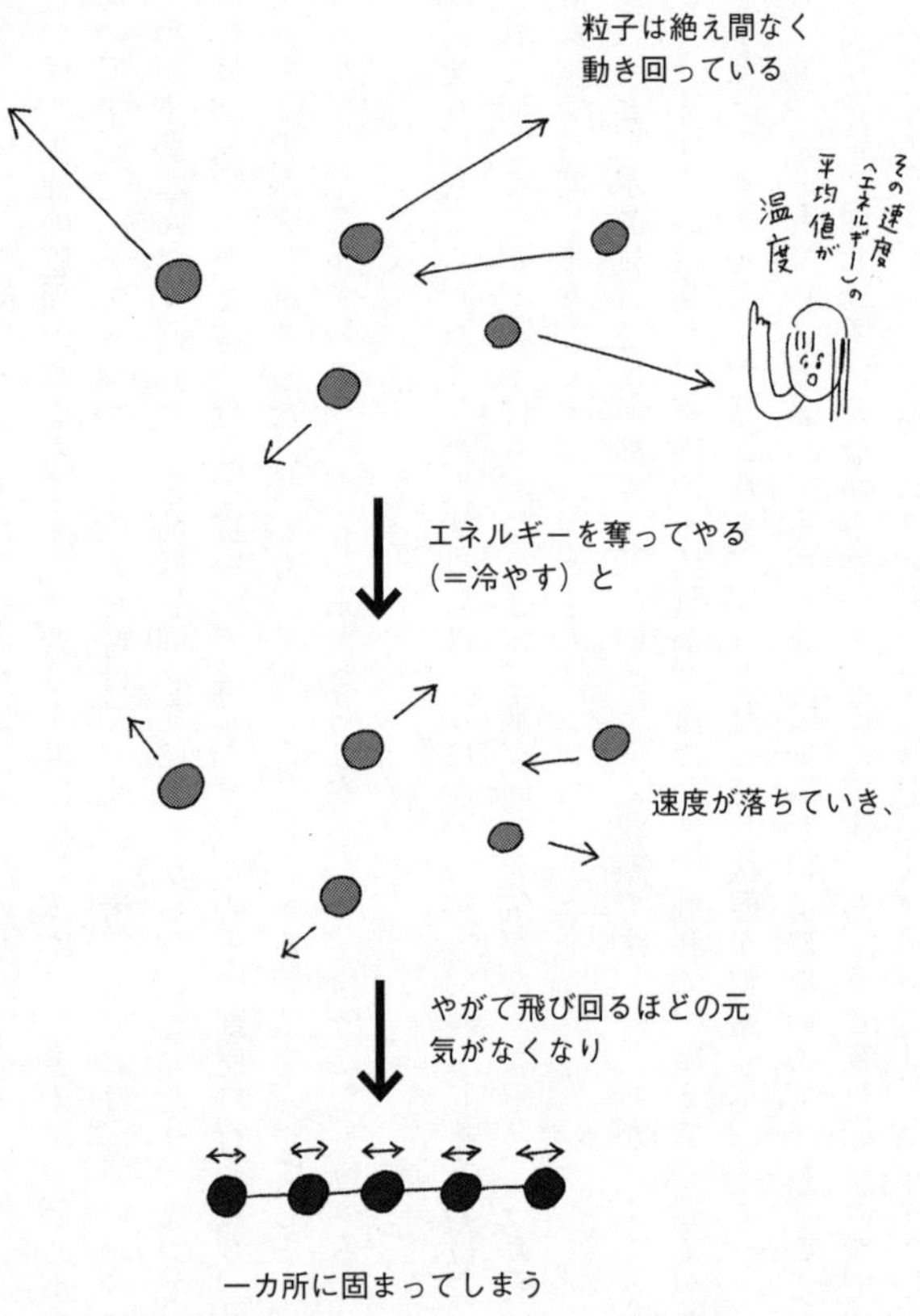
粒子は絶え間なく
動き回っている
その速度（エネルギー）の
平均値が
温度
エネルギーを奪ってやる
（＝冷やす）と
速度が落ちていき、
やがて飛び回るほどの元
気がなくなり
一カ所に固まってしまう

にくっついた状態で動いています。

相転移――物質の相貌が変わる

今のは水（分子）の例ですけれど、このことはもっと小さい階層にも適応されます。たとえば温度がもっと高い状態では、（原子を構成している）電子と陽子（原子核）は自由に、水蒸気みたいに飛び回ることができます。ところが、そこからエネルギーを奪ってやる（冷やしてやる）と、電子と陽子はくっついてしまいます。水の分子同士が窓にくっつくように、飛び回ってた電子は陽子とくっついて（電子が陽子に捕まって）、電子は陽子（原子核）の周りを飛ぶようになるんです。自由に動き回れなくなってしまう。つまり原子になるんです（図4-2右）。

さらに小さい階層でも同じです。陽子を形作っているクォークも、すごい温度が高い状態だったら、自由に好き勝手に飛び回っているんですけれども、温度が下がってくると、くっついて、陽子の中に閉じ込められてしまうんです（図4-2左）。こんな感じで、一カ所に固まってしまうんですね。

この固まる瞬間のことを、物理学では「相転移」と呼んでいます。「相」（＝状態）が変わる、という意味です。つまり消灯です。

図4－2　相転移

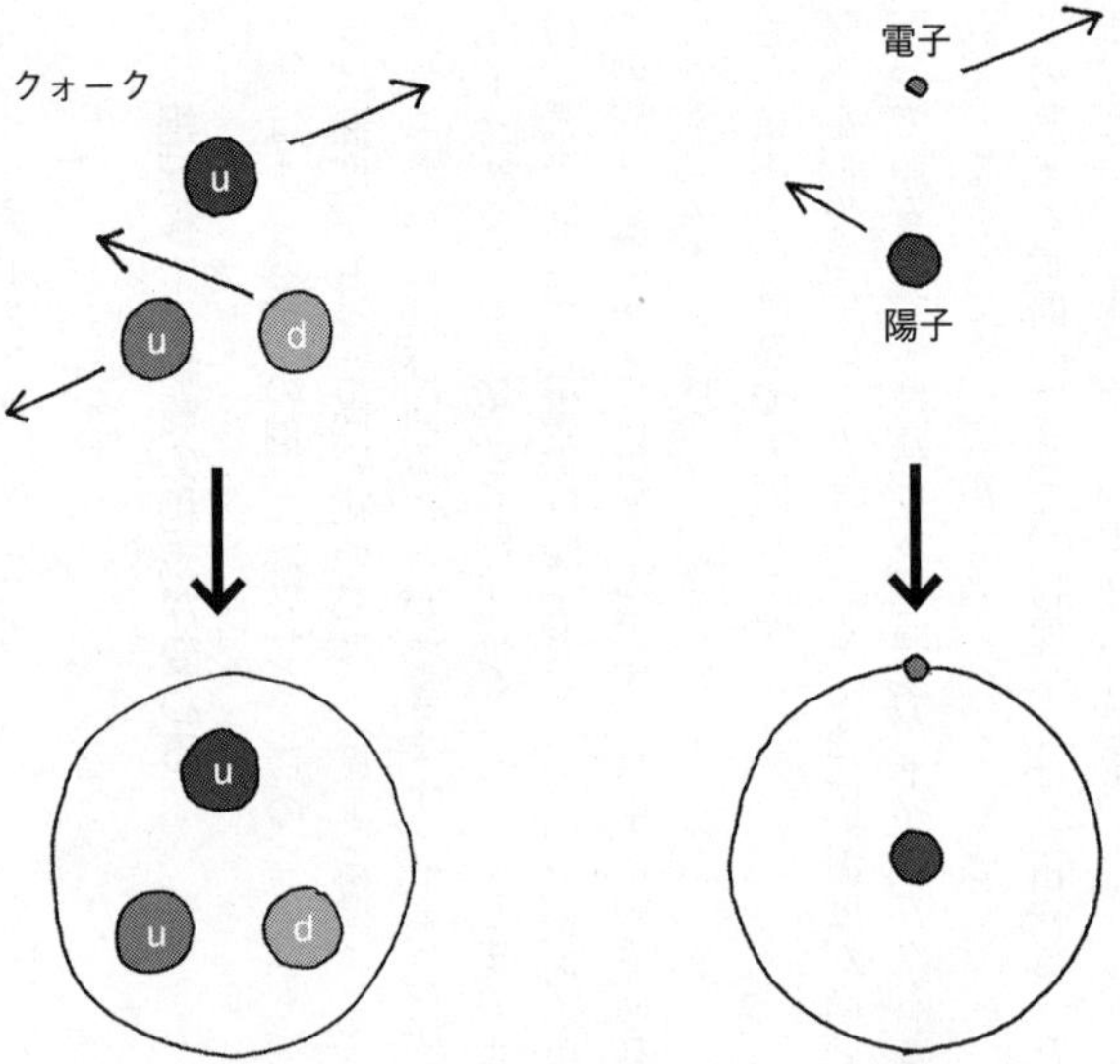

水だったら、自由に飛び回ってる「水蒸気」の状態から、「水」に変わる。これが1回目の相転移です。「水」をさらに冷やすと、さらに固まって「氷」になるわけです。これが2回目の相転移です。こんな感じで、水には相転移が2回あります。相転移は物質のいろんな階層で当てはまるんですよ、ということを覚えておいてください。

温めれば過去を見ることができる

さて、「相転移」についてお話ししたところで、これから今日のテーマである宇宙の始まりについて、お話ししていきましょう。

宇宙の昔の姿がどうだったか？　これを知るには、過去に戻るタイムマシンがあればいいんですけれど、作れません。でも擬似的なタイムマシンなら作れるんです。第二回の講義を思い出してください。宇宙は膨張しています。膨張しているということは、時間を逆回しにすると、収縮していくということです。収縮していく、つまり宇宙を圧縮していく――するとどうなるか？　それは先ほどの温度の話からわかると思います。つまり熱くなるんです。宇宙は膨張していって、エネルギーの密度が低くなって冷えていったんですから、逆に温度を高くすれば昔の状態になるんじゃないか、擬似的に時間を遡ることができるんじゃないか、というわけです。

「では宇宙全体を温めてみましょう」というわけにはいかないので、実験室でできる程度のスケールで温めてやることにします。

簡単に言うと、ここにあるコップを炉に入れて温めるだけでもいいんですけれど、それだと大して温まらないんですね。せいぜい何千度とかその程度です。でも宇宙の始まりまで遡ろうとすると、もっと熱くしてやらないといけないんです。

先ほど「温度」とは、粒子の速さ(エネルギー)だと言いましたよね。だから炉で温める以外に、このコップを粒子の状態にバラバラにした後、それに速度を与えてやればいいわけなんです。「エネルギーを与える」=「速度を与える」ということですから。粒子に「速度を与える」装置、それが加速器です。

LHCが出来たときの一般への売り文句はですね、「ビッグバンを再現できる!」というものだったんです。「ブラックホールが出来るぞ」と言われて提訴されたという話を第一回の講義でしましたが、同じく一般受けする派手な台詞回しですね。宇宙の最初の状態、その温度を再現できる、というわけです。

ビッグバンとは、物質が極度に密集して、半端なく温度が高い状態のことです。ですから「ビッグバンを再現できる」ということは、物質(粒子)をめちゃくちゃ高い温度にすることができるということです。どれくらい高いか、についてお話ししましょう。

これは宇宙の年表です(図4-3)。上が宇宙の始まりで、そこから下向きに時間が流れて、一番下が現在。時間とそのときの温度を対数で表したものです。「対数」とは、10の何乗という、この肩の数字ですね。これを取り出して縦軸にした年表です。対数じゃないと今日の話は収まり切らないんですね。

図4－3　宇宙の年表

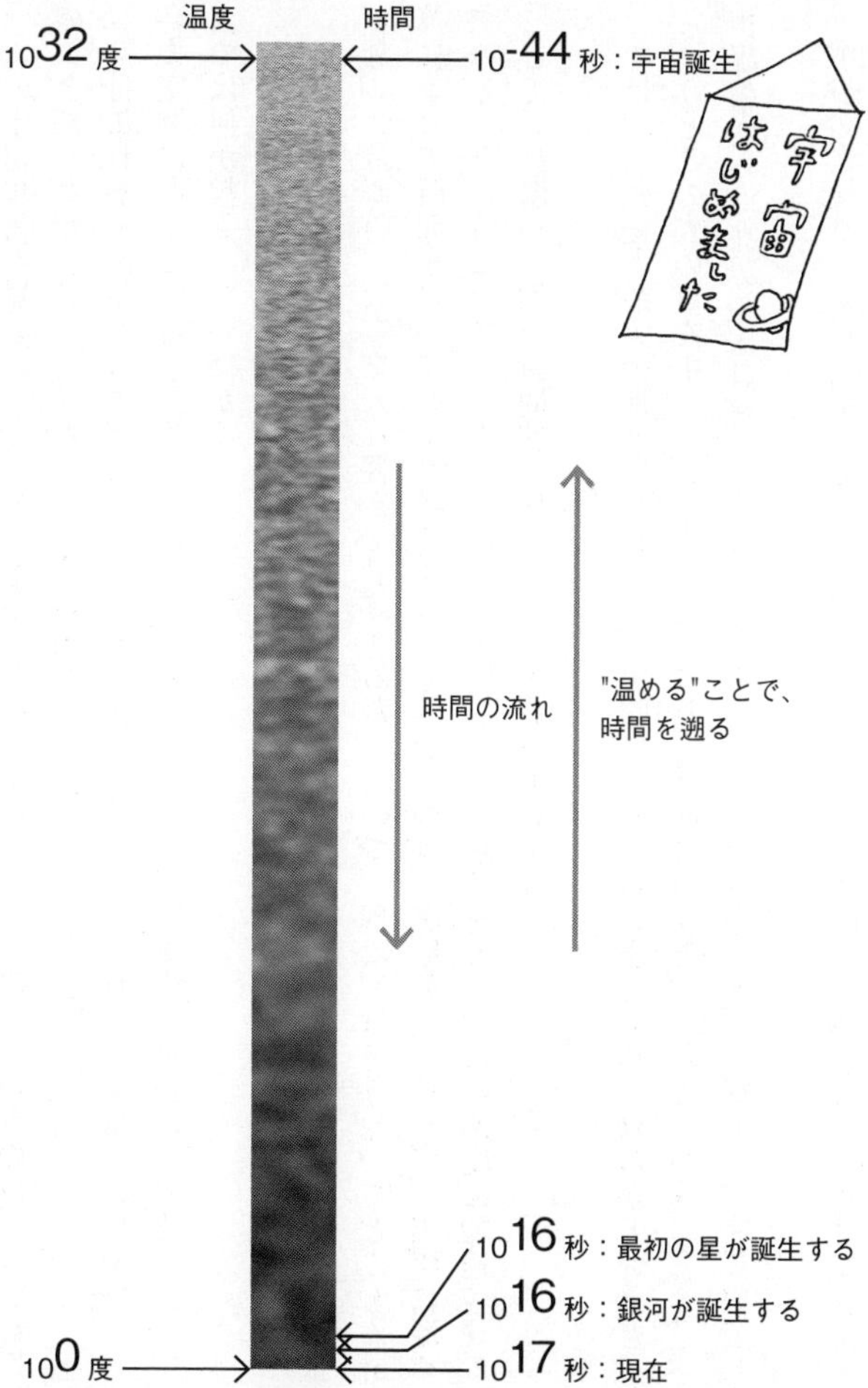
温度
時間
10^{32} 度
10^{-44} 秒：宇宙誕生
宇宙はじめました
時間の流れ
"温める"ことで、
時間を遡る
10^{16} 秒：最初の星が誕生する
10^{16} 秒：銀河が誕生する
10^{0} 度
10^{17} 秒：現在

この宇宙年表を見ると、「星が出来た」とか「銀河が誕生した」というのは、つい最近のことだとわかります。ぜんぜん宇宙の最初じゃないんですね。

今日これからお話ししようとしている「宇宙の始め」は、これよりもはるかに前です。いま空欄になっているところを、徐々に埋めていこうと思います。星が出来るまでに、宇宙では何が起こっていたか?

遡る方法は2つあって、ひとつは理論的に温度を温める。これは簡単ですよね。数式上でちょいちょいと数字を入れ替えて計算するだけなので。理論家はそうやってどんどん計算によって時間を遡っていくわけですね。もうひとつは、実験装置を使って、実際に温めてみる、ということです。たとえば、加速器を使って粒子をものすごい速度に加速させることで、高温の状態を瞬間的に作り出す、というわけです。

では、人類史上最大の加速器LHCで、実際にどれくらいまで温められるかというと、ちょうどこの表の真ん中くらい——10^{17}度。これを時間に直すと、10^{-14}秒後(図4-4)。宇宙誕生から100兆分の1秒後の状態まで遡ることができるんです、実験的に。すごいでしょ?

10^{12}が「兆」で、10^{16}が「京」ですから、10^{17}度は10京度ですね。その温度の状態まで温める

図4－4　ＬＨＣとゼットン

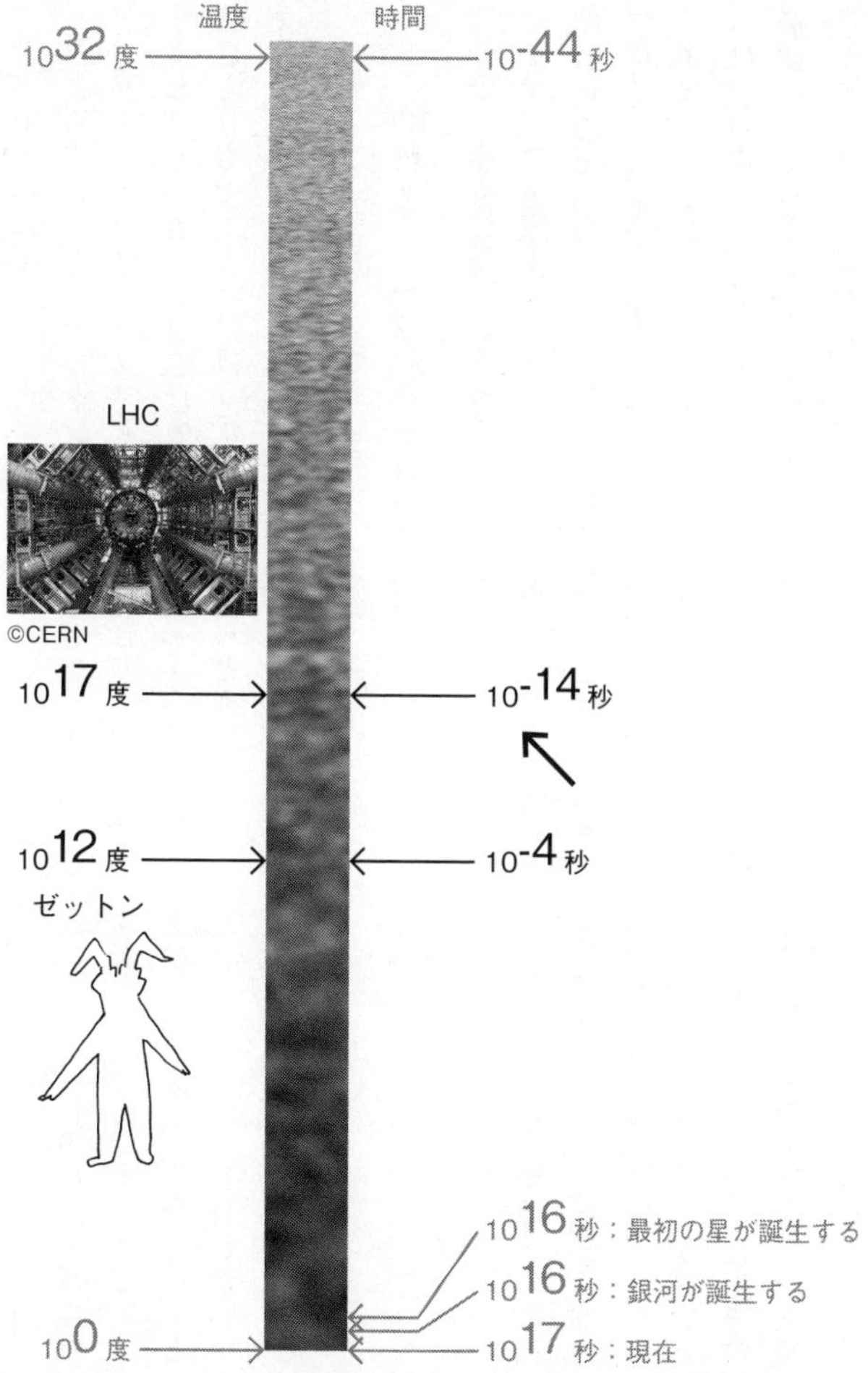

ことができるんです。

ところで皆さん、ゼットンってご存じですか？ 「ウルトラマン」に登場した怪獣ですが、ゼットンがウルトラマンを倒したときの炎の温度が、1兆度らしいんです。すごいですよね。しかも、LHCは21世紀の技術ですけど、ゼットンは昭和ですからね（笑）。LHCよりもゼットンのほうが勝っていたらどうしようかと思ったんですが、LHCが勝っててよかったです。まあこれが昭和の時代からの進歩ですよね。5桁上がったという。

10^{13}秒後——電子が原子核に捕まる

では、順番に時間を遡っていきます。

まず、宇宙誕生から10^{13}秒（10兆秒）後——38万年後。それくらいに、電子が原子の殻に閉じ込められる、という現象が起こります（図4-5↖）。温度は1000度くらい（正確には3000度ですが、ここではあくまで桁数＝ゼロの数だけで考えていきます）。

先ほどお話ししましたように、原子の基になる電子や陽子（原子核）は、温度が高いときは、自由に飛び回っているわけです。温度が下がって1000度くらいになったときに、飛び回ってる電子や原子核が固まって、原子になってしまうんです。消灯です。先ほど説明した現象、相転移が起こるわけですね。

図4－5　宇宙の晴れ上がり

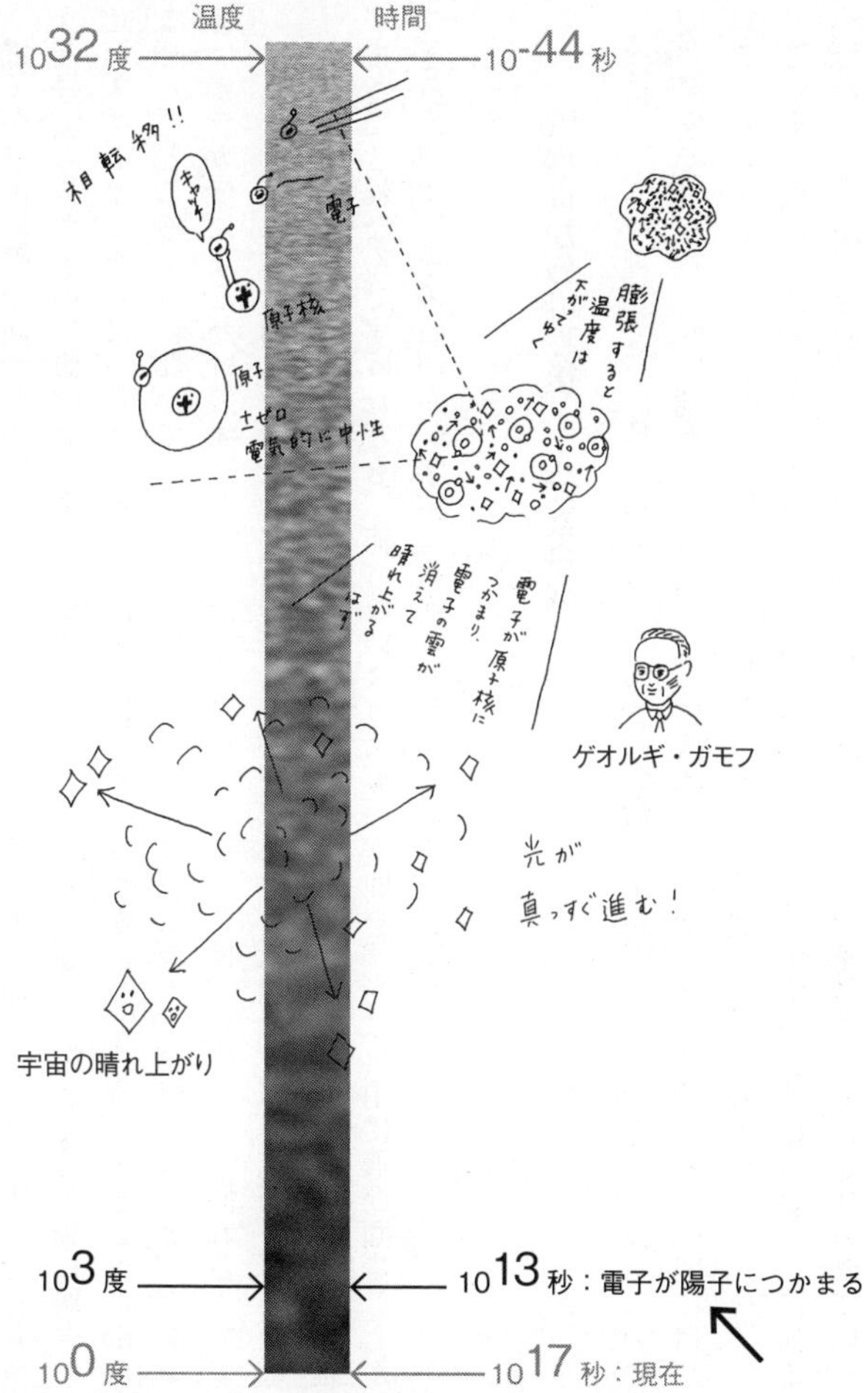

電子が自由に飛び回っているときは、光は、電子にガンガンぶつかっていました。ちょうど昼頃のスキー場に修学旅行生たちが満ちあふれている状態で、運悪くその場に居合わせたスキーヤーたちは、ちょっと滑ったら生徒たちにぶつかってしまう……まともに滑れません。ところが夜になって、生徒たちがぐったりして宿に戻って消灯になると、ゲレンデはガラガラになるわけです。そうしたら、スキーヤーたちは、自由に滑り回れるんです。

これが、第二章でお話しした「宇宙の晴れ上がり」という状態ですね。充満していた電子の雲が消えて、晴れ上がった状態になり、光はまっすぐ進むことができる。現在の宇宙がまさにこれなんですけれども、何もないスカスカの空間を、光は自由に飛び回ることができるんです。その瞬間が、宇宙誕生から10^{13}秒後というわけです。

10^0秒後から10^2秒後――元素合成

次に、さらに遡って、10^0秒から10^2秒――つまり宇宙が出来て1秒後から100秒後くらいの間、温度で言うと、100億度から10億度くらいに冷めていくその2、3分くらいの間に何が起こったかというと、「元素合成」という現象が起こりました（図4－6↖）。

これも相転移のことです。先ほどの「晴れ上がり」では、電子が原子核（陽子）に捕まったわけですが、そのひとつ前のこの「元素合成」では、原子核そのものが作られていっ

図4－6　元素合成

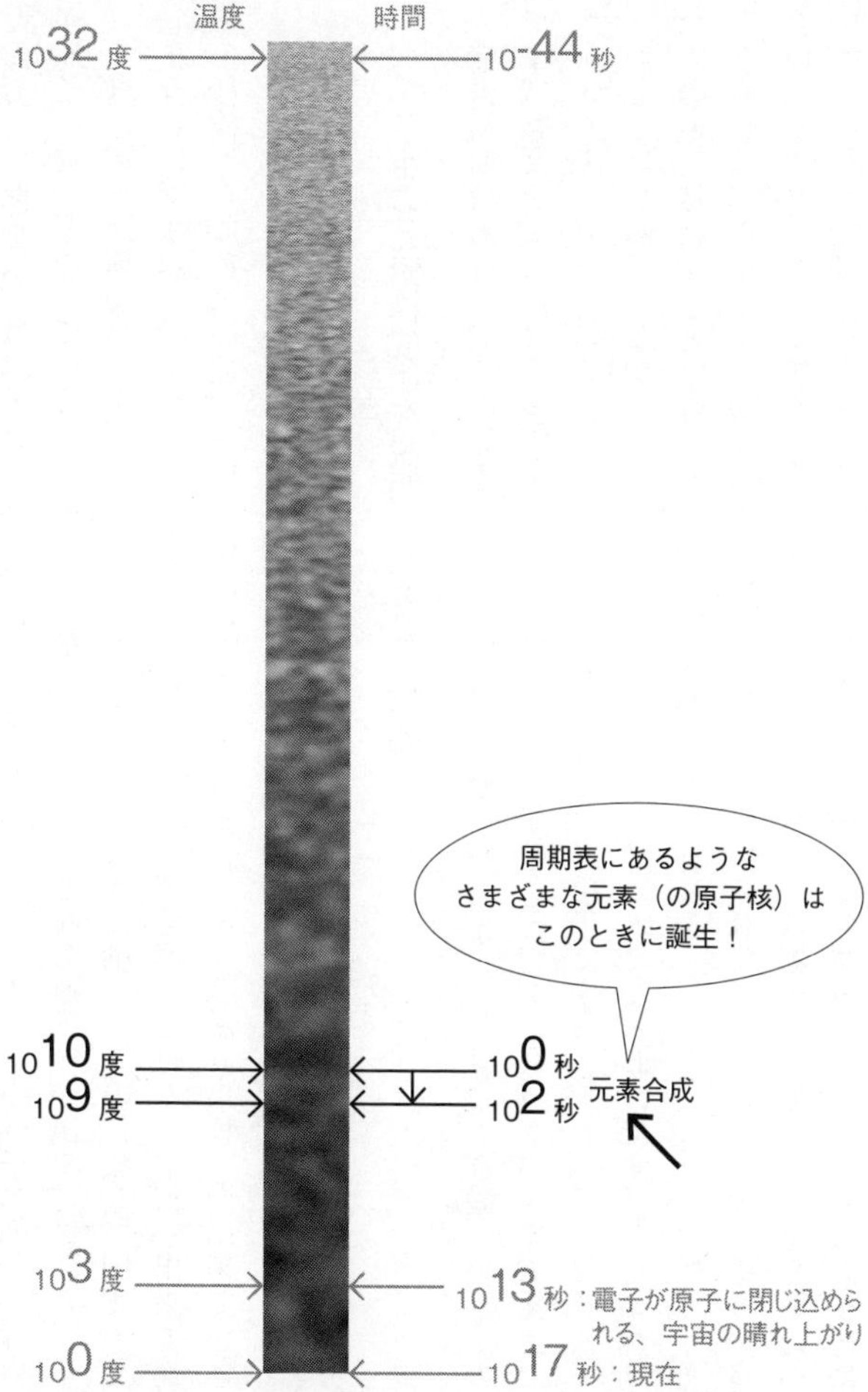

温度
時間
10^{32} 度
10^{-44} 秒
周期表にあるような
さまざまな元素（の原子核）は
このときに誕生！
10^{10} 度
10^{9} 度
10^{0} 秒
10^{2} 秒
元素合成
10^{3} 度
10^{13} 秒：電子が原子に閉じ込められる、宇宙の晴れ上がり
10^{0} 度
10^{17} 秒：現在

たんです。原子核とは陽子と中性子が複数固まった状態です。陽子と中性子の個数の違いが原子の違いとなっています。そういう様々な原子の基となる原子核が出来ていった。

先ほど電子が捕まったように、陽子や中性子も同じように動き回るのに疲れて固まってしまうわけですね。陽子がくっつき合っていろんな原子核を作っていく。宇宙が出来てから1秒後から100秒の間に、周期表にあるような、いろんな原子（の原子核）が出来ていきました（正確には軽い原子のみ）。

宇宙の元素構成比を説明したαβγ理論

宇宙初期における、この元素合成の仕組みを説明したのが、α β γ《アルファベータガンマ》理論というものです。論文を出した3人の頭文字をとっているんですけれど、γがビッグバンを考え出したゲオルギ・ガモフのことで、αβはそれぞれガモフの弟子です。

たとえば、陽子が2つ、中性子が2つ集まると、ヘリウムになるわけです。さらにヘリウムの原子核に陽子と中性子がくっついて固まると、リチウムになる（図4-7）……そんな感じで、以後どんどん周期表にあるような元素が作られていくわけですが、そういう合成のシナリオ――つまり、現在の宇宙にはどれくらいの水素があって、どれくらいのヘリウムがあって、どれくらいのリチウムがあって……宇宙全体が、どんな元素の構成比になっているかは、このときの元素合成のシナリオによって決まります。

一方、実際に観測することで、現在宇宙がどんな元素で成り立っているかを調べられます。

宇宙では、ほとんどの物質は星のような固まりではなくて、星になりきれなかったガスのような状態で存在しています。

図4－7　αβγ理論

高温のときは自由に飛び回っていた陽子は、
温度が冷えると共に固まり、
様々な元素の基となる原子核を構成する
→元素合成

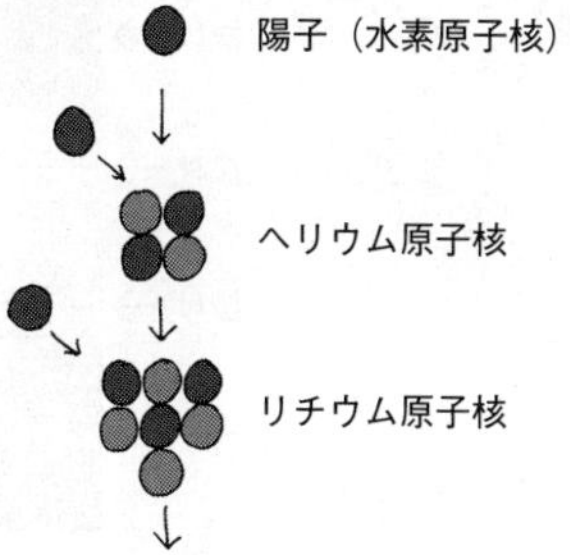

「元素合成」がどれくらい続けば、
どのような構成比になるかを説明→αβγ理論

そのガスの向こう側に星があったとします。すると、星から来る光が途中でそのガスと反応して、ガスの種類によって決まる特定の波長だけそのガスに吸収され、地球に到達できず、そこだけスペクトルに抜けができるんです。以前、「赤方偏移」の説明でこの図をお見せしましたが（図4-8）、スペクトルそのものに黒い線（抜け）が入っていますよね？　これがその抜けで、これを「吸収スペクトル」と言います。その抜けの部分を見れば、その光がど

図4－8　吸収スペクトル

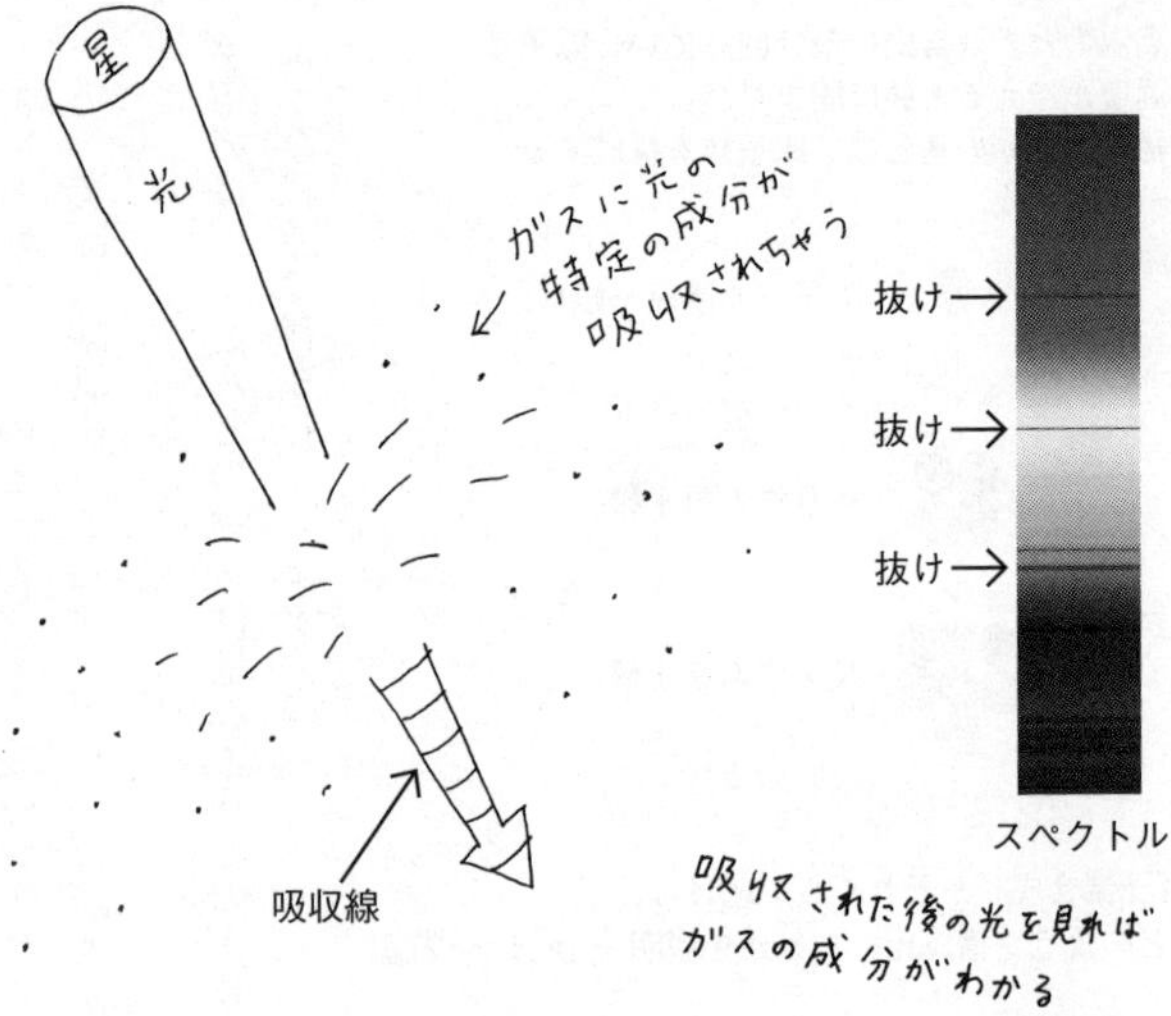

星
光
ガスに光の
特定の成分が
吸収されちゃう
抜け
抜け
抜け
スペクトル
吸収線
吸収された後の光を見れば
ガスの成分がわかる

んなガス（物質）を通ってきたかがわかる。そうやって四方八方の星の光を調べることで――どの抜け（どの元素）が、それぞれどれくらいあるのか……「水素の吸収線が多い、ヘリウムの吸収線は少ない」という感じでその星と地球の間の空間にどんなガス（物質）があるのか、つまり宇宙にどんな元素が満たされているのか、その比率を計算することができます。

それを計算してみると、水素が92・4％、ヘリウムが7.5％、その他0.1％となっています。宇宙は、ほとんど水素とヘリウムで出来ているんですね。

「宇宙が出来て1秒後から100秒後く

らいの間に元素合成が起こっていた」というのはですね、この、現在の宇宙の元素比率から逆算して……つまり、宇宙が何秒間元素合成を行っていれば、今のような比率になるか？ということを求めたのです。おそらく元素合成が100秒間くらい起こっていれば、今のような比率になるはずだ、というわけです。

宇宙の元素のほとんどが水素ということは、つまり、先ほど元素合成で原子核がどんどん作られていったと言いましたが、ほとんどは、陽子1個の状態のまま、くっつかずにそのままバラバラの状態でいたということです。そのあとの晴れ上がりのときに、そういう陽子1個の状態の原子核に、電子が捕獲されて、水素原子になっていった、というのが宇宙の大部分で起こっていたことです。

10^0秒後——対生成が打ち切られて、光だけの宇宙に？

「元素合成」が、宇宙誕生から1秒後に始まった、という話でしたが、実は「1秒後」というのは、他にも重要なことが起こっているんですね。

第一回の講義の始めに、反物質の話をしましたよね。粒子と反粒子がエネルギー（光）に変わる（↓対消滅）。エネルギー（光）が粒子と反粒子のペアを作る（↓対生成）、そういう話をしました。それを思い出してください（図1‐3／21ページ）。

宇宙初期の、温度が非常に高い状態というのは、「エネルギーの密度が高い」わけですから、そこを飛んでいる光も、非常に強いエネルギーの光なんですね。ですから、その光は、物質と反物質を生み出します。そして、生み出された物質と反物質は、出会うとまた光になります。そしてまた、光が物質と反物質を作って……という感じで、繰り返すわけです。そういう現象がしばらく起こり続けます。

ところがですね、先ほども言ったように、宇宙が膨張していくと（体積が大きくなっていくと）、この光のエネルギー（温度）はだんだん下がっていくわけです。空間が伸びると、それに合わせて光も伸ばされる。つまり波長が長くなる（エネルギーが低くなる）んでしたね（図2‐11／148ページ）。そしてある瞬間、もう物質と反物質を作るだけのエネルギーがなくなってしまうんです。

電子と陽電子のペアを作るには、1メガ・エレクトロンボルト（MeV）のエネルギーが必要なんですが、温度で言うと、10^{10}度以上の温度でないと、このペアは作れない。ですから、温度が下がっていって、10^{10}度を切ってしまうと、もう物質と反物質のペアを作ることができなくなります。10^{10}度を切ってしまうのが、この「1秒後」なんです。そこからあとは、光だけが、徐々にエネルギーを落としながら漂うだけになってしまうんです。物質と

図4－9　対生成が打ち切られる

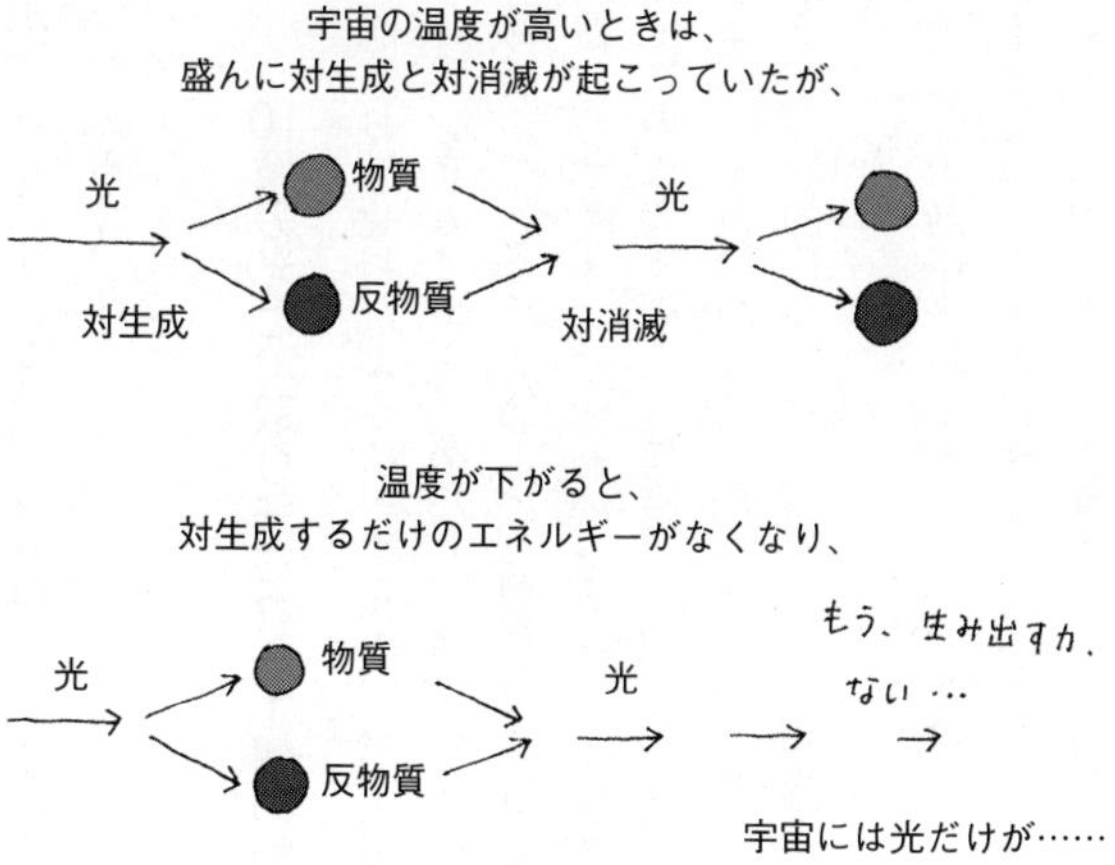
宇宙の温度が高いときは、
盛んに対生成と対消滅が起こっていたが、
光
物質
反物質
対生成
光
対消滅
温度が下がると、
対生成するだけのエネルギーがなくなり、
光
物質
反物質
光
もう、生み出す力
ない…
宇宙には光だけが……

反物質を作ろうにも、もうエネルギーが足りない……。

これを聞いて、疑問に思いませんか？

ではなぜ、いま我々や星のような物質（粒子）は、こうやって存在しているのか？　という疑問です。この理屈で言うと、宇宙は、誕生してから1秒後に対生成が打ち切られてしまって、光だけが残り、あとには、物質（粒子）は存在していないはずなんです。

誕生から1秒後に10^{10}度だった宇宙は、さらに温度が下がっていって、現在は3度くらいになっています。対数で言うと、10^{0}度。つまり10桁も下がっている。時間も137億年も経っています。もし宇宙誕生の1秒後に対生成が打ち切られて、光だけの宇宙になったのであれば、その後に対生成が起きて粒子が生まれるはずはなく、我々はこうやって存在していないはずなんです。

では なぜか?

10億の光と、取り残された1個の物質

前回お見せしたように、現在の、全宇宙にある物質（全質量）の平均密度を測定してみると、1立方メーターあたり、陽子に換算して6個程度でした。そのうち、いわゆる普通の物質（バリオン）などは0.2個程度。暗黒物質も含めると2個程度ですが、あくまで桁を問題にしてますので、わかりやすく1個ということにしておきましょう（図4-10）。地球上にいる我々のように物質に囲まれていると、想像できないくらい、宇宙はスカスカですよね。それに対して、同じ1立方メーターの中に光は10億個くらい入っています。光のほうが圧倒的に多い。と言っても、相当スカスカですけれどね。宇宙は基本的に暗いのです。

先ほどの話――粒子と反粒子が光になって、また粒子と反粒子になって、ある時点で、粒子と反粒子を生み出せなくなって光だけになった……という話から考えれば、この1立方メーター内に1個含まれている物質は、本来ゼロになっていないとおかしいわけです。

ぜんぶ光になって消滅していないとおかしい。なぜ残っているのか？

　答えは、粒子と反粒子が、同じ数じゃなかったから、です。つまりこういうことです。

今からちょっと残酷な話になりますよ。

　この図にある、物質と反物質の数が同じなら、対消滅してぜんぶ光に変わって、物質・反物質はゼロになってしまいます（図4-11上）。ところが、もし物質が1個多かった場合、7個は反物質とペアになって消滅できますが、可哀想にあぶれてしまった奴はですね、ひとり取り残されるわけです。

図4－10　宇宙の粒子密度

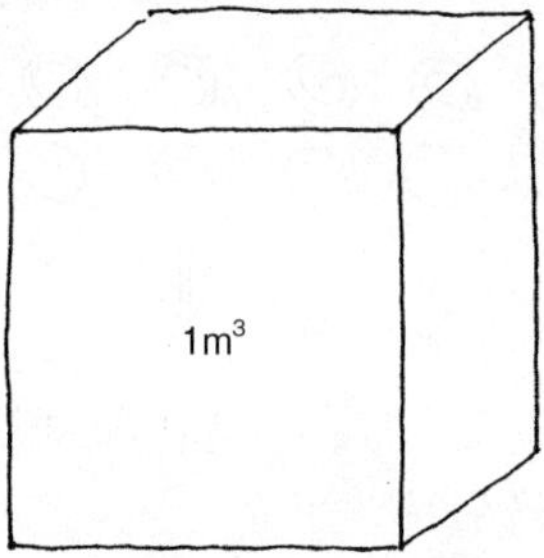

光子 1,000,000,000 個　物質 1 個
すべてが光子にならなかったのは、
物質と反物質が同数でなかったからに違いない。

　ちなみに、今の日本では男のほうが多いらしいんですよ。中国なんかはもっと男の割合が多い。反対にロシアは女の人のほうが圧倒的に多いそうです。ロシア、うらやましいですよね（笑）。そういうリアル世界でも起こっている哀しい現実が、その昔、粒子の世界でも起こっていたわけです。

　比率で言うと、物質10億1個に対して、反物質は10億個の割合です。つまり、この図ではカ

図4－11　物質と反物質のペア

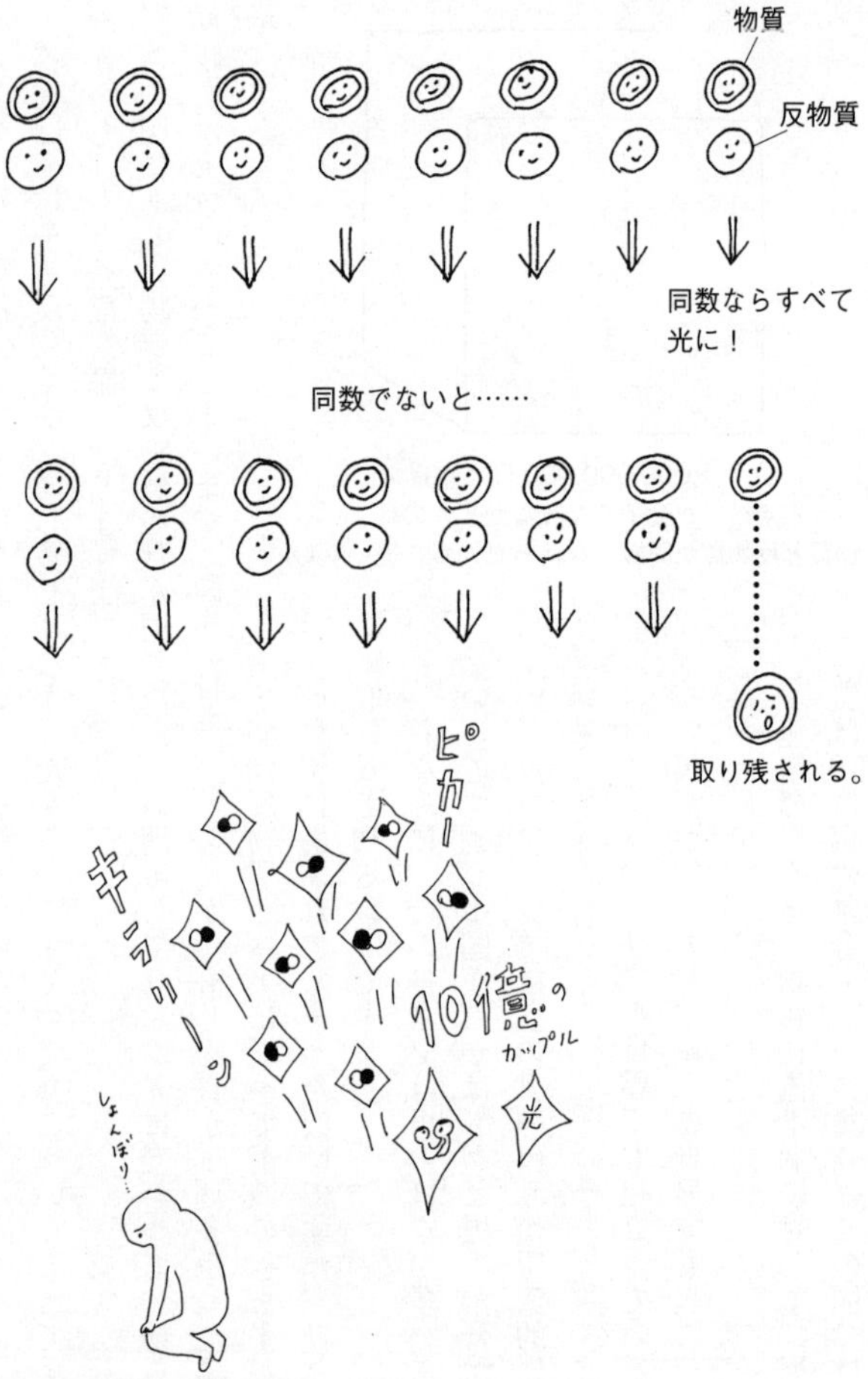
物質
反物質
同数ならすべて光に！
同数でないと……
取り残される。
ピカー
キラリーン
10億のカップル
光
しょんぼり…

ップル7組に対してひとり余る計算ですが、実際は、10億組のカップルがキャッキャウフフしているのをよそに、ひとり取り残される感じです。

あぶれものがいっぱいいたら、それなりに楽しいんですけれど、友達がみんなリア充で、ひとりだけだったら哀しいでしょ？　ちなみに大学の同期の仲のいい友達の中で、結婚してないのは僕だけですからね。哀しいものがありますよね。

宇宙空間全体で見たら物質はほんのわずかしかない——1立方メーターあたり陽子1個分相当しかないわけですが、そうやってわずかに生き残ったあぶれもの同士が集まって、太陽や地球や皆さんの体が出来ているわけです。

自然の法則は左右対称であるべきなのに……

というわけで、物質と反物質は対称ではなかったんです。

「対称ではない」と言っても、10億と、10億1ですから、ほとんど合っていますよね。普通の人だったら、こんなものは気にしないんですけれど、物理学者はこういう細かいことを気にするんですよ。

物理学者は、自然科学の理論というのはまったく対称に、左右歪んでない状態——完全にシンメトリーに美しく出来ていないといけない、という信念を持っていまして、この結果には許せないものを感じているんです。

物理学の根幹を成す「標準理論」では「絶対に対称です」と言い切っていたわけです。その標準理論と矛盾することとなりました。これがCP対称性の破れと言われるものでして、詳しくはコラムⅢをご覧ください。

2008年にノーベル賞を受賞した小林・益川理論とは、その標準理論の枠内で、なんとかこの非対称性を説明しようと試みたものです。小林・益川理論を標準理論に組み込めば、標準理論の枠内で非対称性が説明できる。

常に修正を施して、最終的にちゃんとした理論を作りましょう、それが標準理論です。大枠では合っている（だから修正も施せる）というわけですが、標準理論が本当に正しいかどうかは、ある程度は検証されましたが、今後いろいろ研究していかなければならないテーマになります。

10^{-8}秒後から10^{-4}秒後——クォークが固まって陽子に

さて、話を年表に戻しまして、そうやって、粒子だけがあぶれて残ってしまった、というのが、宇宙が出来て1秒後です。

では、さらにもっと遡りましょう。10^{-8}秒から10^{-4}秒、つまり1億分の1秒から1万分の1

秒の間——そのときの温度は10^{12}度ですから、ほぼゼットンと同じですね。この温度のときに何が起こっていたかというと、クォークが陽子に閉じ込められる、という現象が起こります（図4－12↖）。

先ほど言いましたように、クォークも温度が高い状態では、自由に飛び回っていますが、それがぐったりとなって、固まって、陽子になるわけです。ゼットンも、もうちょっと温度が高ければ、陽子をバラバラのクォークの状態にすることができたんですよ。

10^{-11}秒後——3回目の相転移によって「電磁力」と「弱い力」が発生

さらに遡って、10^{-11}秒。1000億分の1秒。温度だと1000兆度、それくらいになると、3回目の空間の相転移が起こります（図4－12⇩）……っていきなり3回目から始まっていますが、これは時間を遡っているからで、3、2、1とこれから出てきます。

先ほどの水の話では、水蒸気から氷まで相転移が2回起こりましたよね。温度が冷えていくと水蒸気から水で1回、水から氷で1回、合計2回ありました。空間の相転移（力の相転移）は3回起こるわけですが、3回目の相転移で何が起こるかというと、元は1つだった力が2つに分かれて、「弱い力」と「電磁力」が生まれます。

注：これまでの、クォークや陽子や原子の相転移を、4回目、5回目、6回目と言ってもいいんですが、宇宙論の人たちがよく言う相転移は、1回目、2回目、3回目の力の観点から見た相転移なのです。

自然界の4つの力——人間は「重力」と「電磁力」しか実感できない

「力」について簡単に説明します。

自然界には、4種類の力があります（図4 - 13）。「重力」「弱い力」「電磁力」「強い力」。

この4つの力は、それぞれ強さも働きもぜんぜん違っています。

皆さんに馴染みがあるのは、「重力」と「電磁力」だけですね。その理由は、力には作用する距離というものがあって、「弱い力」と「強い力」は、その到達距離がめちゃめちゃ短いんです。

「強い力」は10^{-15}メーター。「弱い力」は10^{-18}メーター。

この2つは、ものすごく短い距離でしか働かない力なので、皆さんが普段の生活で感じることはありません。人間は、重力と電磁力しか感じることができません。

たとえば、高校の物理で摩擦力とか抗力とか張力とかいろんな力がありましたよね。これらは全て電磁力の表れなんです。たとえばこうやって机をこすって摩擦力が生じた、と

図4－12　クォークの閉じこめと、3回目の相転移

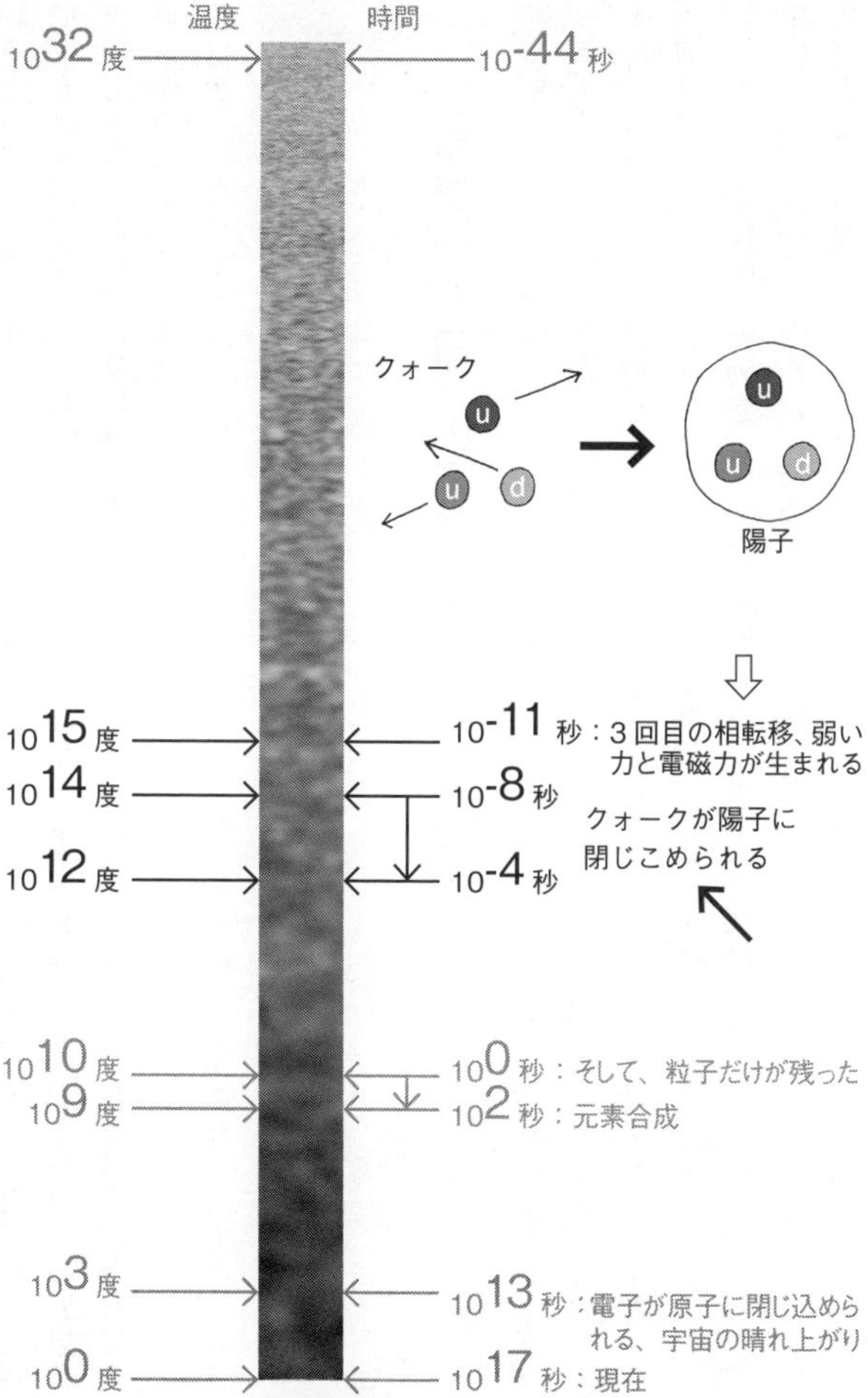

いうときには、僕の手と机の間の電磁力が、巨視的に見れば摩擦力として表れているだけで、元は電磁力なんですね。しかし、感じはしなくとも、我々は弱い力と強い力の恩恵を受けていて、弱い力がなければ太陽は燃えないし、強い力がなければ我々は人間としての形を保つことができません。

自然界に存在する「力」は、このように、作用距離も違えば、作用の仕方も力の大きさも、あらゆる面でぜんぜん違う。

それなのに「弱い力」と「電磁力」が元は同じ力だったってどういうことなのか?

「電磁力」と「弱い力」はかつてひとつだった

提唱したのは、スティーブン・ワインバーグ、アブドゥス・サラム、シェルドン・グラショーの3人です。3人なのに、なぜか「ワインバーグ=サラム理論」と二人だけの名前が付けられてますが、何があったのか僕は知りません(笑)。ちなみにグラショーは、この理論以外にもいろんなことで活躍している物理学者で、大変有名な人です。

この3人が提唱したのが、「宇宙の初期には、電磁力と弱い力は同じ力だったけれど、宇宙が冷えていったために、あるところで分離した」ということです。これを簡単に説明してみましょう。

図4－13　力の一覧

	重力	弱い力	電磁力	強い力
チャージ	質量（1種類）	弱荷	電荷（2種類）	色荷（3種類）
媒介粒子	重力子（グラビトン）	ウィークボゾン	光子（フォトン）	膠着子（グルーオン）
力の大きさ	10^{-39}	10^{-5}	10^{-2}	1
作用距離	無限	10^{-18}m	無限	10^{-15}m
提唱年	1665	1933	1864	1935
提唱者	アイザック・ニュートン卿	エンリコ・フェルミ	ジェイムズ・クラーク・マクスウェル	湯川秀樹

「強い力」の働き方

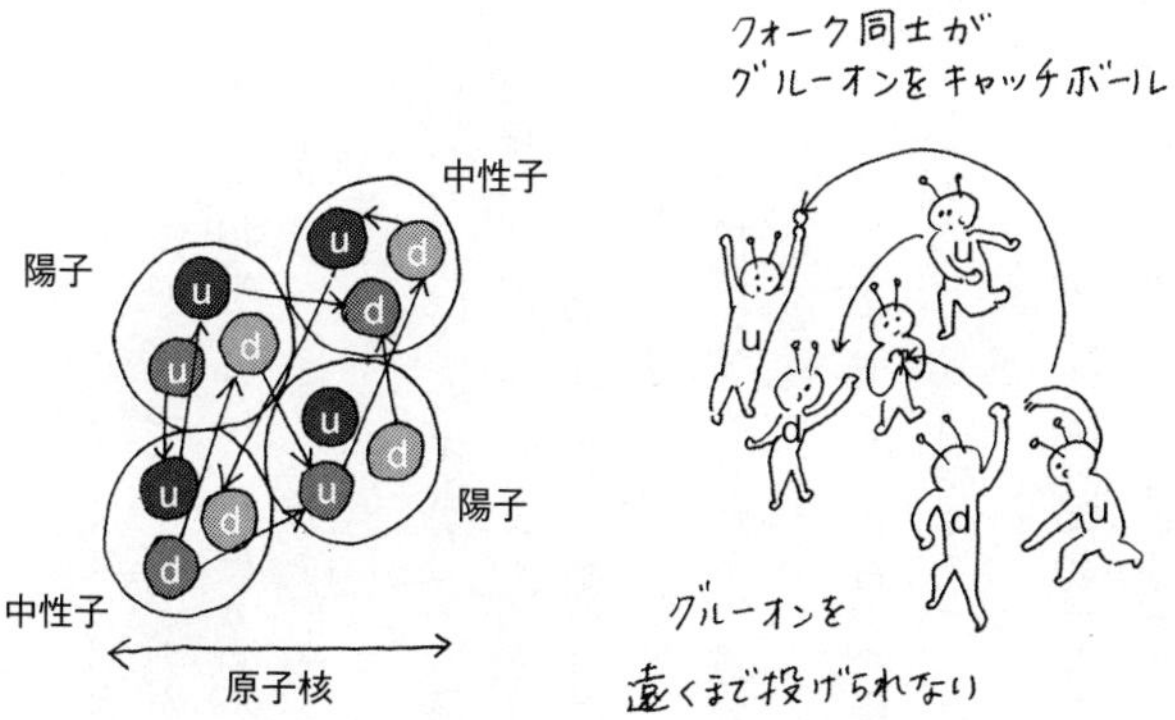

陽子
中性子
陽子
中性子
原子核
クォーク同士が
グルーオンをキャッチボール
グルーオンを
遠くまで投げられない

まず、「力とはそもそもどうやって伝わるのか？」ということを考えてみます。力というのは、何もないところでいきなり作用し合うわけではないんです。まず、力を伝えるための粒子を相手に投げつけます、それで力を伝えます。相手からは、やはり力を伝えるための粒子が投げ返されます、それで力を受け取ります。そんな感じで力を伝えるための粒子――媒介粒子を投げ合って力を伝えているんですね。「力が働いてる」とは、「媒介粒子をキャッチボールしている状態」のことです。それが力の伝達の仕組みです（図3C-1／267ページの「力を伝える粒子（ゲージ粒子）」がこの媒介粒子に当たります）。

その「キャッチボールする粒子」が、4つの力でそれぞれ違います。電磁力だったら、媒介粒子は「フォトン（光）」。強い力だったら「グルーオン」。重力だったら「グラビトン」、弱い力だったら「ウィークボゾン」。力の違いは、投げ合う媒介粒子の違い、というわけですね（詳しくは拙著『すごい実験』を読んでいただければと思います）。

ですから、「電磁力と弱い力がもともと同じものだったんですよ」と言った場合には、電磁力の媒介粒子「フォトン」と、弱い力の媒介粒子「ウィークボゾン」が、もともと同じものだった、ということを意味します。

しかし、フォトンは質量のない粒子ですし、ウィークボゾンは逆に質量がめちゃめちゃ大きくて、陽子の90倍くらいある巨大な粒子なんですよ。あまりに違いすぎるこの2つが、宇宙の初期では同じ粒子であったと言うには、無理があるように思えます。

そこでワインバーグたちはこう説明しました、「もともと同じだったところに、ヒッグス粒子というものが、ウィークボゾンにだけ、質量を与えたんですよ」と。

ヒッグス粒子が、フォトンには質量を与えず、ウィークボゾンにだけ質量を与えた。「粒子に質量を与える」というヒッグス粒子のメカニズムを導入することで、この不思議な仕組みを説明したんです。

質量とは何か?

ここで、2012年の夏にニュースで報じられて有名になった「ヒッグス粒子」が登場しました。ニュースでも「質量を与える粒子です」と解説されていましたが、いまいちよくわからなかった人もいるかもしれません。「質量を与える」とはどういうことなのでしょうか。

たとえば、電子にはある重さがあります。511キロ・エレクトロンボルト（keV）。一方、陽子の質量は938メガ・エレクトロンボルト（MeV）。こういうふうに質量が決まっている。しかもバラバラ。なぜ素粒子は質量を持っているのか？　なぜその値がみなバラバラなのか？

まず、「質量とは何か?」ということを理解しておく必要があります。質量そのものの意味をニュースでは説明していなかったから、わかりにくかったんだと思います。

質量とは何だと思いますか? これはね、「動きにくさ」を表す量なんです。

たとえば、ここに「軽いもの」と「重いもの」があったとします。この2つに同じ大きさの力を加えて動かそうとします。そのとき、「軽いもの」は簡単に動く。それに対して、「重いもの」は、同じ力を加えてもなかなか動かないわけです。車でも、大きいトラックはなかなか発進しないですよね。でもスポーツカーのように軽く作ってある車は、すぐに発進するわけです。そうやって、同じ力を加えたときの動きやすさを数値で表したものが、「質量」なんです。

質量とは、「動きにくさ/動きやすさ」のことだと思ってください。ですから、「質量を獲得した」ということは、「動きにくくなった」ということなのです。

僕が以前、ラジオ番組に出演したときのことですが、その番組は、ゲストのギャルモデルの方に素粒子物理学のことを説明するという内容でして(「ギャルにもわかる素粒子物理」)、その場でギャルモデルの方のいろんな質問に答えていったんですが、ヒッグス粒子の話も出まして、そのときその場で答えた例え話がけっこうよく出来ていましたので、ここでもその話をしてみたいと思います。

図4－14　ワインバーグ＝サラム理論（電弱理論）

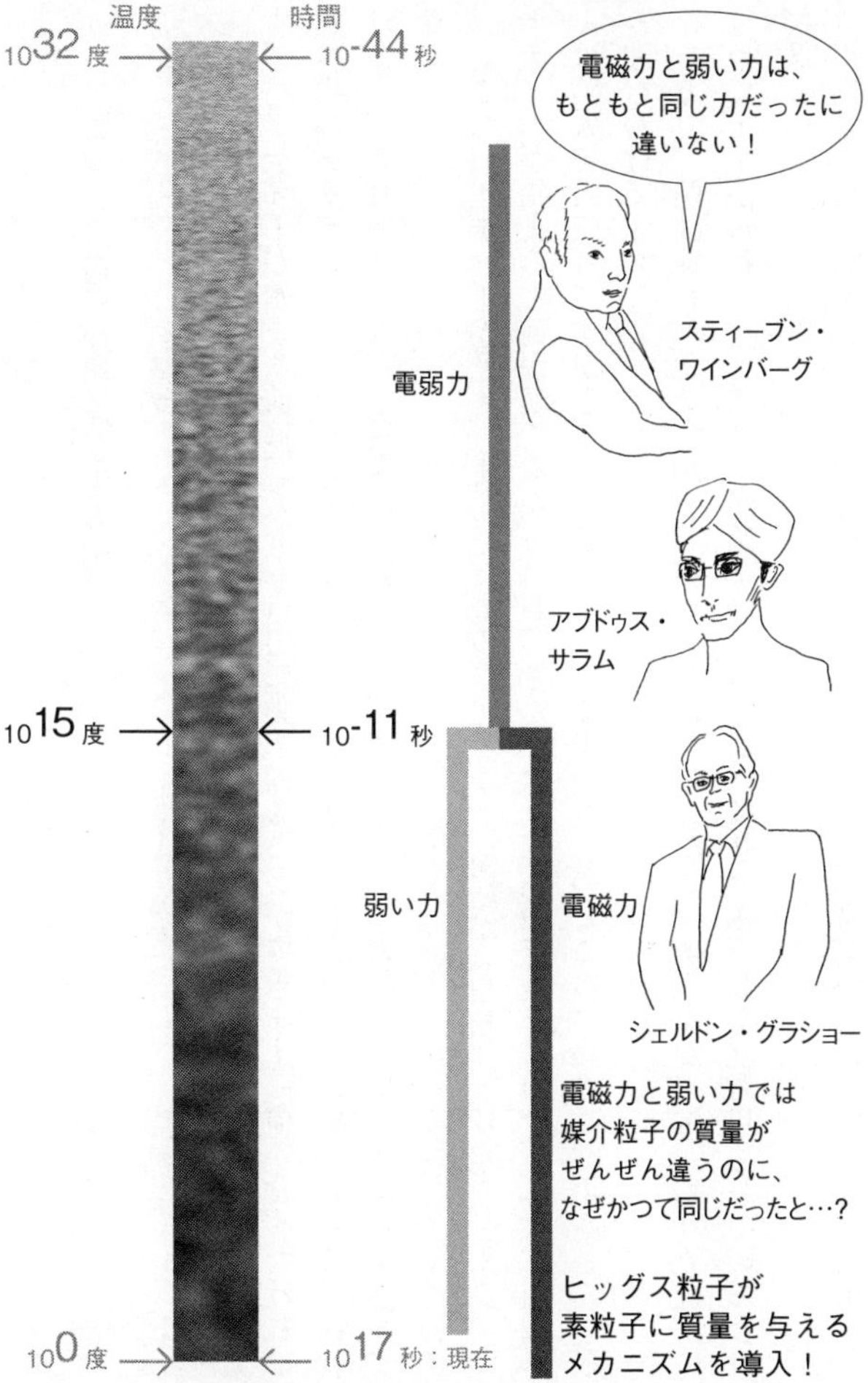

ヒッグス粒子が格差を生み出す

ここがパーティー会場だったとします（図4‐15）。このパーティー会場が宇宙に相当します。そこに、僕とそのときのモデルの方、川端さんというきれいなモデルさんがいます。パーティーが始まる前は二人とも自由に動き回ることができます。何か食べたければ食べ物のあるテーブルに行くこともできますし、トイレに行きたければ、これも簡単に行けます。これが、二人とも質量がない状態に相当します。この状態では二人は差を感じません。

ここでパーティーが始まりました（このパーティーの開始が「相転移」に相当します）。パーティーが始まると何が起こるか？　お客さんが次々に入ってきますね。すると、川端さんは美人で人気者ですから、お客さんはみんな川端さんのところに集まり、川端さんを取り囲むわけです。

一方で、僕は嫌われ者ですから、誰も話しかけてこない。僕なんか、毎週独りで遊びに行ってますからね。パーティーが始まっても、僕は独りでさみしく立ち尽くしているわけです。

川端さんは、お客さんに囲まれているから、「途中で何か食べたいな」と思っても、料

図4－15　ヒッグス粒子とは何か？

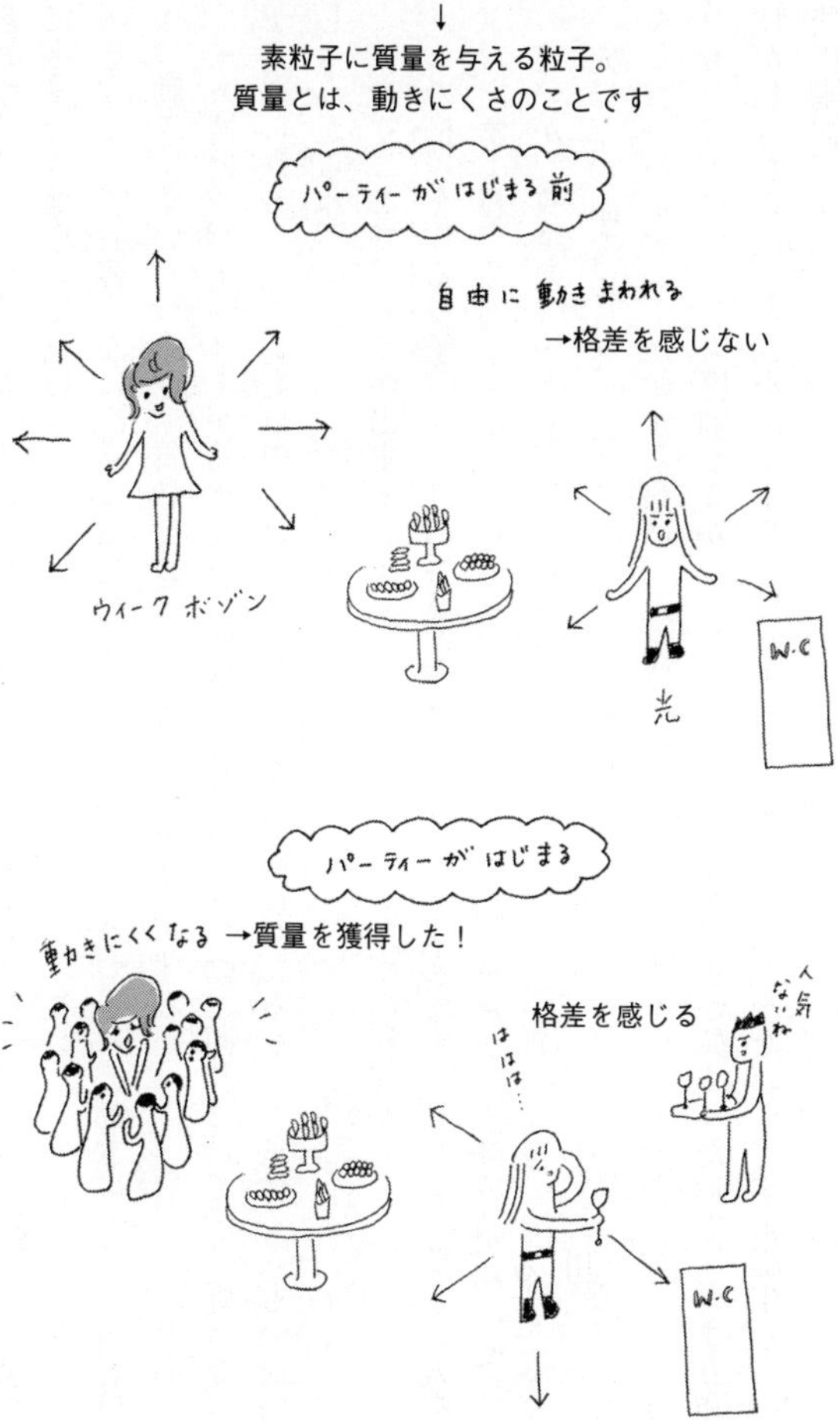
↓
素粒子に質量を与える粒子。
質量とは、動きにくさのことです
パーティーがはじまる前
自由に動きまわれる
→格差を感じない
ウィークボゾン
光
W.C
パーティーがはじまる
動きにくくなる →質量を獲得した！
格差を感じる
ははは…
人気ないね
W.C

理がすぐそこのテーブルにあるのに、なかなか取りに行けない。トイレに行きたいと思っても、そう簡単には行けない。

そうやってお客さんに次々に話しかけられて、まとわりつかれて動きにくくなるわけです。動きにくい、つまり、質量を獲得したことになるんです。

一方僕は、パーティーが始まる前と同様、好きなように動き回れるんです。好きなものが食べられる。トイレも自由に行ける。僕がトイレに行ってるなんて気付く人もいないでしょうからね。

つまりここで、格差が出来てしまったんですね。人としての格差が。

この格差を作る粒子、つまりお客さんがヒッグス粒子なんです。ヒッグス粒子は人を選ぶんですよね。差別する粒子なんです。そして、その「ヒッグス粒子に好かれる度合い」の違いが、質量の違いとして表れるわけです。

先ほどの話で言うと、「フォトン（光）」が僕です。「ウィークボゾン」が川端さんです。もともとパーティーが始まる前は、差を感じなかった、つまり同じだったんです。フォトンもウィークボゾンも区別がなかったんですが、パーティーが始まった途端、つまり相転移が起きた途端、大きな差が生まれてしまった。それが起こったのが、宇宙誕生から10^{-11}秒後の瞬間です。

正確に言うと、ヒッグス粒子は、このときにいきなり発生した（会場にぞろぞろ入ってきた）わけではなくて、もともとあったのに、このときに人を選ぶようになったということなんです。

そういうことってありますよね。僕は昔、女の人に振られたときに、「冷めちゃった」と言われたことがあります。女の人の気持ちって、あるところでコロッと変わりますよね。これこそが、女の人の心の相転移ですよ！

ヒッグス粒子も、この瞬間――ちょうど宇宙が10^{15}度に冷めた瞬間、相手にする人と、しない人の差を作り出したわけです。相手にされなかったフォトン（電磁力）のほうは、相変わらず話し相手もいないからフラフラできる。一方でウィークボゾン（弱い力）は、相手にされるから質量を持って、両者はぜんぜん別のものになってしまった。

ＬＨＣを使えば温められます！

ワインバーグ、サラムたちはそのように説明しました。ただこれはあくまでも理論です。実験で確かめなければ、本当にそうなのかわかりません。

理論が提唱されたのは１９６７年でしたが、１９８３年に「弱い力」の媒介粒子ウィークボゾンが実際に発見されます。ここでまず実証の第一段階です。

もうひとつ、彼らが導入したのが、ヒッグス粒子というものです。1つだった力を2つに分けてしまった粒子――それが発見されないと、「正しい」とは言えないわけです。「電磁力」と「弱い力」が分かれたのが、10^{15}度のときであれば、実験によってその温度を再現すれば、ヒッグス粒子が見つかるかもしれない。

そこでLHCです。LHCが到達できる温度は10^{17}度ですから（図4-16）、「電磁力」と「弱い力」が同じであった頃を再現できるんですよ。

そして、実際に実験してみたところ、本当にヒッグス粒子が見つかったっぽい。

使徒である確率は、シックス・ナイン

「見つかった！」と気持ちよく断言できないのは、どんな現象でも、所詮は確率でしか表現できないからです。実験で得られたデータは偽物かもしれないでしょう？　我々はそういう可能性を常に考えるんです。実験には、「ノイズ」と呼ばれる目的外の信号がつきものなので、本当に欲しい信号はそれに隠れているものなんです。ですから、その信号が本物であるかどうか、ノイズの中での「埋もれ具合」を計算して、どれくらいの確率で本物なのか、定量的に評価するんです。

物理学の世界では、何かを見つけた場合に、たとえばそれが99・99％の確率で本物だ

図4－16　LHCなら再現できる!!

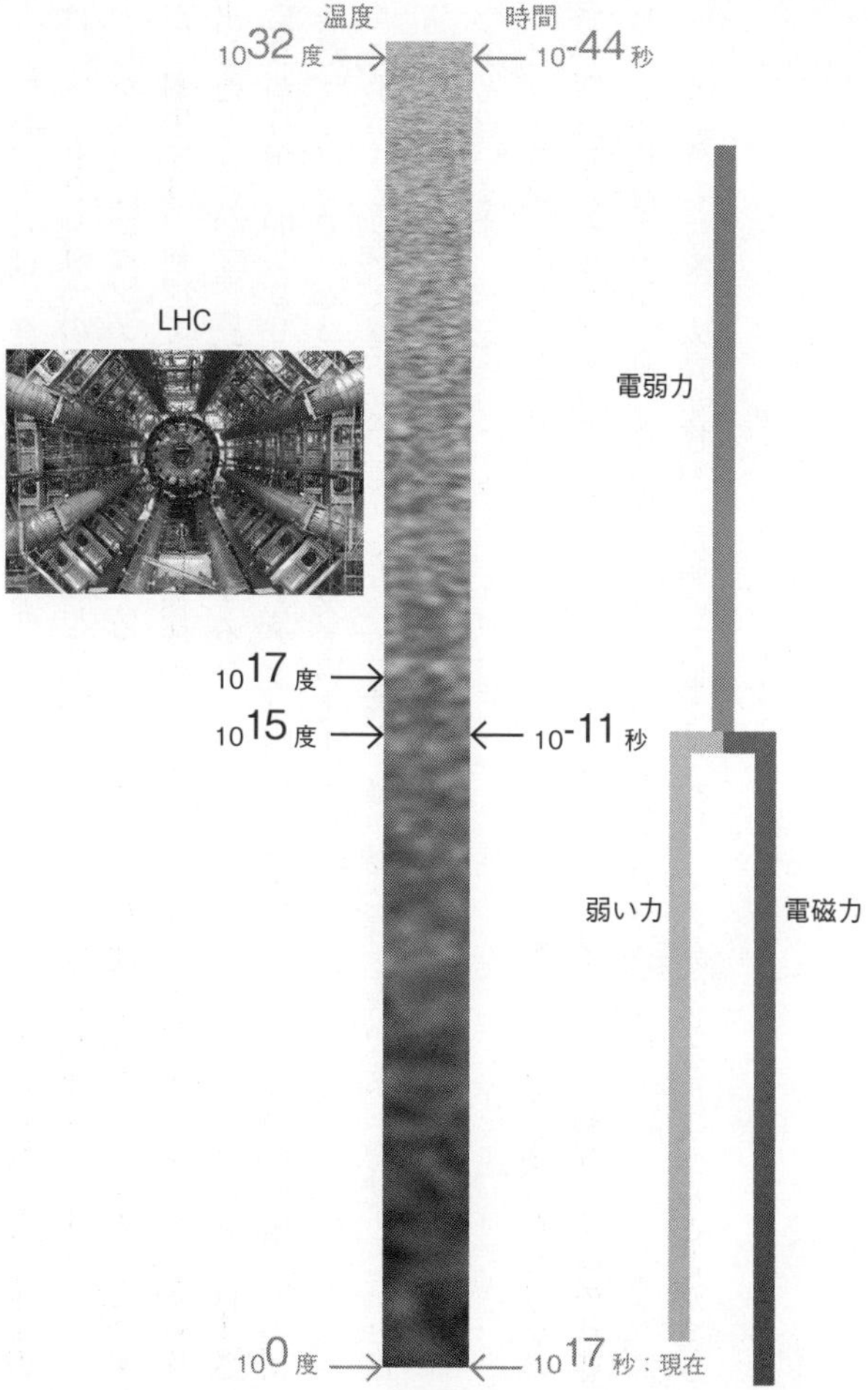

としても、それは「発見」ではなく「兆し」としか言えないんです。「発見」と言えるのは、99・9999%の確率で正しいと言えた場合なんです。非常に慎重なんです。

ちなみに『ヱヴァンゲリヲン』というアニメのなかで、使徒（敵）が攻めてくるんですが、劇中では、使徒を判別する装置が使徒である確率を「シックス・ナイン」であると検出したときに、「使徒である」と判断するシーンがあります。シックス・ナインとはまさに9が6個、99・9999%のことなんです。物理学の世界で言う間違いない確率で「使徒だ」と言っているんですね。よく出来ていますよね。

ですからヒッグス粒子も、それくらいの確率で確かだと言えないと、「発見した」とは言えないんです。でもまあ、あとはもう時間の問題で、データさえ溜まっていけば確実になると思います。

ヒッグス粒子自身もお客さんにまとわりつくことで、自由を奪われてしまったわけなので、単独でいるヒッグス粒子を見るには、過去に戻って、有名人にまとわりつく前の状態、ヒッグス自身も自由に動ける状態（温度）にしないと駄目なんですね。

そういうわけで、人類が作った最強の装置を使えば、この分岐点を再現することができる。

科学論文とABEさん

ぜんぜん関係ない話ですけれど、このLHCの実験（アトラス実験）は、装置もでかいんですが、実験グループもでかいんです。なんと参加者は3000人。ふつう論文が出るときは、実験に携わった人の名前が、最初に書かれるんですが、これくらいの巨大実験になると、何ページにも亘ってずっと人の名前です（笑）。

しかも、我々物理学の世界では、一番偉い人の名前が一番上にこないんですよ。慎み深いので……。純粋に苗字のアルファベット順になることが多いんです。ですから、阿部さん、みたいな名前が必ずトップにくるんです。ABE《エービーイー》ですからね（笑）。どの論文を見ても、だいたいABEさんが一番。そういう名前に生まれたかったです。僕は多田（TADA）なので、だいぶ後ろのほうなんです。

10^{-36}秒後から10^{-11}秒後——2回目の相転移とエネルギーの砂漠

では、さらにもうちょっと遡りましょう。

もっと遡ると……ここ、えらい空いてますよね（図4-17↖）。この10^{-34}秒から10^{-11}秒までは、今のところわかっているイベントが何もないんです。この部分を他の人はどういうふうに表現しているのかというと、中には「エネルギーの砂漠」と呼ぶ人もいます。「砂漠」とはすごい表現ですよね。確かにね、毎週毎週誰も遊んでくれないと、人生の砂漠を歩いているみたいな気分になりますけどね……。

　ではさらに遡って、10^{-36}秒から10^{-34}秒の間。

　このときに、2回目の相転移が起こるんです。「強い力」と「電弱力（電磁力と弱い力が合わさった力）」がこのとき分岐する。

　それまでは、なにか原始的な力が存在していたのが、この瞬間に宇宙の状態が変わって、そこから「強い力」が分かれた、と言われています。

　つまり、先ほど「電磁力」と「弱い力」はもともと同じ力で、ヒッグス粒子のせいで分岐したという話をしましたが、実はその前には「強い力」も合わさっていたと。

　これは、「大統一理論」と呼ばれているものなんですが、本当なのかどうか、未だに検証できていません。現時点で人間が実験で再現できるのが、10^{17}度までですから。もしこの大統一理論を、今の技術（LHCみたいな加速器）を使って検証しようとすると、太陽系よりも大きい加速器が要るらしいです。それはそれで、作ったらけっこう胸熱《むねあつ》な感じですけどね（笑）。

　それで、この理論を直接検証するのは無理なので、間接的に検証することにしました。

図4－17　２回目の相転移

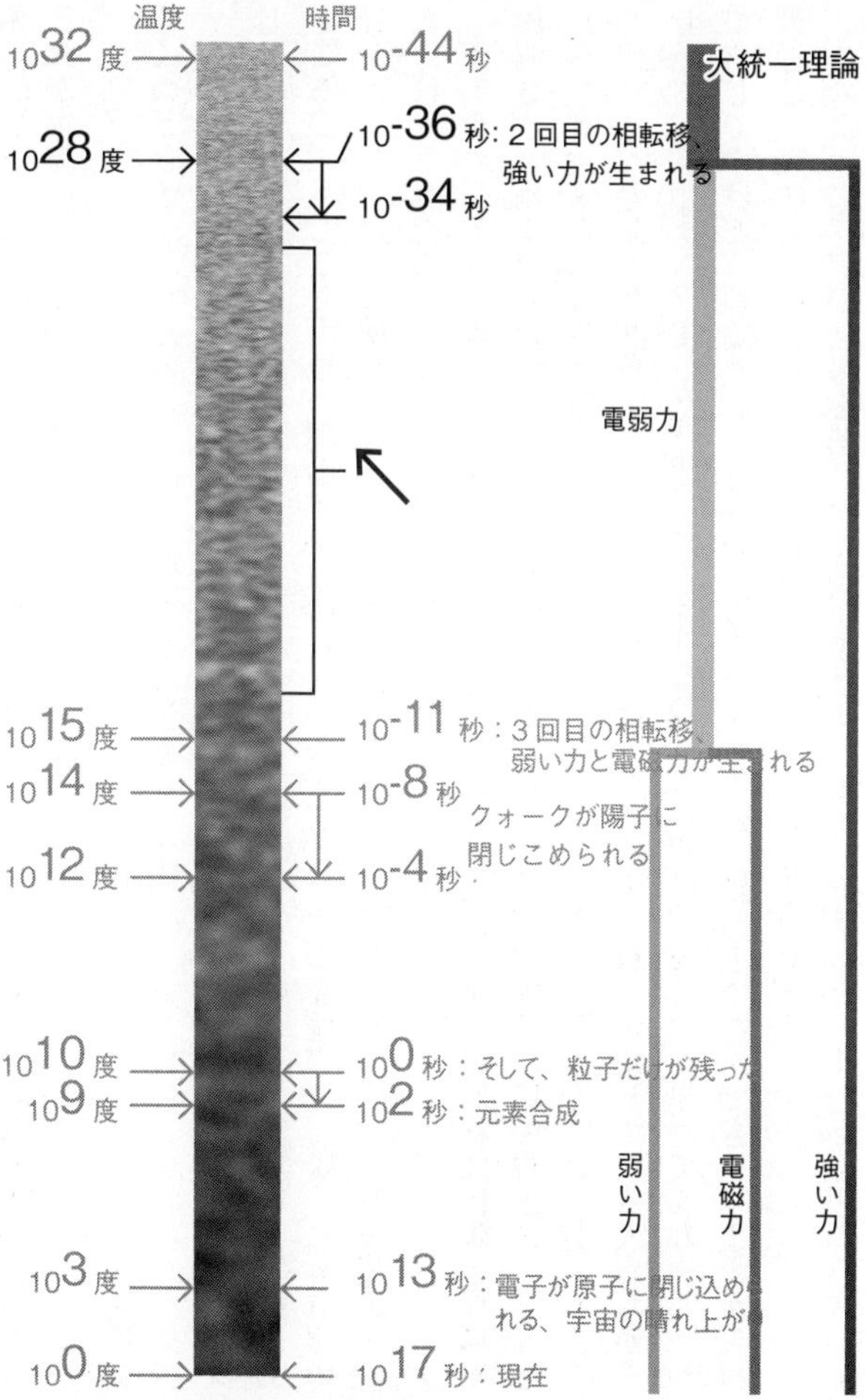
温度
時間
10^{32} 度
10^{-44} 秒
大統一理論
10^{28} 度
10^{-36} 秒: ２回目の相転移、
強い力が生まれる
10^{-34} 秒
電弱力
10^{15} 度
10^{-11} 秒：３回目の相転移
弱い力と電磁力が生まれる
10^{14} 度
10^{-8} 秒
クォークが陽子に
閉じこめられる
10^{12} 度
10^{-4} 秒
10^{10} 度
10^{0} 秒：そして、粒子だけが残った
10^{9} 度
10^{2} 秒：元素合成
弱い力
電磁力
強い力
10^{3} 度
10^{13} 秒：電子が原子に閉じ込められる、宇宙の晴れ上がり
10^{0} 度
10^{17} 秒：現在

もし大統一理論が正しかったら、こんなことが起こるだろうという予測をいくつか立てて、それが実際に起こるかどうかを試していくわけです。

このとき予想されたのは、「陽子崩壊」という現象です。

この理論以前は、陽子は無限の寿命を持つ、つまり絶対に壊れない、と考えられていました。もし頻繁に壊れていたら、皆さんの体がどんどん崩壊していくことになりますから。ところが、もしこの大統一理論が正しければ、ごくごくわずかな確率で、陽子にも有限の寿命があり、自然に壊れることがあるはずだ、ということになるんです。それを検証するために作られたのが、カミオカンデです。

カミオカンデは、当初の理論計算による寿命が正しければ、年に数回程度は陽子崩壊が観測されるはずでしたが、結局、見つからなかったんですよ、陽子崩壊の現象は。そうしたら、理論家たちは何と言ったかというと、「あ、この何乗って数字が間違ってたんだな」と言って、寿命のケタ数をきゅきゅっと書き換えたんですよね。実験している人たちからしたら、「おまえら……カミオカンデを作るのにどんだけ苦労したと思ってんねん！」って感じですけど、理論家とはそういうものなんですね。紙の上でなんでもやりますからね。最近は、紙すら使わないで、PCの画面上でやっていますけれども。

このように、実験結果を基にした補正を加えた上で、今もっとも正しいと思われている、この相転移が起こった時間が、10^{-36}秒なんですね。

大統一理論は、様々な修正を加えた上で、更なる検証の方法を模索しているところです。

インフレイションと相転移の潜熱

ちなみにこの2回目の相転移が起きたとき、あのインフレイションも起きたと考えられています。

インフレイションについては、「ビッグバン」の回でご紹介しましたが、宇宙が短時間にビッグバンの膨張とは比較にならないほどの急激な膨張をしたという……その時間というのが、10^{-36}秒から10^{-34}秒の間というわけです。ほんとに一瞬——というのもおかしなくらいの一瞬ですけれども、その間に起こったのではないかと考えられています。

インフレイションは、すごい勢いで宇宙空間を広げるので、エネルギーがバカみたいに要るんですよ。「そのエネルギー源は何ですか？」と言われたら、それも考えられていまして、相転移の際の「潜熱」だ、と言うわけですね。

このインフレイションが起こったとき、10^{-36}秒後のときに、相転移が起こって「強い力」が分岐したんですけれども、そのときの「潜熱」が、インフレイションのエネルギー源だ、というのです。

「潜熱」とは何かというと、相転移の際に放出されるエネルギーのことです。たとえば水が相転移するとき、水蒸気が水に変わるときには、大量のエネルギーを放出するんですよ。あるいは逆に、水から水蒸気に変わる瞬間、その沸騰する瞬間だけは、莫大なエネルギーを注ぎ込まないと沸騰しないんです。そのときのエネルギーが「潜熱」というものなんですけれども、そのエネルギーが、この2回目の相転移が起こることで、放出されたんじゃないかということなんですね。

インフラトン？

3回目の相転移が起きたとき、つまり「弱い力」と「電磁力」が分岐したときには、ヒッグス粒子が必要でしたよね。ヒッグス粒子が「弱い力」に質量を与えたわけです。相転移が起こるためには、ヒッグス粒子のような何らかの粒子が、「強い力」とそれ以外を区別しなければならない。ではこの2回目の相転移で、ヒッグス粒子に相当するものは何かというと、「インフラトン」という粒子を想定して、その粒子が相転移を起こした原因だと考えました。ヒッグス粒子が「電磁力」と「弱い力」、フォトンとウィークボゾンを分けてしまったように、インフラトンが「強い力」と「電弱力」を分けてしまった。

そしてインフラトンは相転移が終わった後、ぐちゃぐちゃに壊れて、現在の我々を形作っている粒子の元になったんじゃないか、という説明になっています。

インフラトンは、もちろん見つかっていません。今の技術では見つけることもできないだろうと言われていて、あくまでも仮説です。実験でこの温度を再現しようと思ったら、太陽系より大きな加速器を作らないと確かめられないので、今は言いたい放題です。ただ、理論上は、その仮説で非常にうまく説明できているんです。今の宇宙の成り立ちをきちんと説明できるのでおそらく正しいとされています。今のところ一番支持されている理論です。

で、これは「さすが理論家だなあ」と思ったことなんですが、このインフレイションモデルで、僕は「誕生してから、10^{-36}秒後から10^{-34}秒後の間に、宇宙は10^{30}倍に膨張した」と書きましたが、このそれぞれの何乗という数字は、人によって違うんですよ。それぞれの人のモデルによって、何桁も違うんです。僕は、一番広く知られている値を持ってきたんですが、ある本に驚くべきことが書いてありまして、「このケタの違い自体は大したことではない」って（笑）。さすが、理論家は違いますよね。かっけーって思いましたよ。ケタが違うのに大したことじゃないって言い切るんですから。

まあ、そういうことで、何年かするとまた数値が変わっているかもしれません。

魔法少女の「希望」が「絶望」に相転移するとき

　ところで皆さん、『魔法少女まどか☆マギカ』という作品をご存じですか？「21世紀最高のアニメーション作品」と呼ばれているそうで――21世紀は始まったばかりですが――友人に薦められて僕も拝見しましたが、その中で、この相転移と潜熱が出てくるんですね。インキュベーターという知的生命体の力によって魔法少女となった女の子たちが、魔女と呼ばれる様々な呪いを生み出す元凶を倒す話なんですが、話が進むにつれ、実は、魔法少女の成れの果てが魔女だった、ということが明らかにされます。願いを胸に抱いた純真な少女（魔法少女）が、その希望の先にある歪みから絶望し、女（魔女）となる――あまりによく出来た話で、本当に感心しました。

　このインキュベーターは、少女たちを魔法少女とすることで、魔法少女が魔女に変わる瞬間――希望が絶望に相転移するその瞬間に解放されるエネルギー（潜熱）を回収しているんです。それがこの宇宙で最も効率の良いエネルギー回収方法なんだそうです。インキュベーターは、はっきり「相転移」という言葉を口にします。

　最終話では、主人公の、その他の魔法少女とは比べものにならない膨大なエネルギーが、世界を創り変えることになるのですが、相転移の際に解放された潜熱によって宇宙が作られる物語は、まさにここでお話ししてきたことそのものですよね。本当によく出来たストーリーだと思いました。

10^{-44}秒後——1回目の相転移によって重力が誕生する

最後に、宇宙の始まり、10^{-44}秒後について見てみましょう（図4‐18）。このときに、初めての相転移が起こり、重力が発生したのではないかと思われています。

と言っても、理論的な裏付けは何もありません。強い力が分かれたときは、大統一理論という一応ちゃんとした理論がありましたが、重力が分かれる理論は今のところ確立されていません。「弱い力」と「電磁力」と「強い力」が元は一緒だったなら、残りのひとつも一緒でもええやん、というところから来ているんです。

これが正しいかどうかというのは、これも加速器の実験で直接検証することは絶対に無理なので、間接的に調べようといろいろと試みられていまして、たとえば、重力が分岐したときに発生した重力波というものが今でも宇宙のどこかに残っているはずなので、それを観測しようとか——重力波はものすごくエネルギーが低くて、波長が異常に長い……地球の直径より長い波長なんです——いろいろあるんですが、そもそも理論がまだ確立されていないんですよね。

アインシュタインが試みて失敗した、物理学の一番難しいこと

ちなみに、アインシュタインはですね、「重力」と「電磁力」を統一する理論、この2つが元は一緒だったとする理論を作ろうとしていたんですよ。

結局、死ぬまでに達成できなかったんですが、これは、本人が気付いていたかどうかわかりませんけれど、力の統一では一番難しいことをやろうとしていたんです。

ワインバーグとサラムが成功したのは、一番簡単なものから手を付けたからです。重力の統一は一番難しい。宇宙の始まりまで遡るわけですからね。それに最初に取り組んだために失敗したんです。

まあ、そういうことは、ままあることなんですね。

科学というのは試行錯誤の連続なので、駄目なこともいっぱいするんですよ。失敗もいっぱいします。でもそうじゃないと成功は生まれないものなんですね。だいたいこういう、思いつきを実行するフロンティアの人たちは、100万個の石ころのなかから1個の宝石を拾うような、そういう作業をしているわけですからね。

以上が宇宙の歴史です。

図4－18　1回目の相転移（重力の誕生）

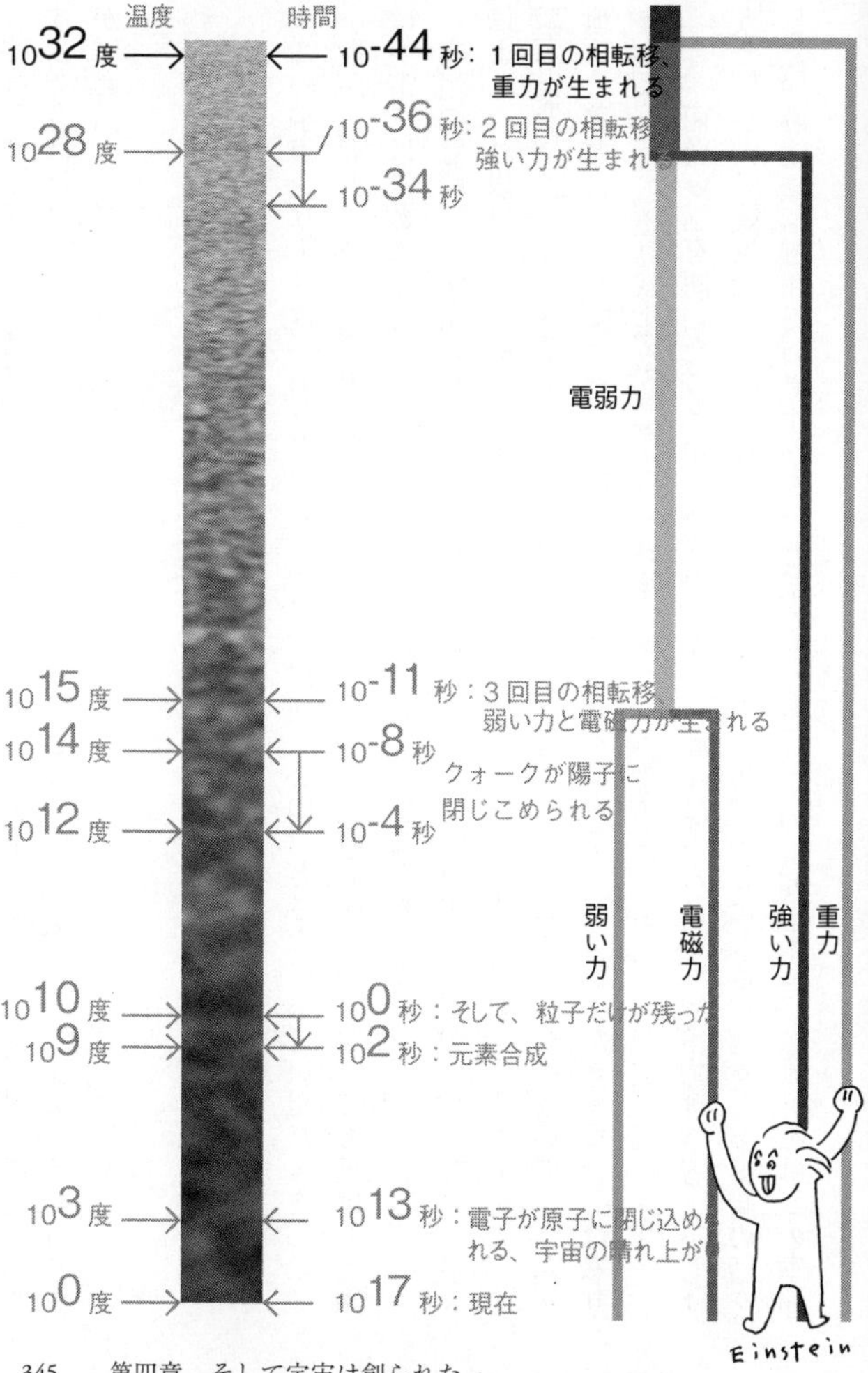
温度
時間
10^{32}度
10^{-44}秒：1回目の相転移、
重力が生まれる
10^{28}度
10^{-36}秒：2回目の相転移
強い力が生まれる
10^{-34}秒
電弱力
10^{15}度
10^{-11}秒：3回目の相転移
弱い力と電磁力が生まれる
10^{14}度
10^{-8}秒
クォークが陽子に
閉じこめられる
10^{12}度
10^{-4}秒
弱い力
電磁力
強い力
重力
10^{10}度
10^{0}秒：そして、粒子だけが残った
10^{9}度
10^{2}秒：元素合成
10^{3}度
10^{13}秒：電子が原子に閉じ込められる、宇宙の晴れ上がり
10^{0}度
10^{17}秒：現在
Einstein

さて、これで終わりなんですけれども、これまでは毎回一言のまとめを書いてきたんですが、今回は書いていません。一言ではお伝えできないので、今から、少し長くなりますが、お話ししてみようと思います。

人類と科学のすごい歴史

この宇宙シリーズは、ありがたいことに、毎回大勢のお客さんに来ていただきました。子供から大人まで、「宇宙」というテーマは広く人気があるんですよね。でも実は、人類は宇宙にはほとんど行っていないってことに気付いていましたか？

本当の意味で「宇宙に行った」と言えるのは、アポロ計画の24人だけです。でも、我々はよくそれ以外の人たち、宇宙ステーションやスペースシャトルに乗った人たちのことを、「宇宙飛行士」と呼ぶじゃないですか。でも正確には、それは「宇宙」じゃないですよね？地球の重力に捕まっている、重力圏内です。あれを「宇宙」って言ったらシロッコは怒りますよ（注：『機動戦士Zガンダム』の登場人物）。木星まで行った男からしたら。

昔、面白い話を聞いたことがあるんですが、佐藤文隆さんという宇宙物理学者——ちょうど僕が大学院生だった頃の理学部長でした——が講演をしたとき、延々と宇宙論の話をして、最後に「質問ないですか？」と訊くと、流れ星の質問が出た。「流れ星はこの季節に多いですが、なんでですか?」という感じの質問だったそうです。そこで佐藤先生は「せっかくこの講演をやったのに……」と愕然となったと言うんですが、皆さん、これを聞いて「え、何がおかしいの?」と思いますか?

流れ星は宇宙で起こっているわけではないんですよ。あれは要するに、塵みたいな、石ころみたいなものが、大気圏に入る際に大気との反応で燃えて光って見える、つまり大気圏内の話なんです。

結局地上に這いつくばっている我々から見たら、大気圏も宇宙も区別がつかないということなんです。

そんな、宇宙に行ったこともない、地面に張り付いて生きている我々が、何百億年も遠くの宇宙、そして137億年前のことまで、具体的に思いを馳せることができるって、これってすごいことだと思いませんか?

自然科学というものは、実際に起こっている現象を、法則に当てはめ、数式化して、それを基にして、次に何が起こるかを予測する学問なんです。地面を這いずり回っている我々は、その身の回りの現象を全部集めて、それを調べることで、そのはるか上空、400億光年の果てまで、思いを馳せることができるんです。対消滅のあぶれものが考えるわりにはすごいでしょ(笑)。

ティコ・ブラーエはなぜ天動説を主張したのか?

ただ一方で、現在考えられている宇宙論は、間違っている可能性もあります。

その昔、天動説が信じられている時代がありました。つまり「地球は宇宙の中心で、地球の周りを天体が回っている」という説です。

天動説と聞くと、皆さんきっと「非科学的な当時の人は、キリスト教で聖書にそう書いてあるから信じていた」みたいに思っているかもしれませんが、地動説と天動説が熱く闘っていたのは、一応16~17世紀ですからね。単に「聖書がそう言ってるから……」では納得されないんです。理論的な説明がなされて、実験的に検証されて、その上で「天動説は正しい」とされていたんです。

惑星の運動の話で、「ケプラーの法則」に少し触れましたが、そのケプラーの師匠に、ティコ・ブラーエという人がいました。ティコ・ブラーエは、天動説の急先鋒だった人です。彼は非常に頭が良くて、こういうふうに考えたんです。

仮に地動説が正しいとしましょう——つまり、地球が太陽の周りを公転しているとしましょう。たとえば夏と冬とでは正反対の位置にいます。地球にいる人が、ある同じ星を観測したとすれば、夏と冬で、その星の見える角度が違うはずです（図2C‐1／194ページ）。この角度の差を「年周視差」と言いますが、地動説が正しいならこの年周視差が観測できるはずだと考えたんです。

これは着想としてはすばらしくて、実はいま現在、地球が公転しているという事実は、まさにこの年周視差によって証明されているんです。

ではなぜ、ティコ・ブラーエは全く逆の結論を出してしまったのか？

図4‐19　ティコ・ブラーエの時代の天体観測装置（レプリカ）

ちょうど筑波にある「地図と測量の科学館」に、僕が独りで遊びにいったときに撮影した写真が手許にありました（図4‐19）。これは当時の天体観測装置のレプリカです。大きな分度器に筒が付いていて、筒で覗きながら星がどの角度（位置）にあるかを測定する。こんな大雑把な装置を使って測定していたんです。

これは、本当に単なる筒で、望遠鏡

ですらないんです。望遠鏡って、このあとの時代のガリレオなんかが作ったんですね。でもティコ・ブラーエの時代に望遠鏡はなくて、肉眼のみ。

この装置をご覧いただければだいたい想像がつくかもしれませんが、つまりティコ・ブラーエは、装置の精度が足りないために年周視差を観測できなかったんです。夏と冬で星が観測される角度の差を測ることができなかった。差がまったくないんだから、星は同じ位置にある。だから、地球は動いているわけがない、という結論を出したんです。

実験技術が理論を変える

たとえば、シリウスの場合——恒星のなかでも一番明るい星なので、ティコ・ブラーエがこれを観測した可能性は高いと思うんですが——年周視差がいったい何度に相当するかというと、0・0001度。肉眼だと絶対にわからないでしょ? こんな分度器程度で……。

念のために言っておきますが、ティコ・ブラーエは、当時世界最高の天文学者で、肉眼での観測としては、人類最高の精度で観測できていたのです。それでも尚、年周視差を観測するにはまったく足りなかった。年周視差が初めて観測されたのは、実にその300年後、1838年なんです。

年周視差という着想（理論）はまさに慧眼《けいがん》だったのですが、観測装置がしょぼくて測れなかったために、まったく逆の結論を出してしまった、ということです。

でもこれは笑い話ではなくて、科学において、非常に重要なことを意味しているんです。つまり、この年周視差が測れなかった時代には、天動説は明らかに証拠があって正しい理論だったわけです。でもそのあと科学技術が発達して、この角度が測れるようになった途端、まったく正反対の理論が正しいことになってしまった。観測や実験の技術が足りなかったために、まったく逆の結論を出してしまっていたんです。

そういうわけで、いま現在確立されている理論も、いろんな観測結果や実験結果によって、「正しい」とされているわけですが、もっと時代が進んで、より精密な観測や実験ができるようになれば、ぜんぜん違う理論が「正しい」と言われる可能性もある、ということです。

理論は、それが正しいかどうか、絶えず実験や観測によって立証され、補完され、修正され続けなければならないんです。そのことは、これまで4回にわたってお聴きいただいた皆さんには、すでにもうおわかりのことだと思います。

僕は今、ニュートリノの研究に関わっていますが、ニュートリノに「質量がある」とはっきりしたのは、21世紀になってからです。僕が大学生の頃の教科書は、「ニュートリノには質量がない」ことを前提に書かれていました。それは単に「測定できなかった」だけなんですね。実験技術の問題です。

第四章で、宇宙の元素構成比の話をしましたよね。星から届く光のスペクトルを調べることで、その星と地球のあいだにどのようなガス（物質）があるかがわかる。その結果、宇宙は水素が92・4％、ヘリウムが7.5％、その他0.1％となっていました（310ページ）。

皆さん、これおかしいと思いませんか？　つまり、それって地球の近辺だけですよね？　あくまで地球から見える範囲で言っているわけです。見えている星よりもさらに向こうはまったくわからない。なのに、宇宙の構成比と言い切ってしまう。

そのように宇宙の話には、ある大きな仮定が入っているんです。地球近辺は宇宙の平均的な姿であると、地球から見える範囲で、地球から知り得る情報だけで語っているわけです。地球から離れて観測すると、その様相が変わるかもしれません。あたかも、同じ宇宙背景輻射を測っても、人工衛星の軌道（ＣＯＢＥ）で測るのと、ラグランジュ・ポイント（ＷＭＡＰ）で測るのとでぜんぜん違っていたように（図2-18／163ページ）。

いつか書き換えられてもいい

アインシュタインの話を覚えていますか？　アインシュタインは自身の方程式の中に宇宙項を入れてしまった。「宇宙は安定していなければならない」と思って、膨張しない宇宙を説明するために無理やり入れてしまって、「あれは失敗だった、入れなきゃよかった」と言って亡くなりましたが、それが21世紀になって、間違ってなかったことがわかった。皮肉にもそれは、「宇宙を膨張させないためのもの」ではなくて、むしろ、「膨張する宇宙」のモデルをより発展させるためのもの、として復活したわけですが。

ティコ・ブラーエもアインシュタインも、彼らが残した業績は、本人たちが意図していたのとはまったく違うかたちで、後世の人が拾い集めて活かすことができました。

今回、宇宙論の発展を一本道の歴史のように話しました。そこでは優秀な学者がいっぱいいて、その人たちが思いついたものがすべて正しくて、先ほどの年表が整然と作られたように見えたかもしれませんが、それは大間違いで、ほとんどの仕事は失敗しているんです。山のような失敗の残骸の中から、わずかに成功したものだけが生き残って——失敗したものは忘れ去られますから——成功したものだけを並べたら、あの美しい宇宙年表が出来上がった、ということなんですね。

そんな年表だって、本当に正しいかどうかはわかりません。これから時代がもっと先になって、次の世紀になって、人類が本当の意味で宇宙に出るようになると、いま正しいと思われていたことが、「いやぜんぜん違いました」と、すっかり書き換わる可能性もあるわけです。でもそれは科学の欠陥でも何でもなくて、どんどん書き換えられていくことこそ、科学本来の姿だと、僕は思っているんですよね。

そのことを最後にお伝えして、この講義を終えたいと思います。

補　章

新たな世界のはじまり

重力波が宇宙像を描き換える

2015年9月14日、アメリカのレーザー干渉計重力波観測所（Laser Interferometer Gravitational-Wave Observatory）にて、重力波が検出されました。人類が重力波を検出したのは史上初のことです。検証を行ったあと、翌年発表され、さらにその翌年、2017年に、ライナー・ヴァイス（Rainer Weiss）、バリー・バリッシュ（Barry Clark Barish）、キップ・ソーン（Kip Stephen Thorne）の3人の物理学者が、「LIGO検出器および重力波の観測への決定的な貢献」を理由にノーベル物理学賞を受賞しました。LIGOによる業績は、人類史に残る偉大なものだと言ってもいいものでしょう。

では、いったい、なにが偉大なのでしょうか。

本書にも登場した一般相対性理論によると、空間は「かたい」ものではなくて、質量があるものによって伸ばされる、「やわらかい」ものであるとのことです（92ページ）。僕は講演などでその説明をするときに、よく、トランポリンを使います。講演用にアマゾンで一人用のトランポリンを買いましたので、それをいつも持っていきます。その上にお客さんの一人に立ってもらい、トランポリンがへこむ様子を体感してもらいます。トランポリンの表面が空間（2次元ですが）、お客さんが質量のある物体、というわけです。

この状態で、もう一人のお客さんに、トランポリンの端に触れてもらいます。そして、上に乗ったお客さんに、トランポリンらしく、跳ねてもらいます。すると、トランポリンの端に触れているお客さんにも、その跳ねている様子が、トランポリンの振動となって伝わってきます。このトランポリンの振動、これが「重力波」です。つまり、質量を持つ物体が運動すると、それによって空間（トランポリンの表面）が振動し、それが周囲に伝わっていくことで、離れた場所にいる人にも、その運動の様子が伝わるのです。その動きを伝える波、空間（トランポリンの表面）を伝わっていく波のことを、重力波と呼んでいます。

これは、空間が、一般相対性理論が予言するように、「やわらかい」ものでなければ起きない現象です。本書96ページに出てきたエディントンの観測では、太陽という直接観測できる身近な物体の重力を利用して、空間が「やわらかい」ことを検証しました。ですが、もし重力波を検出できれば、はるか遠くにある、直接観測できないような物体が起こした現象からでも、空間が「やわらかい」ことを検証できます。

では、その重力波を捕らえるにはどうすればよいでしょうか。たとえば、水面を伝わってくる波の様子を調べるには、ある場所で、時間とともに変化する水面の高さを測ればよいです。トランポリンの表面を伝わる振動も、ある位置でのその表面の高さを測るわけです。これを時間に対する変化のグラフに描けば、波の様子、ひいては、その波を起こしたもとの現象がよくわかります。これと同じように、重力波を捕らえるには、ある場所で、時間とともに変化する空間の長さを測ればよいことになります。

具体的には、ある2点間の距離をずっと測って記録しておいて、それを時間に対する変化のグラフにするのです。原理は驚くほど簡単ですよね。では、そんな簡単なことが、なぜ、２０１５年まで測れなかったのでしょうか。それは、この変化量が、あまりにも小さいからです。ＬＩＧＯが捕らえた空間の振動は、もともと太陽の29倍と36倍の質量を持つ巨大なふたつの天体が衝突するという、とてつもなく規模の大きな天体現象が引き起こしたものでしたが、それによって観測された距離の変化量は、その長さの、10垓《がい》(1,000,000,000,000,000,000,000) 分の1に過ぎなかったのです。ＬＩＧＯの測定器の長さは４kmですから、わずかに、10^{-18}メートル（アトメートル）程度しか変化しないことになります。これは、陽子の１０００分の1の大きさです。１０００倍、ではなくて、１０００分の1、ですよ。空間が「やわらかい」と言っても、そんなにはやわらかくなかったということです。この微小な変化量を測定できたＬＩＧＯの技術は、驚くべきものだと言えましょう。

では、もとに戻って、それのなにが人類史に残る偉業なのでしょうか。一般相対性理論を検証できたからでしょうか。そうではありません。人類が電磁波以外の観測手段を手に入れた、そのことが偉業なのです。

宇宙を観測する第3の方法

人類は、最初に夜空を見上げて以来、ずっと、電磁波を使って宇宙を観測してきました。最初は可視光で、近代になってからはそれに赤外線や電波やX線など、可視光以外の領域も加わりましたが、それらはすべて同じ電磁波に過ぎません。１９８７年になって、カミオカンデが超新星からのニュートリノを捕らえたとき、人類は初めて電磁波以外の方法で宇宙を観測することができたのです。そして、重力波の検出は、それに続く第３の観測方法を手に入れたことを意味します。

たとえばわれわれは五感すべてを使って周囲のものを感じ取るようにできていますが、電磁波だけに頼って観測を行ってきたことは、そのうちの視覚しか使ってこなかったようなものです。さきほどのトランポリンの例で、跳ねている人を横から眺めているだけだと、その視覚情報しか入ってきません。「トランポリンで跳ねているおねえさん、綺麗やな」といった見た目だけの情報しか伝わってきません。しかしここでトランポリンの端に触れると、その振動が触覚を通じて伝わってきて、「ぉ、意外に重量感が(ry」といった、見た目だけではわからない、まったく新たな情報がもたらされます。

同じ天体を観測するのに、このように異なる複数の手段で観測することで、より多面的に知ることができる以外に、そもそも電磁波では直接観測できなったものの観測もできるようになる可能性が開けます。たとえばＬＩＧＯが観測した２つの天体も、おそらくブラックホールだったと考えられていますが、本書の第一章でお話ししたとおり、ブラックホールは電磁波を出さないので、直接観測できないものでした（ブラックホールに飲み込まれる物体の断末魔を観測するのでしたね）。そのブラックホールを、このような形で観測できるようになったのです。

また、本書で言えば、第三章に登場した暗黒物質は、他の物質と、重力以外では反応しないのでした。電磁波では観測できないので「暗黒」だったわけです。人類がその存在に気づいたのも、その重力がほかの「観測できる」通常の物質に与える影響を間接的に観測したからでした（229ページ）。そのさらなる研究においても、重力を直接観測できる手段を手に入れたことは大きいのです。

このように、新たな手段を用いて観測することで、これからは、これまで描いてきたのとはまったく違う「宇宙像」を描くことが可能になるかも知れません。みなさんも、それまで電話でやりとりをしていて、声だけ聴いて想像していた相手の姿が、実際に逢ってみるとまったく印象が違っていた、なんて経験があるのではないでしょうか。もしそうなったとしたら、重力波を観測できるようになったことを、人類の歴史に残る偉業と言った意味が、よくおわかりになるのではないでしょうか。

本書の第四章の最後に、科学の発達によって、これまで正しいと思われてきた「宇宙像」がすっかり描き換えられてしまうかも知れない、ということをお話ししました。まさにその「描き換えられようとする瞬間」を、われわれは今、目の当たりにしようとしているのかも知れませんね。なんとも胸熱《むねあつ》なことではありませんか。

あとがき

本書は、僕の2冊目の本になります。

1冊目『すごい実験』では、ニュートリノという素粒子の実験の解説を通して、「素粒子物理学」の世界をご紹介しました。お陰様で、『すごい実験』は多くの方々にお読みいただくことができました。この場をお借りして、皆さんに謝意をお伝えしたいと思います。本当にありがとうございます。

身近な人たちの中にも読んでくださった方が多く、さまざまな感想をいただいたのですが、実は、僕がこの2冊目を執筆するきっかけとなったのは、まさにその方々からいただいた、こういった感想のお言葉だったのです。

「いやあ、多田先生、この本とてもわかりやすかったです。ただ第四章がちょっと……」

その第四章とは、宇宙の始まりと素粒子物理学の関係について解説した部分でした。ところがその内容は非常に盛りだくさんで、なかなかひとつの章に収めるのは難しく、やや強引に詰め込んだかたちとなってしまいました。そのため僕自身も、第四章は他の章と比べてちょっと不親切になっているかな……と思っていまして、いつか機会があれば、もっと詳しく、もっとわかりやすく書いてみたい、と考えていたのでした。

そんな折、お台場にあるイベントスペース「東京カルチャーカルチャー」のプロデューサー、テリー植田さんから「ブラックホールについての講演をしてくれないか」というお誘いがありました。実際にその講演を行ったところ、思いのほか好評で、「次も宇宙をテーマにやりましょう」ということになりました。

このとき僕の中で、「これをシリーズ化して、1冊の本にしてはどうか」というアイデアが浮かびました。これこそまさに前著『すごい実験』第四章のリベンジになるのではないか？　あのとき語りきれなかった宇宙と素粒子の関係の話を存分に語れるのではないか？

そんな想いを込めて、東京カルチャーカルチャーにて全4回の連続講演をさせていただき、それを基に書き下ろしたのが本書『すごい宇宙講義』なのです。

「ブラックホール」「ビッグバン」「暗黒物質」という一般の方々に興味を持たれることの多いトピックを中心に扱いながら、最終章では、「宇宙はどうやって出来たのか」というメインテーマに至るよう構成されています。内容上、素粒子に関する話も出てきますので、前著『すごい実験』をお読みいただき、素粒子物理学についての知識を少し頭に入れていただければ（あるいは逆にこれからお読みいただければ）、一層、本書の理解が深まると思います（宣伝、宣伝！）。

本書の中で、宇宙の物質の構成比について説明した部分があります（第三章258ページ）。通常の物質と暗黒物質と暗黒エネルギーは、それぞれ宇宙全体の何パーセントを占めているのか、という話ですが、それは講演を行った時点で最も正しいと思われている値でした。ところが、まさにこの文章を書いている最中（2013年3月）に、観測衛星「Planck」による最新の観測結果が発表され、その構成比が修正されました。同時に、ハッブル定数も微妙に修正されました（従って宇宙の年齢も）。細かいことが大好きな方は、そういう数値を気になさるかもしれませんので（笑）、一応ここで触れておきました。

本書でも述べましたが、そのような数値は、観測の精度が上がれば頻繁に変わるものなのです。我々は、一《いち》惑星の表面にへばりついて、行ったこともない途轍もなく遠い宇宙について想いを馳せているのだということを、改めて思い起こしてください。次々に数値が書き換わるさまを目撃したときには、むしろ「今自分は、歴史の目撃者なんだ！」と胸躍らせるべきでしょう！

繰り返しますが、大切なのは結果として得られた数値ではなく「考え方」なのです。

最後になりましたが、本書を執筆するきっかけを下さった、テリー植田さん、毎回東京カルチャーカルチャーまで講演を聞きに来てくださった皆さん、そして、今回も素敵なイラストを、僕のつたないパワーポイントの資料を基に前作以上にたくさん描いてくださったイラストレーターの上路ナオ子さん、通常の書籍の数倍面倒な本文のデザインを仕上げてくださったデザイナーの岡田玲子さん、かっこいい装丁を手がけてくださった鈴木成一さん、いつもながら全然執筆が進まずに迷惑をかけてばかりなのに、嫌な顔ひとつせずに、しかもこんな素晴らしい本に仕上げてくださった、編集の高良さん（彼でなければ、この本は作ることができませんでした！）、そして何よりも、本書を手にしてくださった読者の皆さんに、感謝の言葉を述べさせていただきます。

本当にありがとうございました。

二〇一三年四月二十四日

多田　将

協力　東京カルチャーカルチャー（運営：ニフティ株式会社）
テリー植田（東京カルチャーカルチャー・プロデューサー）

文庫版のためのあとがき

単行本版の『すごい実験』と『すごい宇宙講義』（ともにイースト・プレス）は、僕が生まれて初めて出版した書籍です。当時は、本の執筆もしたことがなければ、出版についても右も左もわからなかったため、僕が行った講演の内容を録音して、それを文字起こししてもらう、という形にしました。そのことで「ライヴ感」は出せたのかも知れませんが、今読むと言葉遣いなどがお恥ずかしい限りで、直せるなら全面的に直したいくらいです。

そのようなときに、中央公論新社さんから、この2冊を文庫版で出版しないかとお声がかかりました。そのような申し出をしてくださったのは、あとにもさきにも中央公論新社さんだけです。僕のような無名の者が書いた売れない本でも、ちゃんと目にかけてくださっている方は存在するのだなぁ、と、とてもうれしく、そしてありがたく思いました。そして、それが、ほかならぬ中央公論新社さんだったとは。

実は、僕が子供の頃、最初に歴史を学んだのは、かつての版の中公文庫『世界の歴史』からでした。それは今でも僕の手許にあり、そして今でも色褪せない、稀代の名著だと思っています。その『世界の歴史』と同じ中公文庫から出版されるのは、僕にとっては、とても名誉なことであり、感慨深いことであります。

この『すごい宇宙講義』の文庫版では、いろいろ考えたすえに、本文を書き換えることはやめて、単行本版そのままとしました。その代わりに、単行本版が出版されたのちに達成された、宇宙関連の、ある偉大な業績について触れた補章を、書き足してあります。文庫版という形に姿を変えて出版されたことで、これまで本書についてまったくご存じなかった方々に手にしていただきたいのはもちろんのこと、以前に単行本版をお買い求めいただいた方にも、その補章をご一読いただければ幸いです。

文庫版を出版する機会を与えてくださった編集の藤吉亮平さん、そして何より、本書を手にしてくださったみなさんに、心より感謝いたします。

ありがとうございました。

二〇二〇年八月四日

多田　将

『すごい宇宙講義』二〇一三年六月　イースト・プレス刊
文庫化にあたり適宜修正を施し、補章をあらたに付しました。

中公文庫

すごい宇宙《うちゅう》講義《こうぎ》

2020年10月25日　初版発行

著　者　多《た》　田《だ》　将《しょう》

発行者　松 田 陽 三

発行所　中央公論新社
〒100-8152　東京都千代田区大手町1-7-1
電話　販売 03-5299-1730　編集 03-5299-1890
URL http://www.chuko.co.jp/

ＤＴＰ　平面惑星
印　刷　三晃印刷
製　本　小泉製本

Published by CHUOKORON-SHINSHA, INC.
Printed in Japan　ISBN978-4-12-206976-3 C1142

中公文庫既刊より

各書目の下段の数字はＩＳＢＮコードです。978－4－12が省略してあります。

た-20-10
宇宙からの帰還 新版
立花 隆

宇宙体験が内面にもたらす変化とは。宇宙飛行士十二人に取材した、知的興奮と感動を呼ぶ壮大な精神のドラマ。〈巻末対談〉野口聡一〈巻末エッセイ〉毛利 衛

206919-0

た-20-2
脳 死
立花 隆

人が死ぬというのはどういうことなのか。人が生きているとはどういうことなのか。驚くべき事実を明らかにして生命倫理の最先端の問題の核心を衝く。

201561-6

た-20-4
脳死再論
立花 隆

今、脳死をめぐって、一体何が争点になっているのか。臓器移植の問題ともからみ、科学だけではなく倫理的にも不可避となった脳死問題の核心を衝く。

201811-2

た-20-5
脳死臨調批判
立花 隆

「もう助からない」を人の死と同一視してかまわないのか。脳死の概念を強引に拡大した臨調答申の脳死の定義・判定基準にかかわる側面を徹底的に批判。

202108-2

ま-34-3
花鳥風月の科学
松岡 正剛

花鳥風月に代表される日本文化の重要な十のキーワードをとりあげ、歴史・文学・科学などさまざまな角度から日本的なるものを抉出。〈解説〉いとうせいこう

204382-4

ま-34-4
ルナティックス 月を遊学する
松岡 正剛

月的なるものをめぐり古今東西の神話・伝説・文学・芸術を縦横にたどる「月の百科全書」。月への憧れを結晶化させた美しい連続エッセイ。〈解説〉鎌田東二

204559-0

や-60-1
宇宙飛行士になる勉強法
山崎 直子

未来の宇宙飛行士に伝えたい94の「学び」のエッセンス。幼少時代の家庭教育、受験勉強、英語の習得法まで。『宇宙兄弟』小山宙哉氏との特別対談も収録。

206139-2

の-4-4

星三百六十五夜 春　野尻抱影

浮き立つような春の夜空に輝く幾千の星。そこに展開する幾多の心模様……。九十一年間、星を愛しつづけた詩人から星を愛する人達への贈り物。春篇。

204172-1

の-4-5

星三百六十五夜 夏　野尻抱影

夏の夜に怪しく光る赤いアンタレス。そして銀河を巡る幾多の伝説。九十一年間、星を愛しつづけた詩人から星を愛する人達への贈り物。夏篇。

204213-1

の-4-6

星三百六十五夜 秋　野尻抱影

夜空の星に心込めて近づくとき、星はその人の人生の苦楽を共にしてくれる。九十一年の生涯を星を愛しつづけた詩人の、星を愛する人たちへの贈り物。秋篇。

204076-2

の-4-7

星三百六十五夜 冬　野尻抱影

しんと冷えた冬の夜空に輝き渡る満天の星。澄み渡った夜空の美しさ……。九十一年の生涯を星を愛しつづけた詩人から星を愛する人達への贈り物。冬篇。

204127-1

の-4-11

新星座巡礼　野尻抱影

日本の夜空を周る約五十の星座を、月をおって巡礼する、著者の代表的天文エッセイ。大正十四年に刊行された処女作をもとに全面的に改稿した作品。

204128-8

の-4-12

星 戀　野尻抱影／山口誓子

山口誓子の句に導かれ、天体民俗学者・野尻抱影が紡いだ星の随筆。星を愛する二人の思いが天空で交差する、珠玉の随想句集。

206434-8

の-4-13

日本の星 星の方言集　野尻抱影

星の文人・野尻抱影がライフワークとして収集した星の和名七百種の集大成。四季の夜空をいろどる珠玉の星名を紡ぐ。〈巻末エッセイ〉松岡正剛〈解説〉石田五郎

206672-4

い-107-1

天文台日記　石田五郎

岡山天体物理学観測所の副台長であった著者による天文台日記。星に憑かれた天文学者たちの天文台での観測生活が、その息遣いとともに感じ取れる一冊。

204318-3

各書目の下段の数字はISBNコードです。978-4-12が省略してあります。

マ-10-3
世界史（上）
W・H・マクニール
増田義郎
佐々木昭夫 訳
世界の各地域を平等な目で眺め、相関関係を分析しながら歴史の歩みを独自の史観で描き出した、定評ある世界史。ユーラシアの文明誕生から紀元一五〇〇年までを彩る四大文明と周縁部。
204966-6

マ-10-4
世界史（下）
W・H・マクニール
増田義郎
佐々木昭夫 訳
俯瞰的な視座から世界の文明の流れをコンパクトにまとめ、歴史のダイナミズムを描き出した名著。西欧文明の興隆と変貌から、地球規模でのコスモポリタニズムまで。
204967-3

マ-10-5
戦争の世界史（上） 技術と軍隊と社会
W・H・マクニール
高橋　均 訳
軍事技術は人間社会にどのような影響を及ぼしてきたのか。大家が長年あたためてきた野心作。上巻は古代文明から仏革命と英産業革命が及ぼした影響まで。
205897-2

マ-10-6
戦争の世界史（下） 技術と軍隊と社会
W・H・マクニール
高橋　均 訳
軍事技術の発展はやがて制御しきれない破壊力を生み、人類は怯えながら軍備を競う。下巻は戦争の産業化から冷戦時代、現代の難局と未来を予測する結論まで。
205898-9

テ-3-2
ペスト
ダニエル・デフォー
平井正穂 訳
極限状況下におかれたロンドンの市民たちを描いて、カミュの『ペスト』以上に現代的でなまなましいと評される、十七世紀英国の鬼気せまる名篇の完訳。
205184-3

ケ-8-1
黒死病 ペストの中世史
ジョン・ケリー
野中邦子 訳
ある日、人びとは「この世の終わり」が来たことを知った――十四世紀の欧州を覆い尽くした史上最悪の疫病に、あらゆる角度から迫った克明なる叙事詩。
206914-5

ハ-11-1
細菌と人類 終わりなき攻防の歴史
ウィリー・ハンセン
ジャン・フレネ
渡辺　格 訳
古代人の鋭い洞察から、細菌兵器の問題まで、〈見えない敵〉との闘いに身を投じた学者たちのエピソードとともに、発見と偏見の連綿たる歴史を克明にたどる。
205074-7

ケ-6-1
13日間 キューバ危機回顧録
ロバート・ケネディ
毎日新聞社外信部 訳
互いに膨大な核兵器を抱えた米ソが対立する冷戦の時代。勃発した第三次大戦の危機を食い止めた両国首脳ケネディとフルシチョフの理性と英知の物語。
205942-9

ケ-7-1
ジョージ・F・ケナン回顧録Ⅰ
ジョージ・F・ケナン
清水俊雄
奥畑稔 訳
封じ込め政策を提唱し冷戦下の米国政治に決定的な影響を与えた外交官ケナン。米国外交形成過程を活写した本書はその代表作にして歴史的名著である。
206324-2

ケ-7-2
ジョージ・F・ケナン回顧録Ⅱ
F・ケナン
清水俊雄
奥畑稔 訳
本書はケナンの名を一躍知らしめた「X-論文」とそれがトルーマン政権下で対ソ政策の基調となり冷戦が始まる時代を描く。日本問題への考察も重要だ。
206356-3

ケ-7-3
ジョージ・F・ケナン回顧録Ⅲ
F・ケナン
清水俊雄
奥畑稔 訳
最終Ⅲ巻は冷戦が激化を迎える一九五〇-六三年が対象。ケナンはモスクワ等での経験を描きつつ冷戦下世界へ根源的な分析を加える。〈解説〉西崎文子
206371-6

キ-6-1
戦略の歴史(上)
ジョン・キーガン
遠藤利國 訳
先史時代から現代まで、人類の戦争における武器と戦術の変遷と、戦闘集団が所属する文化との相関関係を分析。異色の軍事史家による戦争の世界史。
206082-1

キ-6-2
戦略の歴史(下)
ジョン・キーガン
遠藤利國 訳
石・肉・鉄・火という文明の主要な構成要件別に「兵器と戦術」の変遷を詳述。戦争の制約・要塞・軍団・兵站などについても分析した画期的な文明と戦争論。
206083-8

あ-89-1
海軍基本戦術
秋山真之
戸高一成 編
丁字戦法、乙字戦法の全容が明らかに! 日本海海戦を勝利に導いた名参謀による幻の戦術論が甦る。本巻は同海戦の戦例を引いた最も名高い戦術論を収録。
206764-6

と-18-1
失敗の本質 日本軍の組織論的研究
戸部良一/寺本義也
鎌田伸一/杉之尾孝生
村井友秀/野中郁次郎
大東亜戦争での諸作戦の失敗を、組織としての日本軍の失敗ととらえ直し、これを現代の組織一般にとっての教訓とした戦史の初めての社会科学的分析。
201833-4

い-108-6
昭和16年夏の敗戦 新版
猪瀬直樹
日米開戦前、総力戦研究所の精鋭たちが出した結論は「日本必敗」。それでも開戦に至った過程を描き、日本的組織の構造的欠陥を衝く。〈巻末対談〉石破茂
206892-6

各書目の下段の数字はISBNコードです。978－4－12が省略してあります。

た-77-1
シュレディンガーの哲学する猫
竹内　薫
竹内さなみ
サルトル、ウィトゲンシュタイン、ハイデガー、小林秀雄――古今東西の哲人たちの核心を紹介。時空を旅する猫とでかける、「究極の知」への冒険ファンタジー。
205076-1

も-32-1
数学受験術指南　一生を通じて役に立つ勉強法
森　毅
人間は誰だって、「分からない」に直面している。「分からない」とどう付き合って、これをどう味方にするか。受験数学を超えて人生を指南する一書。
205689-3

や-73-1
暮しの数学
矢野健太郎
絵や音楽にひそむ幾何や算数など、暮しのなかに出てくる十二の数学のおはなし。おもしろく読めて役に立つ、論理的思考のレッスン。〈解説〉森田真生
206877-3

よ-44-1
二人で紡いだ物語
米沢富美子
「結婚も物理の研究も両方とればいい」。夫の言葉に励まされた35年の結婚生活。育児と研究の両立、大病、そして夫の死。日本を代表する女性物理学者が綴る半生記。
205460-8

チ-2-1
第二次大戦回顧録　抄
チャーチル
毎日新聞社　編訳
ノーベル文学賞に輝くチャーチル畢生の大著のエッセンスをこの一冊に凝縮。連合国最高首脳が自ら綴った、第二次世界大戦の真実。〈解説〉田原総一朗
203864-6

ハ-16-1
ハル回顧録
コーデル・ハル
宮地健次郎　訳
日本に対米開戦を決意させたハル・ノートで知られ、「国際連合の父」としてノーベル平和賞を受賞した外交官が綴る国際政治の舞台裏。〈解説〉須藤眞志
206045-6

い-104-1
近代科学の源流
伊東俊太郎
四～一四世紀のギリシア・ラテン・アラビア科学を統一的視野で捉え、近代科学の素性を解明。科学史の忘れられた一千年の空隙を埋める名著。〈解説〉金子　務
204916-1

よ-52-1
錬金術　仙術と科学の間
吉田光邦
奇想天外なエピソードを交えつつ、東西の錬金術の歴史を跡付け、そこに見出される魔術的思考と近代科学精神の萌芽を検証する。先駆的名著の文庫化。〈解説〉坂出祥伸
205980-1